Field Notes on Science & Nature

野外笔记

【美】迈克尔·坎菲尔德等 / 著
杜伟华 / 译

南方出版社

图书在版编目（CIP）数据

野外笔记 /（美）坎菲尔德（Canfield,M.R.）等著；杜伟华译. — 海口：南方出版社，2016.8

书名原文：Field notes on science and nature

ISBN 978-7-5501-2490-5

Ⅰ. ①野… Ⅱ. ①坎… ②杜… Ⅲ. ①野外－自然科学－科学考察－普及读物 Ⅳ. ①N8-49

中国版本图书馆CIP数据核字(2015)第072080号

版权登记号 图字：30-2015-012

野外笔记

[美]迈克尔·坎菲尔德（Michael R. Canfield）等 / 著　杜伟华 / 译

责任编辑：师建华　代鹤明
责任校对：王田芳
出版发行：南方出版社
地　　址：海南省海口市和平大道70号
电　　话：（0898）66160822
经　　销：全国新华书店
印　　刷：北京市松源印刷有限公司
开　　本：710mm×1000mm　1/16
字　　数：200千字
印　　张：18
版　　次：2016年8月第1版第1次印刷
印　　数：1—3000册
书　　号：ISBN 978-7-5501-2490-5
定　　价：98.00元

新浪官方微博：http://weibo.com/digitaltimes

（图 1）一幅绿凤蝶（Pathysa antiphates）的水彩画，这种蝴蝶来自婆罗洲（Borneo），也称作“虎纹剑尾凤蝶”。

(图2)一只蓝带翠鸟的笔记和图画。

（图 3）高品质的彩色铅笔能创造出很大的色彩饱和度范围，这幅蛇怪蜥蜴画即说明了这一点。该蜥蜴画来自加州科学院（California Academy of Sciences）捕捉的标本。

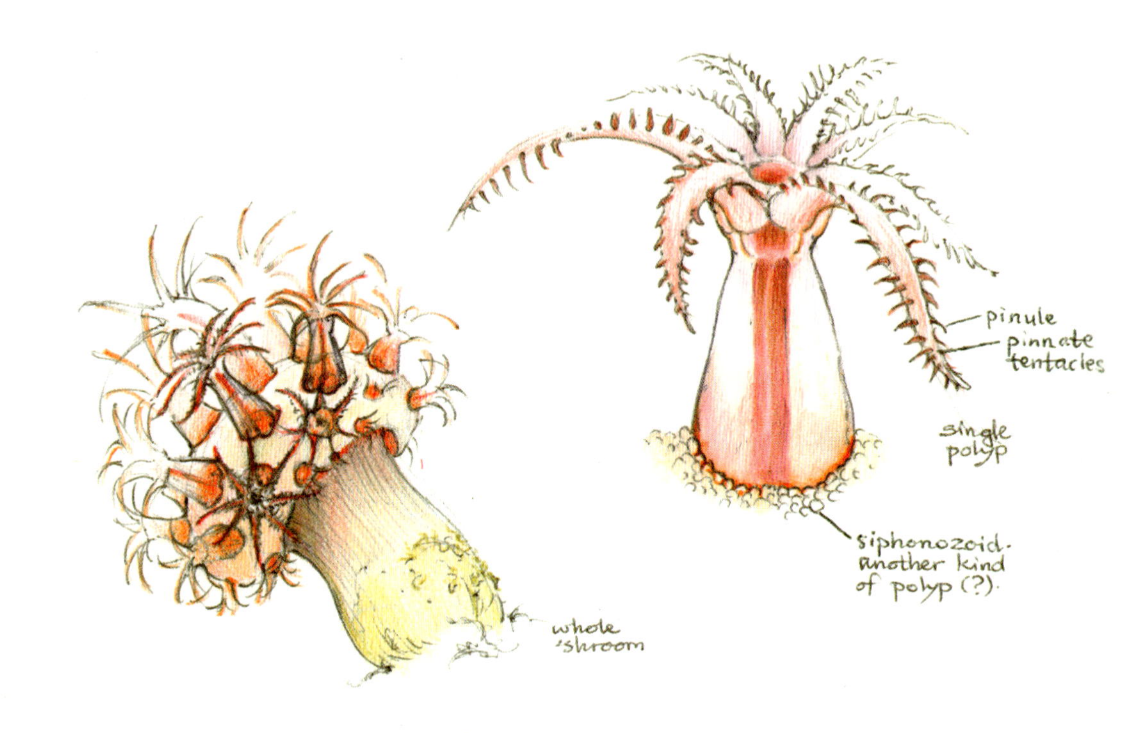

Mushroom Coral

Anthomastus ritteri

Lots of color variations:

mushroom cap	polyps
cream	coral pink
coral pink	white
reddish	reddish

（图 4）蘑菇珊瑚和水螅体的特写。这种动物的颜色渐变是用红色、粉红和米黄三种彩色铅笔叠加而成的。

（图 5）巴布亚硝水母（Mastigias papua）的水彩画。我经常用水彩润色在野外画的快速素描，因为小型颜料和水彩画笔比铅笔更便携，用起来更快。

（图 6）这些潘通色卡块和笔记是用于确定褐藻绿鳕（Hexagrammos decagrammus）插图的适合颜色。它是加州海岸的常见鱼种。

（图 7）简单的色块可用于记录对象的色调范围，这是一种视觉捷径。

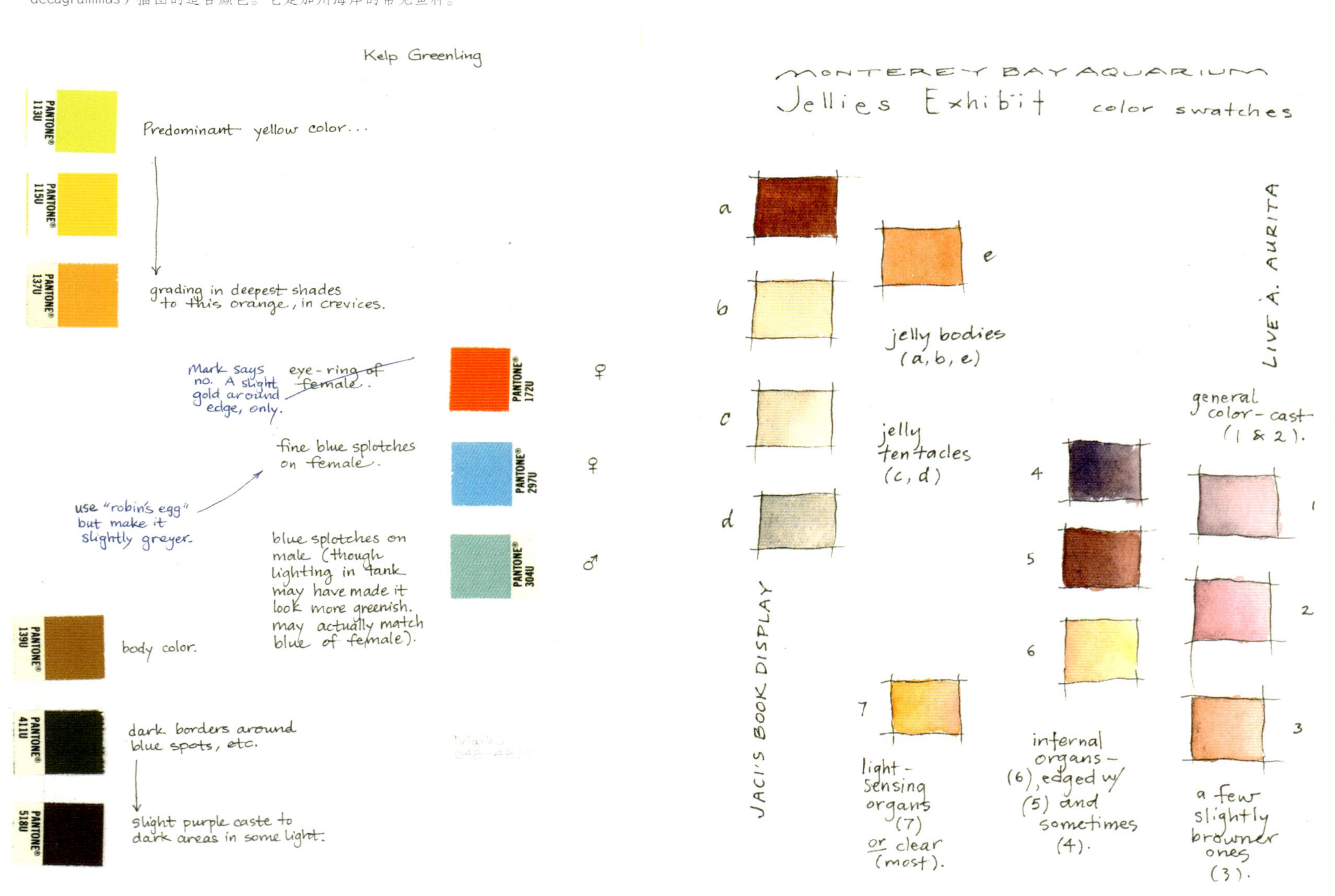

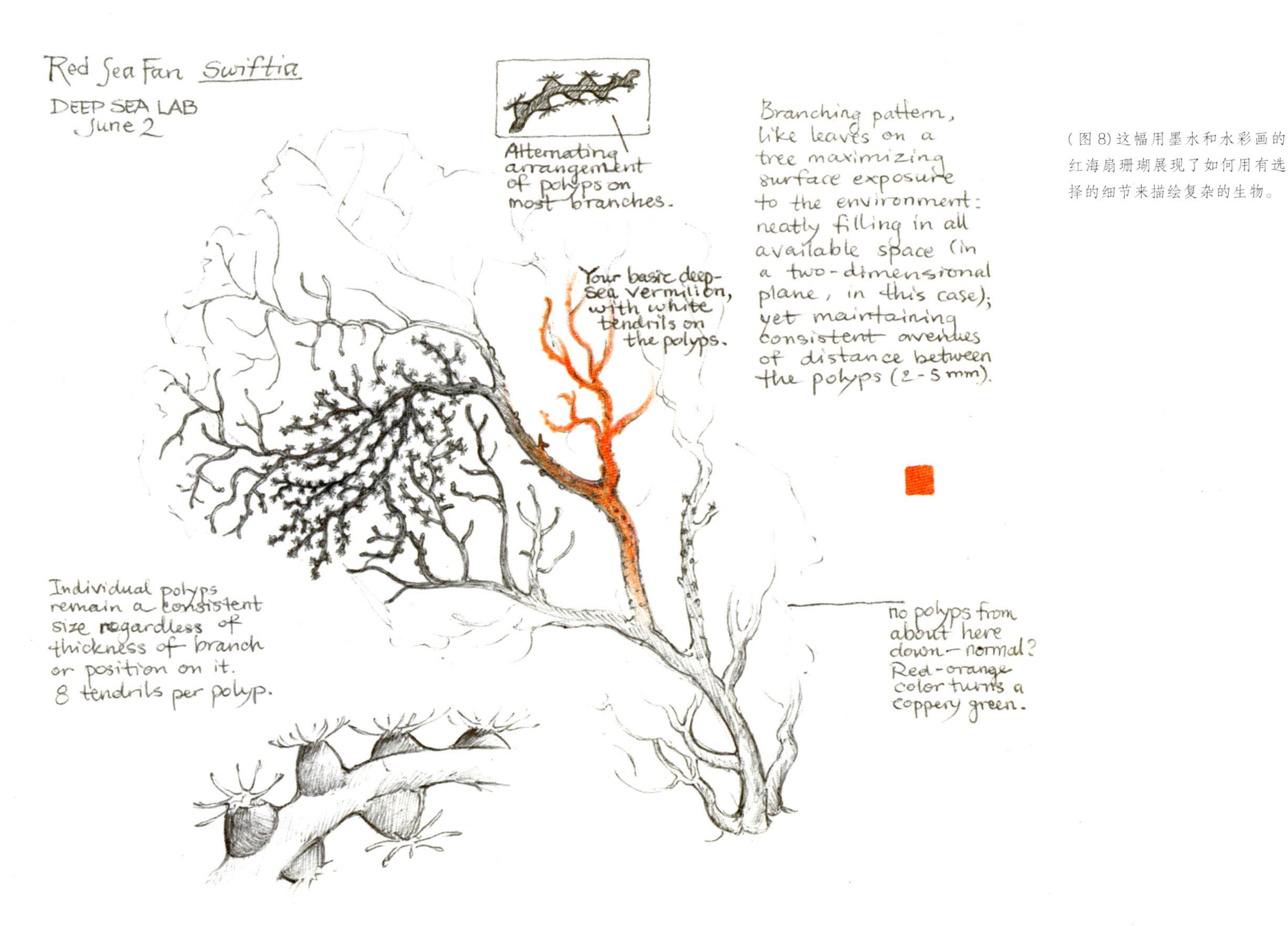

(图8)这幅用墨水和水彩画的红海扇珊瑚展现了如何用有选择的细节来描绘复杂的生物。

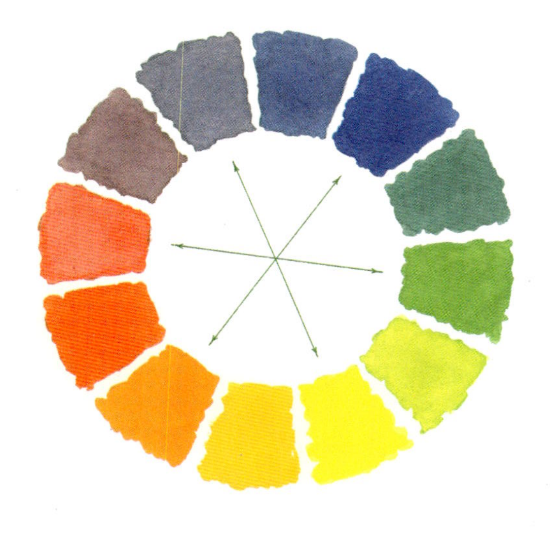

（图 9）基本色轮。箭头表明互补色对，它们可用于画阴影和微妙、自然的色调。

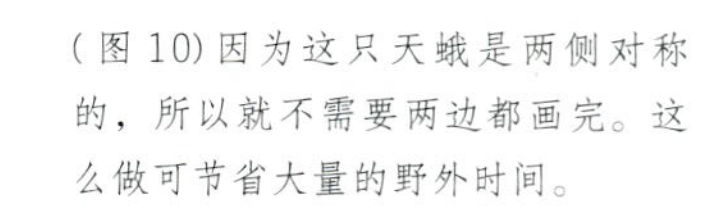

（图 10）因为这只天蛾是两侧对称的，所以就不需要两边都画完。这么做可节省大量的野外时间。

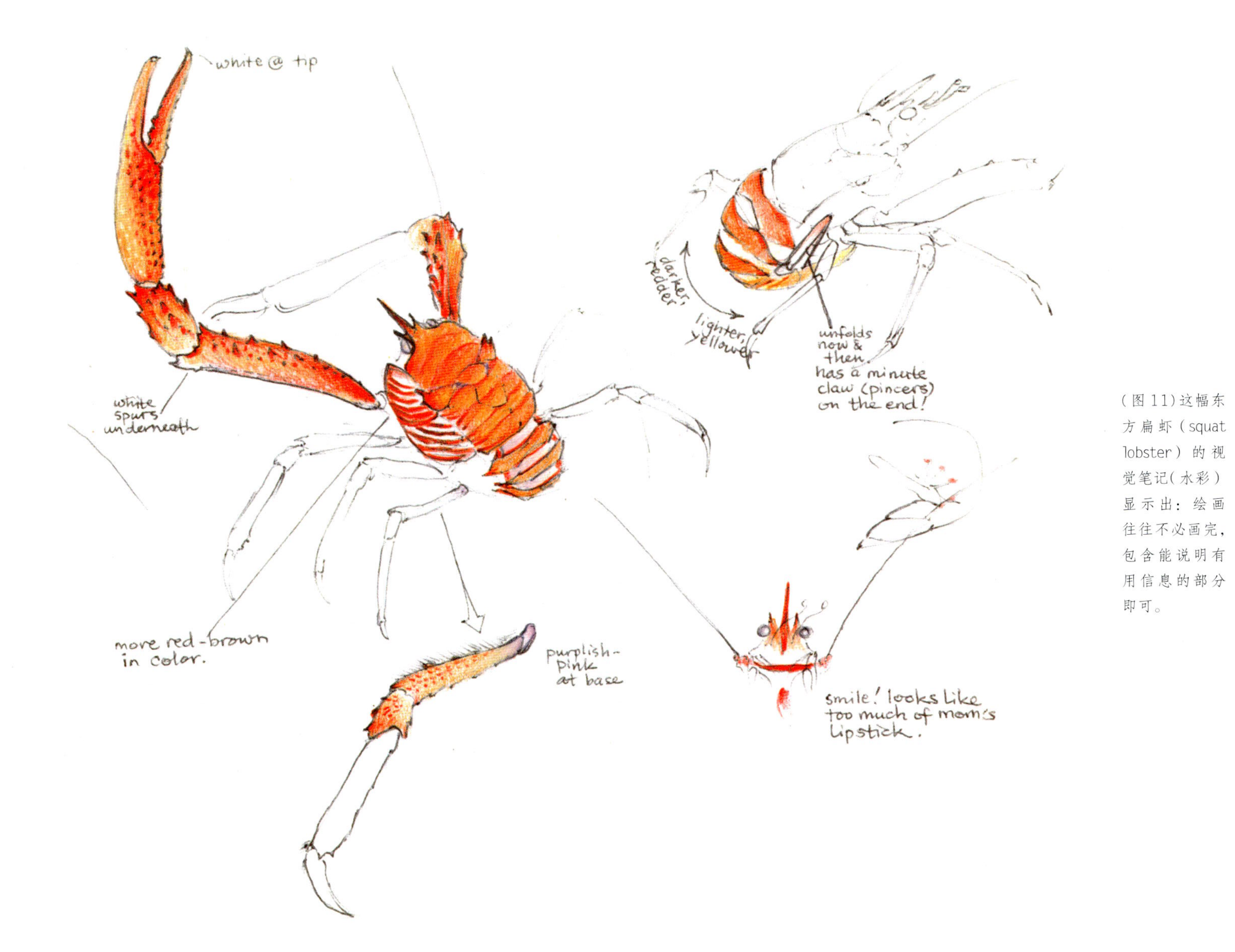

（图 11）这幅东方扁虾（squat lobster）的视觉笔记（水彩）显示出：绘画往往不必画完，包含能说明有用信息的部分即可。

（图 12）摘自艺术家、博物学家克莱尔·埃默里（Claire Emery）的笔记本。这幅画描绘了她在山楂树丛中对蝴蝶的观察。承蒙克莱尔·埃默里的许可而使用。

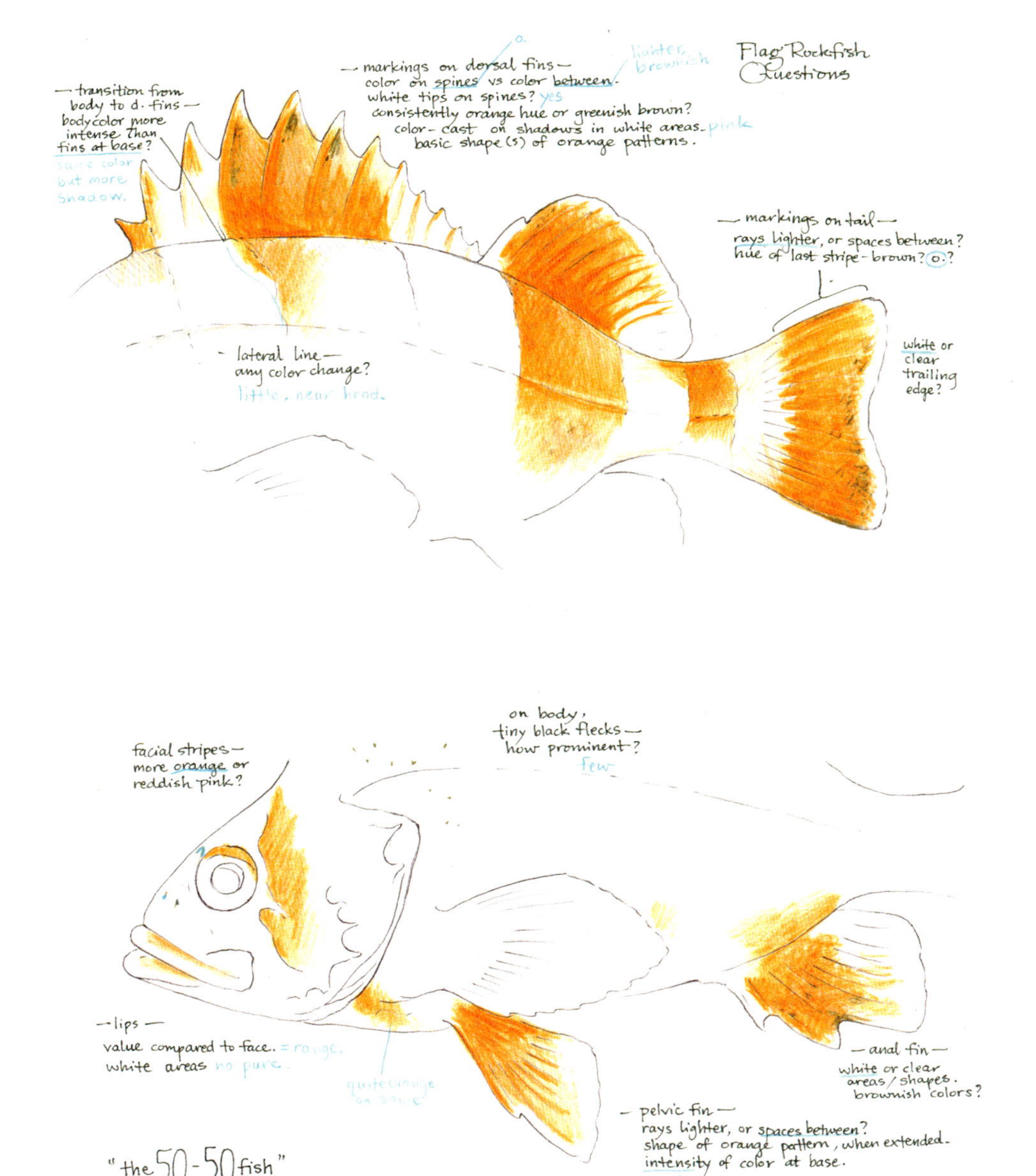

（图 13）旗石斑鱼（Sebastes rebrivinctus）的笔记。这条鱼的基本素描是到野外之前临摹照片而成的。这些素描随后被用作工作“地图”，在上面记录对活鱼的观察（蓝色笔迹）。

（图 14）克莱尔·埃默里对一棵树上熊的痕迹的观察（左侧），以及有关灰山鹑(Perdix perdix)的观察和疑问(右面)。承蒙克莱尔·埃默里许可而使用。

Here near the Rattlesnake Farm, a ditchside tree bears the scars of many years of bear marking — I wish I could see them here, rounded bodies scraping + clinging, arms swatting, backs stretching

October 26, 2004
~11^{30} am
clear sky, hazy blue
~45°F, crisp air
N. Hills walk off
Dickinson St.

grunty chortle squeak!

This flock of wide-winged, short tailed birds surprised us & popped up out of the grasses on the E side of the N. Hills.

Their bodies were mostly dark, with lighter areas in the primaries on the wing. After seeing them once, we flushed them again by walking towards them.

With the same chortle-grunt-squeak, they flew up the hill out of sight.

dark
light

Note the rusty tail

Questions remain:

What kind of birds?
Habitat needs?
Coloration?
Nesting behavior?
Egg coloration?

Later: it seems we saw a flock of Grey Partridge. They are common on the N. Hills & Mt. Jumbo. Introduced from Europe - no info on eggs yet -

Meanwhile, magpies chatter in the trees below, wheels spin & hum by, flocks of black birds turn white in the light as they turn. At last, to sit in silence, to be without motion, and hear the world offer up its stories...

Emery

Perdix perdix
The Grey Partridge

TRANS-BUSU TIMBER AREA

MAP PREPARED BY DEPT. OF FORESTS, T.P. + N.G. VI-14-1951

N

1 0 1 2

MILES

collecting along tractor trails (dotted lines) in rainforest

low forested hills

CAMP

rainforest

Kunai flats

BUTIBUM

BUSU RIVER

YANGA

rainforest

BUPU RIVER

BUNGA RIVER

rainforest

NEW YANGA

OLD YANGA

BUTIBUM R.

LAE

HUON GULF

目录

前言 1

爱德华·O. 威尔逊（EDWARD O. WILSON）

简介 5

迈克尔·坎菲尔德（MICHAEL R. CANFIELD）

1 观察之趣 001

我在袖珍笔记本上匆匆记下所发生的事情或随后补记，常常是草草的几个关键字，写的时候连纸都不看，晚上尤其如此。快速记笔记很重要，众所周知记忆可是靠不住的。

2 开启宝藏 015

一天早晨，我一边在早春中散步，一边重新翻阅着我的笔记。我意识到，多亏了那些笔记，我才从赤脚跑步的男孩，变成了一名博物学家、科学家，一名试图解开大自然神奇之谜的积极参与者。

3 给名录一个半喝彩 031

在我探险的早期岁月里，我被鸟类强烈地吸引住了。威奇托·奥杜邦协会出版的一种小清单卡，直接扭转了我对鸟类的认识：我能发现其中的多少品种？我能发现名录之外的物种吗？

4 对真相的反思 049

在我职业生涯早期，我发现若要成为博物学家，就有必要掌握两种技术辅助手段：首先是采集标本，其次是进行采集相应地就需要记录。

5 为几代研究者架起纽带 067

尽管虚拟世界在不断扩展，谷歌地球可以把你带到这个星球任何的野外地点，但这并不能替代真正去那里，花上一段时间漫步于大地之上。

6 言语及处与未尽之意 087

作为突然来访的陌生人，不能提出要整天跟在村民身后，记录他们的行为。虽然玛雅人以好客闻名，也许能答应这样的请求。我发现有一个步骤能帮助我融入他们的社会，那就是给村庄绘制地图。

7 旁观者之眼 105

无论记录的是什么，动物行为也好，植物结果也好，黎明显露也好：所有一切都必须经由人类感知处理并翻译为文字、数字、图画、照片，或任何用于告知他人的其他交流惯例或设备。

8 为什么画素描？ 133

绘画仍与科学家和博物学家密切相关。尽管技术创新提供了强大的新型信息记录工具，所有野外科学家还是能利用简单的绘画技术增强他们记录大自然的能力。

9 植物学野外笔记的演变与命运 149

植物学野外笔记是带有强烈个人烙印的产物。不用说，它们对未来的研究者和历史学家来说富于价值且很有用，但现在，它们在迅速地淡出精装手写的传统规范。

10 厌恶铅笔者的笔记 163

纸时代正在快速衰退，不难想象在未来的某个时候，学生会对一种称作“铅笔”的奇怪原始工具感到困惑不解。对我而言，那个时候并不会很快到来。

11 致未来的信 173

阅读那些早已作古的研究者的手写笔记给人一种深刻的体验。令人尤为获益的是能看到他们如何孕育想法，那些想法后来在发表的手稿中臻于成熟。

12 为什么记野外笔记？ 211

在欧洲探索未知世界那轻率的全盛期，许多科学家和博物学家从遥远的探险返回后，他们会出版自己的野外日志而且常常成为畅销书。

感谢 231

附录：注解 235

84

DACETINI

Pyramica gundlachi ♀:

head slightly curved

legs tucked close to body

tips of antennae extended just beyond tips of mandibles.

Ambushing behavior observed in ♀ Pyramica gundlachi VIII-16-53. This colony has gone without food for a month and the brood has been totally consumed. The ♀ foraged with the workers when a new batch of collembolas were put in. The ♀ bumped into a collembola (entomobryid) slightly smaller than she, touching its antenna with hers. She immediately backed away, stepped from right to left a couple of times desultorily, then advanced

塔蚁（Pyramica gundlachi）的草图和行为笔记，这种蚂蚁分布于加勒比地区。1953年8月16日，爱德华·O.威尔逊记。

前言

爱德华·O. 威尔逊（EDWARD O. WILSON）

20 世纪下半叶见证了分子和细胞生物学的崛起，这是科学史上最伟大的成就之一。分子层次的生物研究建立了公认的生物学第一定律，即生命的所有实体和过程都遵循物理学和化学的规律。这种研究之所以成功，部分原因在于它侧重于通过几十种“模式生物”来探索具体的基本问题，例如，用大肠杆菌研究分子遗传学，用线虫（C. elegans）寻求神经细胞发展的分子学支持，用蜜蜂研究高级社会组织的分子学基础。分子生物学家一直相对不太关注更高层次的生物学组织，不管是生物体，还是种群、生态系统和社会。此外他们也从不重视历史。结果，在 20 世纪，生物学的第二定律相对较少有人研究，即生命的所有实体和过程都是通过自然选择而演变的。

21 世纪的生物学家开始追求这两大领域的均衡。即使在分子和细胞层次，综合的潮流也在迅猛发展——实体和过程如何配合形成细胞，继而创造出有机体。从整体讲，生物学正在转向物种的对比。了解生命的全部多样性——从分子到生态系统——成了全新的目标。这一切来得并不突然，人类现在迫切需要更广泛的经过整合的生物学，以提升个人健康和公共健康支持生物技术、管理和保护自然资源，至少要更完整、更智慧地了解我们自己。

科学的博物学是崭新生物学的源泉。这一表述并不是字面上的准许。它是公理。地球一直以来都是一个我们知之甚少的星球。大多数物种（若把微生物计入的话则可能超过 90%）仍是未知的。目前已有描述且科学命名的物种约 200 万，但得到深入研究的不到 10%。世界上的许多生态系统只是被粗略地考

52

Bird notes - New Caledonia

1\. Mt. Mou, near summit, ca. 1200 meters XII-12-54. In true mossy forest, a parrot about the size of a starling; seen in a sitting position only and not flying, all green, except for top of head which was bright red, a little reddish around eyes, a faint yellow overtone on breast. Sat on a branch squawking at me about 15 feet away.

2\. Mt. Mou, in bracken scrub, just above Pentecost residence, on south slope, at about 300 m., XII-12-54 Swallow-like birds, at least the wings were swallow-like, and they soared and dipped like swallows, black heads and tails, white bellies, grey wings and backs. A pair dove at my constantly at a certain point on the track on my way up, early in the morning, and on my down in midafternoon. Brushed my hair many times, got in a couple of pecks also. Very aggressive & brave. (Fledgling, with short tail feathers, found in middle of trail XII-27-1954; parents dived frantically).

3\. Fledgling found on T 70 grounds, Anse Vata, Noumea, XII-23-54.

rump and tail feathers were lighter tinged with yellow

black eyes

yellow bill

life-size

Adults nearby; nest not found. Most of body, except for yellowish areas, brownish grey.

← yellowish-tinged belly (although this was not noticed in parents)

anterior edge of primary tinged with yellow.

除了大量的蚂蚁笔记，我的笔记本还记录了博物学观察，如这些对来自新喀里多尼亚（New Caledonia）的鸟所做的笔记，记于1954年7月。

察过，如果那样也算数的话。但问题是，在我们所知甚少的前提下，先抛开管理、保护和充分利用不谈，我们要如何去了解所生存的世界？

博物学家有福了。作为研究者，凡是他们接触的都变成了黄金，因为我们对世界知道的太少了。对于他们选择研究的每种生物或生态系统而言，他们搜集的每个数据都可能很有用。每天早晨在野外醒来，他们就知道说不定能碰上什么重大发现。虽然没用过具体方法去衡量，但我确信如果按每人每小时获得发现的比率来计算，那么野外研究一定大大超过实验室。这是我多年来的经验。我的个人记录是与伯特·霍尔多布勒（Bert Hölldobler）在一个星期里研究蚂蚁，那是在哥斯达黎加拉塞尔瓦（La Selva）热带研究组织（Organization of Tropical Studies）的野外站。我们欣喜地从一种蚂蚁转向另一种，那些都是先前未被研究的。根据我们迅速完成的笔记和回家后的进一步工作，我们在同行认可的期刊上发表了5篇论文。

博物学家知道，不管是远足一天还是常驻营地或研究站一年，他们在野外看到的都不过是周围世界极小的一部分。他们还清楚，不管是远赴亚马孙还是去家附近的公园，他们都能知道生物学上的新奇之事。他们选择未被广泛研究的物种进行观察时情况更是如此——在亚马孙95%或更多的是这样的物种，在城市公园里也许也能达到60%~70%。

我生命中最重大的一次探险是攀登新几内亚岛（Papua New Guinea）的萨拉瓦吉德山脉（Sarawaget Range）中麓的顶峰，这么说倒不是因为在1955年我是第一个这么做的外来人，而是因为我能搜寻原始状态下，高海拔森林地带的蚂蚁。对于博物学而言，探索丰富、未知的世界就是最主要的动力。我近80岁在西印度群岛（West Indies）研究蚂蚁时，这种感觉丝毫不比20岁时差。

如果真有天堂且我得以进入的话，我所要请求的只是一个可以在其中漫步、探索的无尽世界。我将携带取之不尽的笔记本，然后把报告交给更能坐得住的灵魂（大多数是分子和细胞生物学家）。沿途我会期待遇到志同道合的灵魂，也就是本书各篇文章的作者。

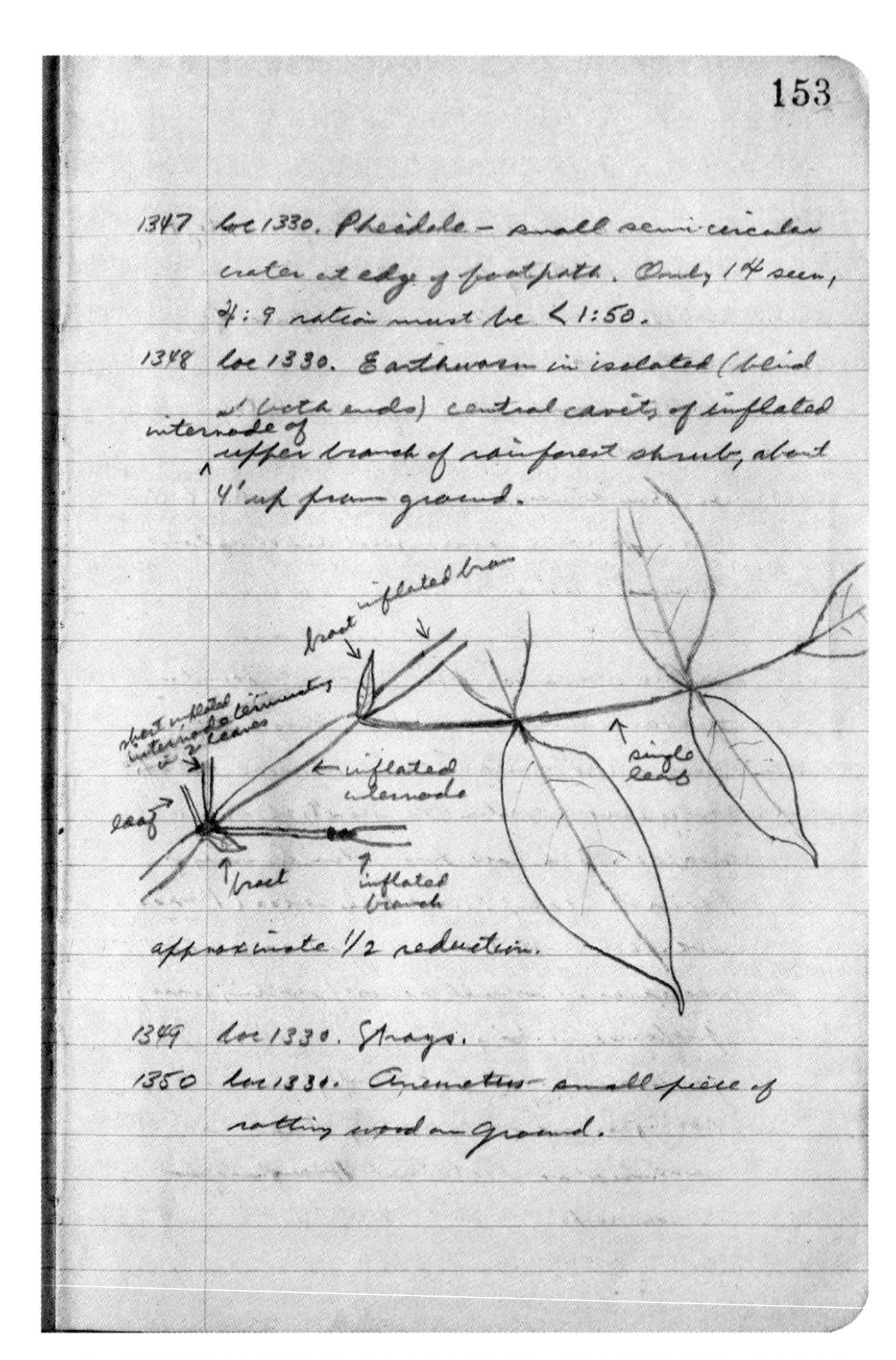

153

1347 loc 1330. Pheidole – small semicircular crater at edge of footpath. Only 14 seen, 4:9 ratio must be < 1:50.

1348 loc 1330. Earthworm in isolated (blind at both ends) central cavity of inflated internode of upper branch of rainforest shrub, about 4' up from ground.

approximate 1/2 reduction.

1349 loc 1330. Strays.

1350 loc 1331. Aneuretus – small piece of rotting wood on ground.

这一页笔记记录了大头蚁属（Pheidole）蚂蚁的收集物，那是在茂密的雨林灌木丛中发现的一条树栖蚯蚓，此外还记录了Aneuretus属蚂蚁，我曾在1955年在斯里兰卡找寻过那种难以寻觅的种群。

简介

迈克尔·坎菲尔德（MICHAEL R. CANFIELD）

研究自然者是一群有着同样好奇心、遵循传统的人。不论是在刚果追踪大猩猩还是在北极圈追寻燕鸥，他们深入野外，找寻生物的生存方式和行为、交流方式，以及大自然的力量如何塑造着世界。这样的工作多姿多彩，不仅在于生命具有无限的多样性，更在于人类的体验，而那种体验是在野外进行研究、探险和遇到千载难逢的发现时油然而生的。除了这些智慧和审美的纽带，野外科学家还有着历史悠久的探索传统：仔细观察，耐心而辛勤地试验，还有面对雨季、寄生虫以及蛇类和令人痛痒不已的植物所表现出的坚持。野外科学家还有一套工具组合，其中包括双筒望远镜和便携放大镜、野外指南、适合的鞋袜以及最基本、最简单的野外准备：纸和铅笔。纸笔也许是最重要的，而且是在笔记本和日志中记录科学和野外叙述所必需的。本书作者虽然对现代野外记录技术的用途有着不同的见解，但他们几乎都同意纸和铅笔一直都是标准工具，因为它们便捷、可靠。

一丝不苟的记录是优秀科学的核心，对于野外科学家和博物学家来说尤为如此。然而，在这样一个技术激增的时代，野外记录的地位受到了质疑，而且野外记录的首要原则很少被教授。几乎没有什么指导可以帮助个人培养这一基本技能，19、20世纪著名科学家的范本也许是我们唯一能获得的，而且量足够大。在任何一个书店简单找一下，不管是卖新书的还是卖二手书的，都几乎能找到野外工作者的守护神——查尔斯·达尔文——的野外记录，即《小猎犬号之旅》（*The Voyage of the Beagle*）。这本广泛的野外叙述自 1839 年问世以来就一直被以各种书名重印，但这里我仍将其称为《小猎犬号》[1]。该书在达尔文的叙述中创下了纪录，既有启发性，也容易产生误导。

在《小猎犬号》中，达尔文的记录从1835年10月8日开始，描述了他在加拉帕哥斯群岛（Galápagos Islands）对岛上鸟类和爬行动物的观察，其中包括海鬣蜥（Amblyrhynchus cristatus）：

> 很容易就能把这些蜥蜴赶到海边，这样它们宁可让人抓住尾巴也不愿跳到海里。它们看来没有咬人的意识；但受惊吓时它们会从鼻孔喷出液体。一天，我把一只蜥蜴带到了退潮后留下的深水塘，然后把它尽可能远地扔入水塘，反复扔了几次。它总是以直线返回我站的地方……这只蜥蜴我抓了好几次，每次都是把它逼到了死角，虽然它的潜水和游泳能力绝佳，但没什么能诱惑它下水；每次我把它扔入水中，它都以同样的方式回来。这么愚蠢的行为也许可以通过环境来解释，即这只爬行动物在岸上没有任何天敌，而在海中它一定常常成为众多鲨鱼的猎物。[2]

对这一段的详细考察可以揭示出，《小猎犬号》并不是笔记的范例，而是达尔文在小猎犬号上根据自己的动物学笔记和日记中的野外笔记润色出的旅行记事。[3]于是我们可以释然，不用指望我们的笔记本读起来像《小猎犬号》中的段落，洋溢了达尔文巧妙、直率、探究的言语。但是，如果我们一睹这一段基于动物学的笔记，就会发现达尔文在野外记录了丰富而翔实的笔记，这样他才得以完成那本著作：

> 但显然，在礁石上小心慢行时很难把它们赶下水。因此，把它们赶到死角时很容易抓住它们的尾巴。——它们不知道咬人，只是有时害怕时会从鼻孔喷出一滴液体。——我抓住一只大蜥蜴的尾巴，几次将它扔向一个退潮形成的深水塘，而且扔得很远。——那种蜥蜴总是从被扔出的方向返回到我站的地方。它动作很敏捷，在水底游泳，偶尔用爪子蹬石头借力。——它一接近水塘边，就试图藏在海草中、钻到洞里或石缝

中。认为危险已过去，它就会爬到干燥的岩石上，它宁愿再一次被抓住，也不愿意进入水中。——这是什么原因？是因为天敌鲨鱼还是其他海洋动物？[4]

毫无疑问，研究达尔文可以使我们学会很多关于野外笔记以及其他方面的知识。但是，自达尔文1831年登上小猎犬号以来，野外工作的程序已大幅度地改变了。

读研究生时我到野外用很多漫长的夜晚追捕蛾。随后的早晨，我会在笔记本上记下我的观察和实验。就像进行野外研究的许多人那样，我的工作融合了科学和博物学的各种元素。我读过达尔文的《小猎犬号》，看过亨利·沃尔特·贝茨（Henry Walter Bates）的日志片段，当我考虑在野外笔记本上快速做笔记时，却感觉力不从心。经受这样的挫折后，我开始寻找范例进行分析，同时磨炼自己的能力，以使野外工作的记录有用且组织合理。但这一切难以捉摸，实在令人惊讶。一次收集蚂蚁之行前的夜里，我躺在罗杰·基钦（Roger Kitching）书房的折叠沙发上睡不着，直到那时我才找到了现代博物学家和野外科学家记笔记的方法。我细读了当天下午他曾邀请我考虑的如山的野外笔记本，我读到了深夜，一页页翻看着生物探险的详细笔记和他在野外日志中的速写。当我在那个澳大利亚闷热、潮湿的夜晚进入梦乡之际，我意识到浏览其他科学家的真实野外笔记给我带来了启发，我找到了自己记笔记的方法。第二天一早我们就奔赴灌木丛——太早了，我原打算能再看一遍那些简述、逸事和速写。

本书是我探求其他科学家和博物学家的范例的成果。13位科学家和博物学家展现了多种多样的学科，汇成了此卷。这些作者应邀摘录了自己的野外笔记，并附上了各自记野外笔记的观点、他们遇到的问题和解决方法，以及来自野外的知识。以下各章来自在世的杰出野外科学家和博物学家，他们就如何记野外笔记和跨学科建立记录的可能方法提供了范例和建议。本书不是方法手册，相反，通过本书我们可以窥见某些著名博物学家的生活以及他们记录自然的多种方法。在深入探究之前，让我们扼要地审视一下这一主题的范围。何谓“野外笔记”？就此而言，何谓“野外”？

1835 334 Galapagos 3d 334

Amblyrhyncus

the tidal rocks it is scarcely possible
to drive them into the water. From
this reason it is easy to catch them
by the tail after driving them on a
point. — They have no idea of biting, &
only sometimes when frightened squirt a drop
of fluid from each nostril. — Having
seized a large one by the tail I threw
it several times a good distance
into a deep pool left by the retiring
tide. — Invariably it returned
in the same direction from which
it was thrown to the spot where I stood.
Its motion was rapid, swimming at the
bottom of the water & occasionally helping
itself by its feet on the stones. — As
soon as it was near the margin it
either tried to conceal itself in the sea-
weed or entered some hole or crack. As
soon as it thought the danger was
over it crawled out on the dry stones &
again would sooner be caught than vo-
luntarily enter the water. — What can be
the reason of this? are its habitual enemies

摘录于查尔斯·达尔文在加拉帕哥斯群岛的动物学笔记，记录了海鬣蜥的行为。下一页笔记接着这一段继续说道："这是因为什么？是因为它的天敌鲨鱼还是其他的海洋动物？"承蒙剑桥大学图书馆委员的友善许可而复制，手稿编号 DAR. 31. 2。

奔向野外的人对野外的位置和特点有着自己的理解。对于某些人而言，一说“野外”就指遥远的什么地方，而对于另一些人来说则离家很近。“野外”这一用法首次出现在致吉尔伯特·怀特的信中，那封信是因他发表了博物学中最重要的著作之一——《塞尔伯恩博物志》——而写的，书中描绘了南英格兰怀特所在主教区的大自然。[5]那时才是18世纪初，而“野外”成为惯用法已是19世纪末的事情了，那时诸如达尔文、亨利·沃尔特·贝茨和阿尔弗雷德·拉塞尔·华莱士（Alfred Russel Wallace）等科学家开始走向野外采集标本，了解自然法则。20世纪初，野外科学的范畴得以扩展，促使野外成为远离家园和实验室的研究场所。野外既有科学追求，又能接触全新的地域、语言和人，而且还有固有的冒险色彩，于是有关野外的理论也应运而生。

野外没有地理或物质的界限，但到野外调查、研究、亲近大自然的人对其进行了限定。对于年轻的博物学家而言，野外也许是想象中的未开化的蛮荒之地。其他人可能在经历过独木舟中的漫长时光、危险渡河或与热带疾病斗争之后才能发现什么是野外。不同的人赋予野外的概念也不同，因此记录野外的发现和探险并没有硬性公式。然而，做记录——野外笔记——的风格却是野外研究和体验的重要组成部分。

野外笔记的突发性传统在自然科学的萌芽阶段是很明显的。野外笔记的历史尚未有人写就，本书也不准备写历史。但是，某些历史上博物学家的笔记或已出版，或可从网上存档获得，那些记录会向我们揭示现代野外笔记的雏形。例如，卡尔·林奈（Carl Linnaeus），他除了制订我们至今沿用描述所有生物的分类体系，还记有到拉普兰（Lapland）和瑞典其他地方远足的详细日志。林奈《拉普兰植物志》中的大量笔记和速写展现了他对细节的关注，和对建立完整野外记录的投入。[6]

林奈本人花在野外的时间有限，他依赖于早期博物学家兼探险家的发现，他们为了收集藏品和获得对自然的新认识而搜遍了全球。他们中最早、最具传奇色彩的非海盗兼博物学家威廉·丹皮尔（William Dampier）莫属。17世纪末，丹皮尔与一帮洗劫村庄、抢掠倒霉商船的海盗一起旅行。[7]闲暇时，他就观察鸟和动物，并做详细的气象记录。他最终环游世界三次，创下了纪录。当丹皮尔的同胞晚上磨刀、喝朗姆酒打发时间时，他却写下了丰富的野外笔记，后来以《新航海游记》（*A New Voyage Round the World*）及其他几本书出版。丹皮尔这样描述他 1681 年在中美洲专注地做记录的情形：

> 我意识到这种陆地行军要频繁涉水，因此下船之前特意带了一大截削去竹节的竹筒，并用腊封口以防水。这样得以使我的日志和其他手稿免受水浸，因为我经常不得不游泳。[8]

丹皮尔的原始日志从那以后已遗失，但他的经历足以使抱怨因环境恶劣而影响好好做记录的当代博物学家闭上嘴。丹皮尔的笔记以及后来发表的著作因其所包含的气象数据和对博物学的贡献而颇受重视。确实，达尔文在其笔记和《小猎犬号》一书中常常引用“老丹皮尔”。[9]

丹皮尔的工作也得到了詹姆斯·库克船长（Captain James Cook）的关注，后者领导了奋进号（HMS Endeavour）在 1768—1771 年最重要的早期探险之一。博物学家约瑟夫·班克斯（Joseph Banks）应召记录那次旅行的自然发现，他记下了认真的野外笔记，同时还得到了几位艺术家的帮助。1770 年 7 月 26 日，班克斯描述道：

> 今天调查植物的过程中，我很幸运地得到一只属于负鼠（Didelphis）族的动物：那是一只雌性，我另外还抓了两只小的。它有可能就是德·布冯（De Buffon）描述为美洲动物的著名物种，他当时用的名字是袋貂；而德·布冯断定这一族是为美洲独有也可能是错误的；而且十有八九就像帕拉斯（Pallas）在《动物学》（*Zoologia*）一书中说的，袋貂是东印度群岛的本土动物，而我抓的动物符合它们迥异于其他动物的显著腿部结构。[10]

19 世纪其他卓越的科学家都记有详细的野外笔记，而且许多人还出版了他们的日志，如理查德·斯普鲁斯（Richard Spruce）、阿尔弗雷德·拉塞尔·华

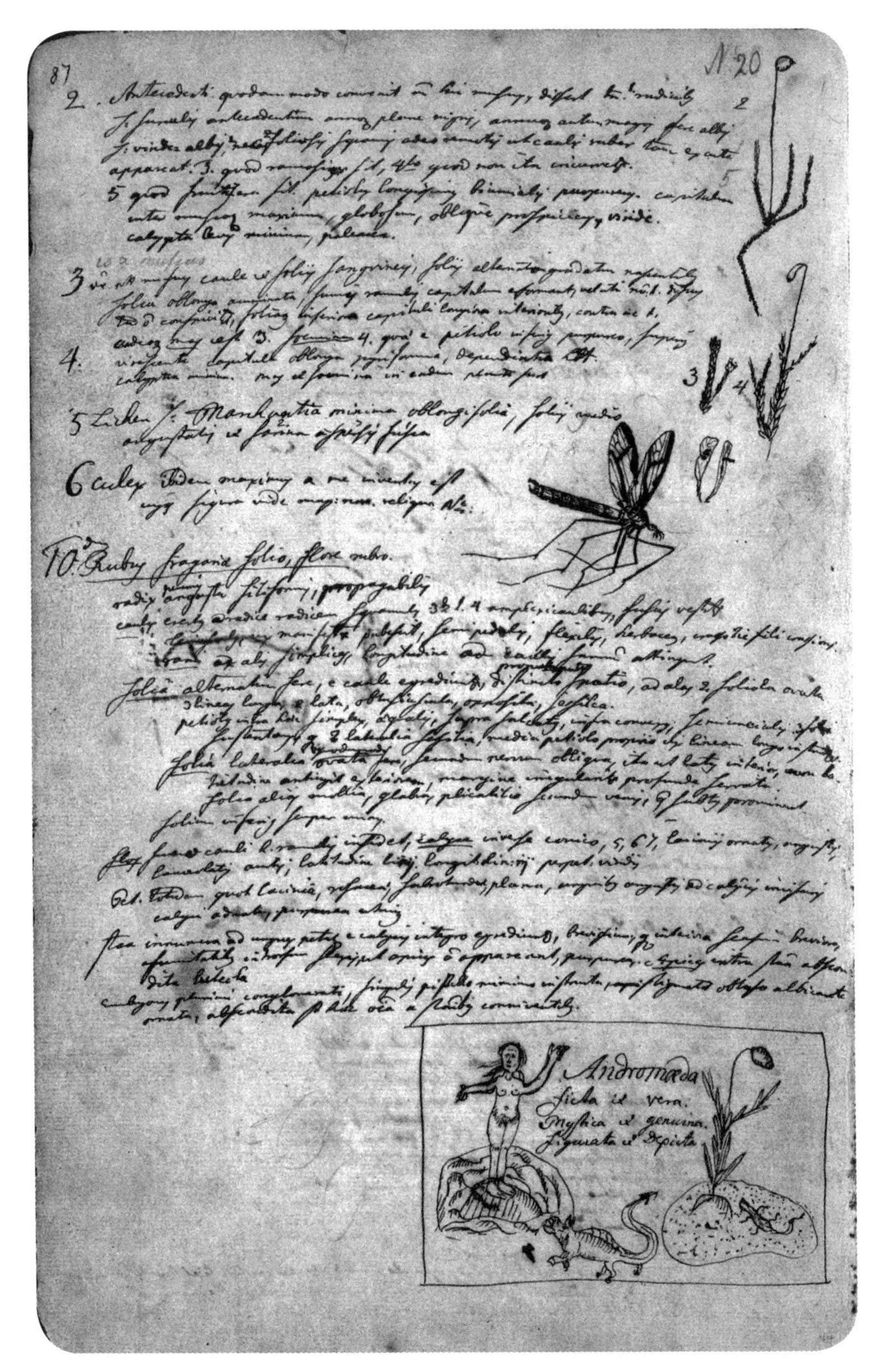

林奈1732年6月拉普兰日志条目中的一页，记录了他对苔藓、地衣、苍蝇的观察；而且，还有几种植物的描述和仙女座的速写（复制于*Iter Lapponicum: Lappländska resan 1732. Vol. III*）。征得伦敦林奈学会（Linnean Society of London）许可而使用。

莱士和亨利·沃尔特·贝茨。[11] 本书继承了20世纪的野外记录传统，那时的野外工作者可以深入遥远的地域并拥有一系列日益增多的量化手段，他们从中获益匪浅。对于野外研究者来说，博物学家日志的传统元素仍与他们息息相关，但新手段的出现也促使他们重新评估在远离家园和实验室的情况下如何捕捉信息。野外笔记自身的历史就十分丰富多彩，而传播野外笔记方法论的各种方法也同样历史悠久。

自从“野外”这一概念在吉尔伯特·怀特的时代扎下根以来，就不断有人尝试传递记笔记的方法论。戴恩斯·巴林顿（Daines Barrington）的《博物学家的日志》（*The Naturalist's Journal*）就是最早的尝试之一。[12] 巴林顿的笔记本最初发表于1767年，其中展示了表格范例，可供记录每日的天气状况和对动植物的观察。巴林顿曾把自己的日志寄了一份给怀特，怀特采纳了这一体系并在

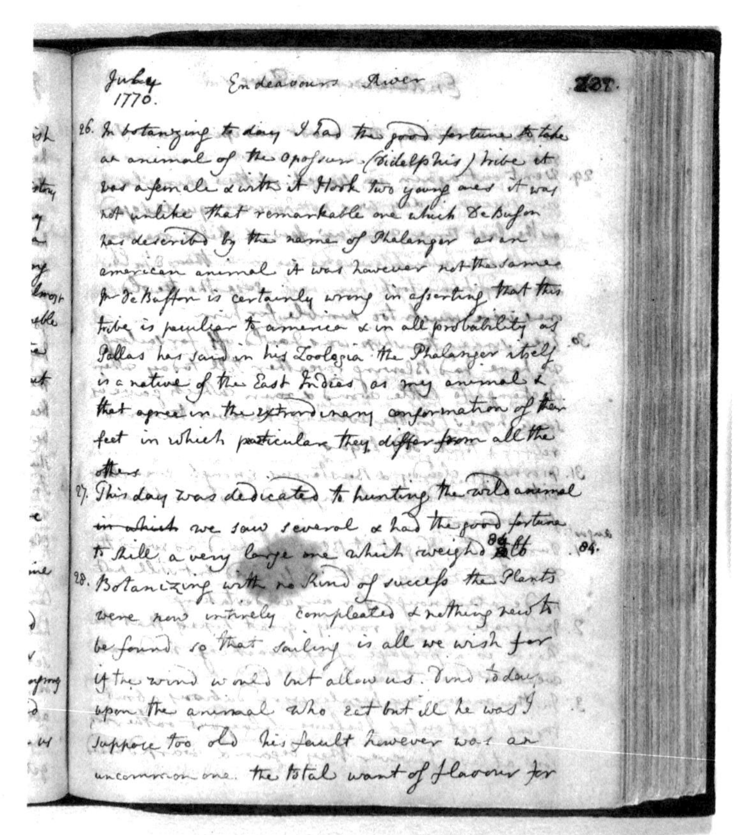
July
1770.
Endeavours River

26. In botanizing to day I had the good fortune to take
an animal of the Opossum (Didelphis) tribe it
was a female & with it I took two young ones it was
not unlike that remarkable one which De Buffon
has described by the name of Phalanger as an
american animal it was however not the same
Mr De Buffon is certainly wrong in asserting that this
tribe is peculiar to america & in all probability as
Pallas has said in his Zoologia the Phalanger itself
is a native of the East Indias as my animal &
that agree in the extraordinary conformation of their
feet in which particulars they differ from all the
others
27. This day was dedicated to hunting the wild animal
~~in which~~ we saw several & had the good fortune
to kill a very large one which weighd 84 lb
28. Botanizing with no kind of success the Plants
were now intirely compleated & nothing new to
be found so that sailing is all we wish for
if the wind would but allow us. Dind today
upon the animal who eat but ill he was I
suppose too old his fault however was an
uncommon one. the total want of flavour for

约瑟夫·班克斯1770年7月26日的笔记，其中记录了Endeavours River（现在叫作奋进河，即Endeavour River），那条河位于澳大利亚昆士兰北部。6个星期前奋进号（HMS Endeavour）在该河河口外因触到珊瑚礁而受损，于是船员停在水湾维修船只。征得新南威尔士州立图书馆，即米切尔图书馆（Mitchell Library）许可而使用。

生前一直使用。

对于记录方法的指导还以书信的形式来传播。美国第三届总统托马斯·杰斐逊在1803年6月20日致信梅里韦瑟·刘易斯船长（Captain Meriwether Lewis），信中明确指示要注意西行沿途的植物、动物和矿物，并建议“您的观察要格外认真和准确，记录时要清楚明了，既方便他人也方便自己”，“应在桦树皮纸上誊一份，这样不容易受潮”。[13] 即使是离家比较近的野外博物学家，如亨利·大卫·梭罗（Henry David Thoreau），也记有翔实的野外笔记。19世纪50年代，梭罗收到了路易斯·阿加西斯（Louis Agassiz）的一封信，描述了他应该在关于鱼的野外笔记中记录的信息：

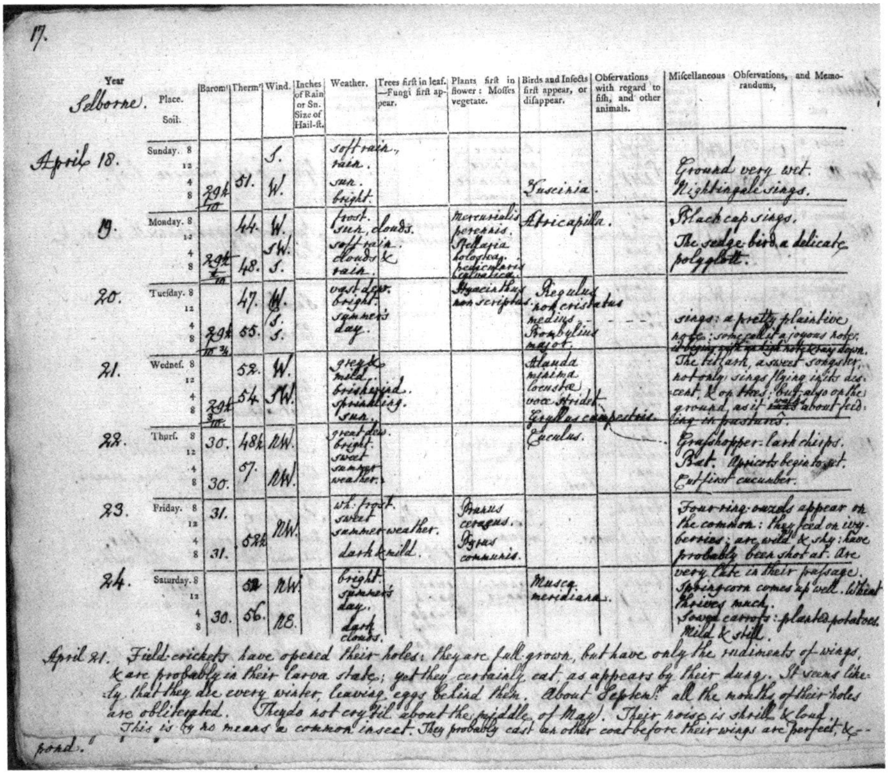

吉尔伯特·怀特笔记中的一页，日期为1773年4月18—22日，怀特以标准日志形式记录自己的野外笔记，这些日志的格式取自戴恩斯·巴林顿1767年出版的《博物学家的日志》（初版为匿名）。征得大英图书馆许可而使用，手稿编号为Add.31846, f.161v。

> 注意标本采集地点的物理特性，这对收集本身是有价值的补充。关于土地应该观察的包括：海拔高度（如果已知），土壤性质，干湿、沼泽、泥泞、多沙或岩石，等等。关于水域：平均温度和最高、最低温度（如果可以确定），水质是清澈还是混浊，颜色，深浅，死水还是流水；对于河流尤其重要的是流速及落差。[14]

自梭罗的时代起，针对鸟类、昆虫和一般博物学的其他观察记录体系已经出版。[15] 近来关于如何记“自然志”的各种书也颇为丰富，那些书一般包括速写和基本观察。[16] 有些野外指南甚至提供了简单的野外笔记记录方法。考虑完可用的材料后，一名严肃的博物学家会思索如何切实有效地记野外笔记。显然，答案取决于作者的特性和表达的需要，因此本书就这些主题提供了 12 种不同的观点。

这些为数众多的野外记录手段平衡掉了不可避免的常见变数。我们可以从认真做记录的人那里学到很多东西,即使是达尔文的笔记本也揭示了事实与理论、数据与描述之间的张力。在达尔文许多早期的笔记本中，如他在小猎犬号上记的动物学笔记，他的叙述主要是描述性的。他在纸上写满了观察和事实，而他对进化的疑问却是只言片语（之前引用的他对海蜥蜴演化的思考反映了这一点）。他后来的笔记本，如声名狼藉的“红色笔记本”，都从观察转向了理论。[17] 这本笔记是从小猎犬号之旅的末期开始记的。在这本笔记中，他开始从记录野外观察向考虑潜在的进化规则过渡，而这些规则在随后的笔记本中得以充实。

现代野外科学家的笔记本仍在这种构成张力中平衡着，根据目标和学科的不同，野外笔记中包含的信息连续性大致可分为几类：日记、日志、数据和编目。日记条目记录日常琐事，如一日三餐、开销以及与他人的会议。日志记述的包括天气状况、每日活动和地理位置以及对动植物的基本观察。数据条目包含大量的行为观察、事实记录和实验结果。而编目则记录采集情况和观察到的内容。虽然它们的界限彼此交融，但这样的分类有助于检视野外笔记有何不同。在如系统采集的某些学科中，主要可能是对物种和标本进行编目，而其他生态信息则不被重视。在经验主义色彩更强的工作中，如生态研究，内容更倾向于诸如实验设计和数据等元素，它们会占据笔记的大部分篇幅。在古生物学笔记中，最本质的是对具体事实和对象位置的记录。当然，本书的作者认为野外笔记是具有包容力的文档，其中可以包括事实、理论、数据和叙述。

学科不同，则笔记中的信息组织方式也要加以平衡。有些学科追求的是提供一种形式自由的方法来广泛排列各种观点，而其他学科则要求一致性和标准化。有些类型的信息适合于装订好的日志，而其他类型则要依靠野外记录卡和数据表格。在这样的技术时代，我们能记录多种类型的数据，但要决定哪种方法最好仍需要思考和对研究对象的长久眼光。组织野外观察时有一种张力是始终存在的，即有些记录类型在本质上是按时间顺序的，有些却不是。日记和日志信息每日都记，而数据和实验的采集却可能需要经过很长的间隔，也许与相应日期的日记条目并不对应。除了专用的动物学和地质学笔记本，达尔文还存有小的野外笔记本和日记。本书的作者提供了各种方法——从自由记录的日志到包含专用日记、日志和编目的体系。许多人随身携带袖珍笔记本，以便白天可以匆匆记下几笔，随后再更完整地抄到正式日志中，就像达尔文那样。为了整合在野外收集的信息，现代野外科学家可能尝试各种组织化的解决方案，从源自约瑟夫·格林内尔（Joseph Grinnell）追随者的纸张加铅笔方法一直到关系型数据库。

野外工作者在应付有关内容和组织问题的同时，他们还必须考虑笔记针对其目标的最终价值。因为人类的记忆是暂时的，没有写下来的东西很容易遗忘，因此野外记录是至关重要的。但显然野外笔记也存在着机会成本。记笔记所花的每一分钟也可用于做其他事情。实验、标本准备和睡眠通常优先于做笔记，而且因为一个人不可能把什么都记录下来，所以对笔记的相应投入是获得野外工作成功的关键。当然，有些卓越的野外科学家没记整合笔记也很成功。不管怎样，我们先要判断什么信息值得记录，然后才能决定把多少精力用于做野外笔记。

记野外笔记的价值不但在于所记录的实际信息，而且在于记录本身带来的收获。达尔文与其动物学笔记对应的标本清单也是颇具科学价值的，因为它们准确描述了采集的内容和地点。他的观察记录为他后来写作《小猎犬号》提供

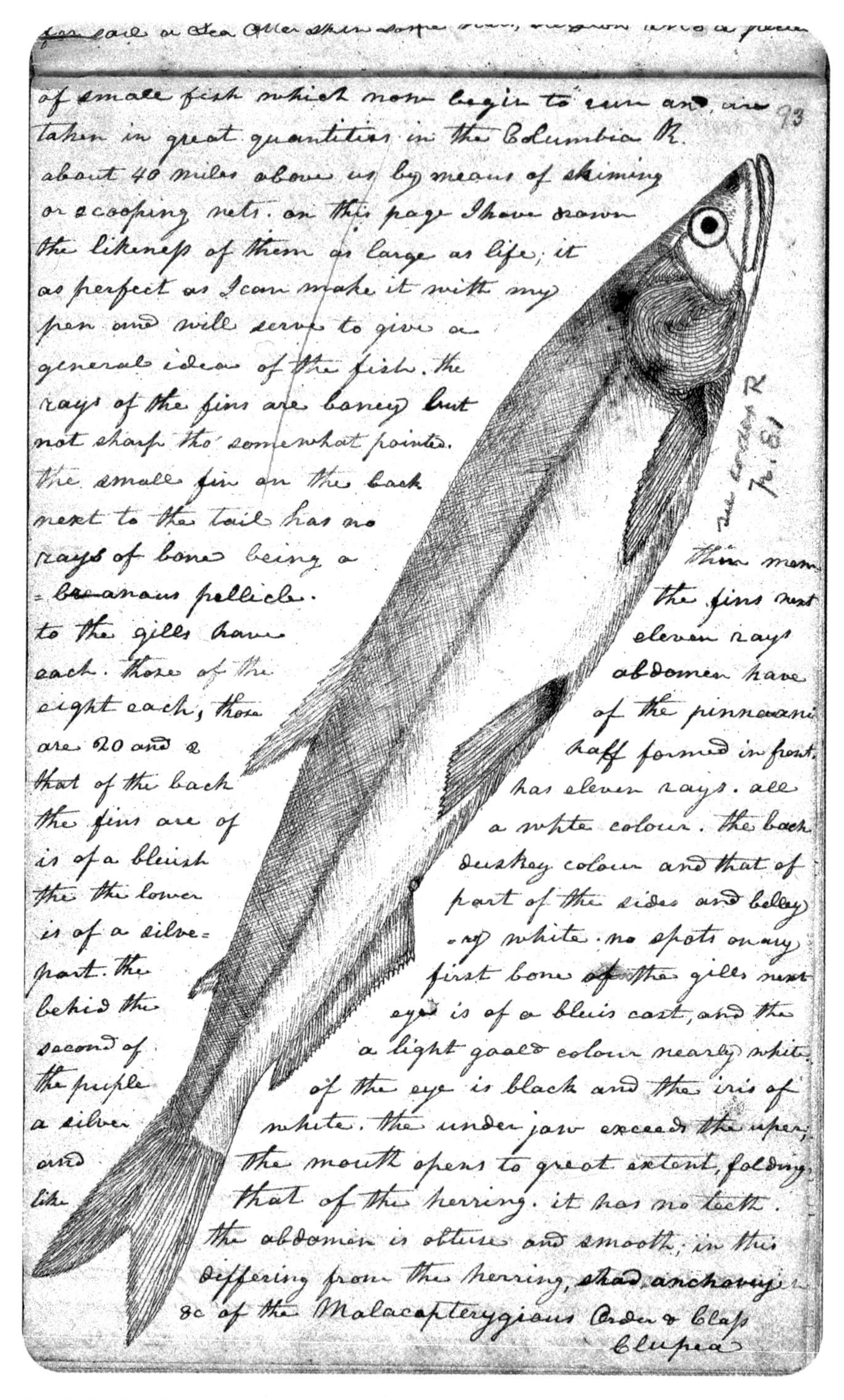

of smale fish which now begin to run and are
taken in great quantities in the Columbia R.
about 40 miles above us by means of skiming
or scooping nets. on this page I have drawn
the likeness of them as large as life; it
as perfect as I can make it with my
pen and will serve to give a
general idea of the fish. the
rays of the fins are boney but
not sharp tho' somewhat pointed.
the small fin on the back
next to the tail has no
rays of bone being a thin mem
=branous pellicle. the fins next
to the gills have eleven rays
each. those of the abdomen have
eight each, those of the pinnaeani
are 20 and 2 haff formed in front.
that of the back has eleven rays. all
the fins are of a white colour. the back
is of a bleuish duskey colour and that of
the the lower part of the sides and belley
is of a silve= =ry white. no spots on any
part. the first bone of the gills next
behid the eye is of a bleuis cast, and the
second of a light goald colour nearly white.
the puple of the eye is black and the iris of
a silver white. the under jaw exceeds the uper;
and the mouth opens to great extent, folding
like that of the herring. it has no teeth.
the abdomen is obtuse and smooth; in this
differing from the herring, shad anchovey
&c of the Malacapterygious Order & Class
Clupea

梅里韦瑟·刘易斯（Meriwether Lewis）关于太平洋细齿鲑（Thaleichthys pacificus）的日志笔记，记于1806年2月24日，当时刘易斯是在俄勒冈州克拉特索普堡(Fort Clatsop)。征得美国哲学学会(American Philosophical Society）许可而使用。

了信息。野外笔记能为科学家和后代们留下书面记录。有关实验设计和理论的仔细记录可用于揭露可能存在的错误或过失，而且此类草稿也可能蕴含着重要的发现。方位数据能提供具体的信息，以便在几个世纪以后的未来能找到相应的生物。任意一页笔记与未来的相关性都是无法预测的。但有一点很清楚，即一丝不苟、井井有条的记录构成了野外科学的基础，而且像室内的实验室笔记一样，它们是研究自然科学的基本工具。虽然野外笔记的内容有着不可思议的价值，但记录野外笔记这一举动的益处不那么明显，而且常常被低估。例如，达尔文的野外笔记因其包含的信息而被证明是不可或缺的，但这些笔记迫使他重新考虑之前形成的观点了吗？

花时间写下一个想法或观察会促使我们停下来思索。展示实验的日常记录——成功或失败——能激发诚实的评价，每日的工作是否契合项目的潜在目标和理论。对实验、事件和观察进行描述的确费时，但最终也会有回报，因为记录会促使彻底的检查，而这是所有学科的共性。例如，在达尔文对海鬣蜥的描述中，我们可以想象出他在小猎犬号上记录着动物学笔记，并思索着其“明显愚蠢的行为”的肇因。

与记录那些看似没完没了的困境形成对比的是，随着用于野外信息采集的新技术手段的出现，野外记录面临着其他挑战。各种数字媒体的运用使野外笔记变得更容易，同时也更复杂。计算机传感器、手持设备以及数码相机和麦克风都可以在几秒钟内捕捉到巨量的信息，但这些散乱的大量信息算不上具有结合力的野外笔记，却给人完整的错觉。此类数据不是自然整合的，它们常常散落于多个设备之中，每种设备都需要专门的技术来操作。此类原始信息缺乏有关信息记录位置的描述和记录。而野外笔记正是要提供这种记录。因此在野外决定如何做记录工作时，请考虑以下问题：是否有记录来解释发生了什么？如何发生的？地点在哪里？独立的读者是否能明白这些记录？

当然技术在记录野外笔记方面也起着重要的作用。许多野外工作者找到了借助数字媒体把笔记转为可编辑格式的方法。这种应运而生的技术应用包括记录相同虚拟复本的数字笔和数字日志软件。[18] 通过相关的数据库，数据和虚拟笔记可以凭借电子手段链接起来，这样就可以进行快速、强大的访问和检索。

January 1966] SCIENTIFIC NOTES 231

Charles L. Hogue

COLLECTING NOTES

No. CLH 1649

Locality 2 mi. S. Little Rock Dam (M), San Gabriel Mts. Coords. 118°1'-34°27'
District CALIFORNIA Sub. Los Angeles County Country U.S.A.
Date 15 May 1965 Time 1 P.M. Elevation 3800'
Collected by C. L. Hogue Method net

SITE

TERRESTRIAL Visiting flowers of Salix sp. growing by small, sluggish stream

Weather almost clear, hot day (third in a series of three following mild storm)
Temperature 85 deg. F. Humidity 16 rel. % Barometric pressure 29.6 rise ✓ fall
Clouds sparse, high Wind intmt. breezes force 0-10 mph direction S - SSE
Terrain gravelly, boulder strewn wash slope level % direction

AQUATIC Small ground pool in a shallow depression beneath edge of a large Baccharis shrub (P)

Size oval, 6' x 2' Flow none - stagnant
Salinity none (by taste) Other solutes not determined
Temperature 73 deg. F. Color clear Surface light bacterial scum
Bottom algae covered granite rocks Shade partial
Vegetation abundant & thick masses of Spirogyra; sparse grass near edge

ANIMAL HOST wood rat
Species Neotoma fuscipes macrotis det. C. L. Hogue
Age adult Size 388-191-39-32 Sex ♂
Situs base of tail Preserved: yes ✓ no Museum LACM no. 28621

OTHER

GENERAL ENVIRONMENT

Artificial
Natural Shadscale Scrub (Munz & Keck)

COLLECTIONS

No.	Identification	Remarks
A	Autographa californica	♀ - confined, laid 60 eggs (over)
B	blue megachilid bee	exhibited peculiar feeding behavior *
C	large tachinid	
D	Andrena sp.	
E	Culiseta incidens	2 blooded ♀♀; both confined, #1 laid 30 eggs, #2 " 40 "

✓ * See supplemental sheets for additional notes. ✓ (P) Photographs ✓ (M) Maps

FIG. 1.—Field-note form, front. Hypothetical examples are inserted for all categories under "Site." Under actual conditions, only 1 category would be completed for each collection.

针对昆虫的标准化野外笔记表格范例，出自查尔斯·霍格（Charles Hogue）名为《一般昆虫采集的野外笔记格式》（*A field-note form for general insect collecting*）的论文（霍格，1966年）。征得许可而使用。

然而，不管我们手中的是数字笔还是圆珠笔，记录野外笔记的目标依然没变。

本书作者认为野外笔记的不同技术手段以及各异的视角会产生相应的问题，即随着数字笔记的实施人们获得了什么，失去了什么。通过字处理器或数码相机记录的条目与手工的笔记和绘图有何不同？在博客或数字幻灯片上记笔记的年轻博物学家，看到上一代人记笔记的方式时会借鉴到什么？手工记录时科学元素是否记录得更完整？不管记录的方式如何不同，创制野外笔记的传统对于科学家和自然史学家仍具有决定性的价值。

大多数野外工作者的目的包含科学和博物学的多种元素，但它们根据每个野外工作者的研究目标而各有侧重。研究进化的生物学家内奥米·皮尔斯（Naomi Pierce）曾描述过卓越的社会生物学家伯特·霍尔多布勒是如何鼓励她不要简单地记录观察，而是要集中在量化上。如果我们来到野外的目的是从经验主义角度调查物种间的相互影响，那么系统地在数据表和笔记中记录信息会为我们带来极大的价值，这样才能服务于后来的严格对比。相对地，如果我们走入野外是为了对一种新动物或植物进行一般的观察或研究，那么我们也许能在简略日志引发的公开研讨中受益匪浅。我不想品评各种方法，也不想为“真正”野外笔记的本质下定论。相反，我希望本书所展示的视角有助于对其他体系进行选择和考虑。雄心勃勃的野外科学家还会发现，除了数据表，他们所记录的日记信息如何在应对科学拨款的缜密会计方面派上用场，或是一本日志如何提供广角论坛以便对实验和生物进行更广泛的反思，甚或在以后回顾野外探险时日志会如何具有个人价值。类似地，对于那些更紧密追随博物学家历史传统的人，他们还会受益于反思对量化观察的强调如何使他们的工作更有力。

最后，借助本书，任何人都得以管窥那些杰出的野外科学家和博物学家，并深入其日志的具体内容。那些典范所提供的方法既可以大量采用，也可以择其一二为已用，还可以供对自然世界感兴趣之人作为入手点。这些作者提出的问题既有个别的，也有跨学科普遍存在的，虽然他们个个特立独行，但他们所记录的真实探险不过是更广阔的科学主题下的一部分。总之，这种人与地点的交融展现了博物学家在野外思考和工作的方式。

野外笔记这一传统在过去的三个世纪里不断发展，形成了自己的风格，即使今天，它与研究自然的任何人仍是息息相关的。虽然野外追求的多样性和研究的复杂性拓展了野外记录的范畴和方法，但野外笔记的基本用途和重要性依然未变。本书提供的范例、思想和指示不过是为保持野外笔记这一宝贵传统而迈出的第一步，希望对自然世界的记录越来越缜密、越来越持久。

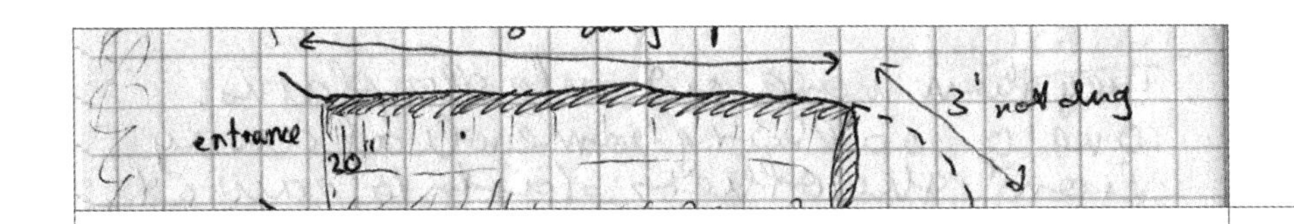

1

观察之趣

乔治·B. 夏勒（GEORGE B. SCHALLER）

科学家研究自然不是出于实用，而是乐在其中，因为自然是如此美丽。

——朱尔·亨利·庞加莱（Jules Henri Poincaré）

这个狮群由3只长着鬃毛的雄狮、7只雌狮、4只大一些的幼狮和6只幼崽组成，它们在几小时的慵懒之后终于躁动起来。现在刚过午夜，月亮那明亮的银色光芒洒满了塞伦盖蒂平原，为狮群投下了身影。此时我正是在月光下，不借助人工照明观察着这些动物。这么做可能干扰它们的潜在猎物。除了远处一只斑鬣狗的叫声，再没什么打破这广袤的沉寂。脆草被狮群沉重的步子踩得噼啪作响。一只略微离群的雌狮开始挖疣猪洞，它露出锋利的爪子把沙土向后刨，先用一只爪子，又换了另一只。两只雌狮加入了它，时不时地掘着土；其他狮子在附近闲逛。一小时后，一条长约2米半、深0.6米的水平地道展现在雌狮面前。突然，一只雌狮把头探入地道，抓住了什么往出拉，它强有力的肩部肌肉隆了起来。两只雄狮走上前来，满怀期待地注视着。另一只雌狮继续挖，扬起的尘土吞没了现场。那只雌狮抓的动作保持了8分钟，它突然一拉，按着颈部从洞中拖出了一只不断尖叫的雄疣猪。整个狮群都冲了上来，咆哮着围住了疣猪，身体扭动着。气氛沉重，充满了血腥味和食物气息。到凌晨2:00，只有两只雄狮还在为疣猪头争吵着。其他狮子则用舌头清理着自己，并相互舔，或是啃残渣、用骨头磨牙齿。到清晨这段时间，狮群共发出7次吼叫，我用磁带记录下它们雷鸣般的集体吼声。

早晨5:10，我驱车赶回妻子凯和两个小儿子住的平房。在过去的24小时里，

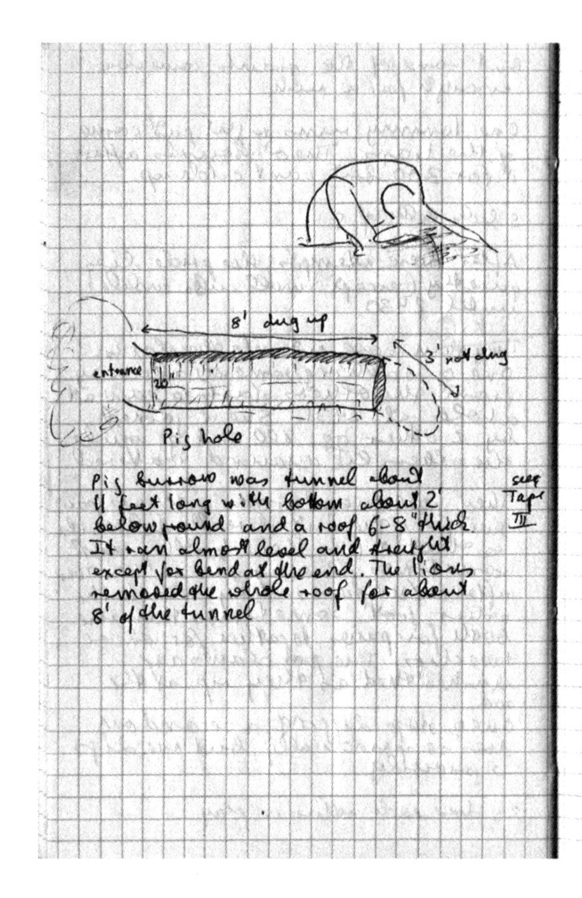

8' dug up

3' not dug

entrance

20"

Pig hole

Pig burrow was tunnel about 11 feet long with bottom about 2' below ground and a roof 6-8" thick. It ran almost level and straight except for bend at the end. The lions removed the whole roof for about 8' of the tunnel

see Tape III

0135 ♀ still digging 34

0137 Several times ♀ had put head into hole and jerked it back suddenly. Now she reaches in and grabs something. Her head is out of sight and she is straining.

No 2 ♂ arrived within past half-hour. Now he and No 3 ♂ come up and stand by ♀. The other ♀ who had been digging paws at the hole entrance, creating a dense cloud of dust

After 8 min of holding the head in the hole the ♀ starts to pull. A ♂ warthog squeals. She seems to have it by the nape. As she pulls it out the 2 ♂ grab it too. Rest of pride rushes up and the pig is covered so completely that it is invisible under the mass of lions. 3 small cubs eat too.

0200 Only the head has meat left. The animals are scattered with bones gnawing. The 2 ♂ squabble over the head. While ♂ 3 lies on his side, ♂ 2 is draped over his neck, each retaining his hold. They keep this position for 5 min., then ♂ 3 gets head when other gives up. He takes head 100' and eats.

1966年10月29日的笔记，记录了塞伦盖蒂狮群如何从洞中挖出疣猪。

我了解到狮群走了4千米，进行了3次杂乱的追踪，一次是追捕小苇羚，两次是瞪羚。我还注意到狮群中的互动关系，并在整体上获得了有关狮群日常活动的事实。在塞伦盖蒂的3年半时间里，我收集了几千条零散的信息：狮群的动向；所猎捕的每种猎物的年龄、性别和身体状况；狮群内部以及狮群间的社交反应。我收集这些数据就是为了回答一个问题：狮子的捕食对猎物种群有何影响？此类研究需要重复记录相同的事实，直到得到足够大的样本以推断模式、得出结论，甚至做出预测。狮子在夜晚最活跃，那时它们白日里的倦怠会一扫而光。因此，要想收集相关数据，就要在漫长的白天和更长的夜晚观察这些动物。

一般我通常一个人坐在路虎车里观察塞伦盖蒂的狮子，车上是接近这种动物公认且无害的理想位置。你必须走得足够近才能进行观察，但也不能太近，否则会影响它们的日常活动。双筒望远镜、单筒望远镜、笔记本、钢笔或铅笔

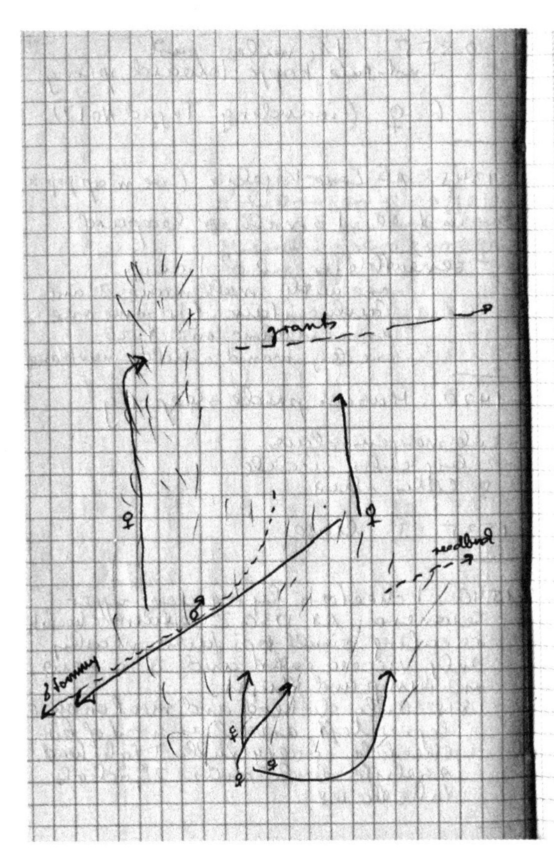

两次狮子狩猎的详细信息。两次都不坚决、都未成功。上图描绘了两只雌狮追踪一只葛氏瞪羚；下图展示的是三只雌狮正在接近一只小苇羚。

是我的基本工具。我在袖珍笔记本上匆匆记下所发生的事情或随后补记，常常是草草的几个关键字，写的时候连纸都不看，晚上尤其如此。快速记笔记很重要，众所周知记忆可是靠不住的。我做了几份狮子路线图，并标注了大概的距离，如雌狮呈扇形追踪猎物的示意图。简单的姿势草图有助于我后来把动物形象化。借助核对表，我可以按表格的形式记录无线电发射机的读数或其他此类的简单记录，但我通常不喜欢缩写行为笔记。某一个重要的细节可能因为在列表中缺乏离散范畴，而被忽略或认为不相关而放弃。逸闻趣事常常能提供特殊的见解。

我返回营地将粗略的野外记录誊写到长期笔记本上，字迹清楚，细节也更为翔实，这项任务可能需要一个多小时。我抄笔记时还会添加评注和相应的想法。我用的是60页硬皮笔记本，规格是12厘米 ×19厘米或20厘米 ×25.5厘米，时到今日我仍保持着这种习惯。笔记要清楚，这一点至关重要，因为它们以后会充当科学论文的依据，而论文就是各个观察的汇总、量化和阐释。这种誊写还有深一层的益处，一旦一套笔记丢失了，你还有备份。我把两套笔记保存在不同地方。这些关于狮子的终稿笔记本是装订好的固定记录，而且编了索引，可供任何人使用。它们现在成了我收藏的一部分，这类笔记本我大约有 300 本，记录着我在 23 个国家的野生动物研究。有些项目的研究会持续一两个月，如在越南的雨林找寻稀有的爪哇犀牛（Javan rhinoceros），或是在砂拉越统计褐猿（orangutan）的数量。这些研究可能只需要一个笔记本，但长期项目，像对狮子和大熊猫的研究，所用的笔记本会装满书房中的一个书架。

除了科学笔记，我还另外记个人日志。那是一种日常记录，包括我的印象、想法、关注的事情和抱怨。我在其中描述家人所做的事和我自己的活动、对他人的品评，讲述科学笔记之外的其他事情。在日志中我还可以表达情感——发现的喜悦、日落时分的长颈鹿之美、观察另一个物种的丰富生活所带来的深层快乐。这些笔记有助于以后的通俗写作，它们能引发读者与动物之间的共鸣。

在这样的技术年代不用速记记笔记，这看起来有些落伍。我不用录音机做记录，而且我刚开始野外工作时笔记本电脑尚未发明出来。机器很容易丢失数据；艰苦条件下还需要对机器进行保养；携带麻烦；容易招贼。但有新技术可用时我还是乐于采用的，如 GPS 和无线电遥测，当然前提是能更容易地获取数据，我认为所有的机器都是工具而已。我的重点是为某个物种提供一部写下来的历史、一部传记，为此我必须走近动物。盯着电脑屏幕、在地面上飞过和借助卫星在地图上绘制位置，这些能增加如山的可用信息，却带不来与动物共处的快乐、知识和体验，就像人们说的，那需要把靴子弄得脏乎乎的。康拉德·洛伦茨（Konrad Lorenz）几年前对“指导描述”动物行为的“时髦谬论”慨叹不已。幸运的是，我的大部分野外生涯都是与动物直接接触，而且深得其乐——观察、聆听和书写。

通过这些近距离的接触，我增进了对雪豹、美洲豹和其他隐秘生物的了解。有时，我使这些动物平静下来，用手触摸它们，为它们挂标签、戴无线电项圈。但我清楚，这种对它们复杂生活的干扰可能为它们带来情感上和生理上的伤害，甚至会因为陷阱或麻药的粗心大意而杀死它们。鉴于我对动物个体的尊重和对它们幸福安宁肩负的责任，我非常不情愿捕捉动物。相反，更多的时候，我发现做一个耐心、坚持不懈的观察者所学到的东西更令人惊讶。

所有的项目中都存在着收集定量数据的压力，这样才能确保资金支持、提高个人的科学资历。为了以严谨的方式采集这些信息，在任何行为研究中你都需要能够识别动物的个体，如果可能的话。伤疤、皮毛的花纹以及其他细微变量，凭借其中的一点或是综合各种因素有助于这种识别。我可以通过老虎面部独特的条纹轻而易举地辨别出它们。如果某个物种是群居的，那么个体间的对比可能会更容易。例如，山地大猩猩有着彼此不同的鼻子形状和皱纹模样，凭这两点，我认识、可以叫出名字的大猩猩超过 100 只。这种识别会将项目提升到一个新的水平。个体一旦相识之后，你会热切地追随它们的生活，而且它们能提供有关其社会的详细信息，如果不熟识，这些信息就会隐而不见。如果一个人熟悉所研究的个体动物，那么其野外笔记中的观察就融入了个人情感，而观察者的感情移入会超越枯燥的事实，从而提升他的直觉和洞察力。

毕竟，每个动物都是有着自己历史的个体，其行为受朋友与敌人、亲属与邻居的影响。因为我们无法采访研究对象，所以只能从现在的情况推断过去，并同时清楚这样的结论可能是错误的。理想的情况是，一项研究至少应与动物的寿命相齐——狮子是 15~20 年，大猩猩是 30~40 年。而我对这两个物种的研究分别只有简单的 2~3 年，而其他人的项目则是从 20 世纪 60 年代开始一直持续到现在。在诸如我辈的先驱开拓中，一个人会非常无差别地捕捉所有信息，只要是容易观察到的就记入笔记，如食物习性和每日路线。先前对其他动物的研究能提供些指导，但每个物种都是独一无二的，因此需要新鲜的视角，熟悉新个体和明白其独特行为的含义。科学上的概念一直在演变，新问题不断凸显出来，于是在前辈身后涌现出更广泛的研究。将我写的《山地大猩猩》（*The Mountain Gorilla*，1963）和亚历山大·哈考特（Alexander Harcourt）与凯利·斯图尔特（Kelly Stewart）合著的《大猩猩社会》（*Gorilla Society*，2007）比较一下，就会注意到后者在手段和细节方面与前者的巨大差异。我的工作一直倾向于对知之甚少的神秘物种进行研究。这是个性使然，但发现、记录这些物种的某些兴趣也受到了早期动物行为学家的工作的启发。

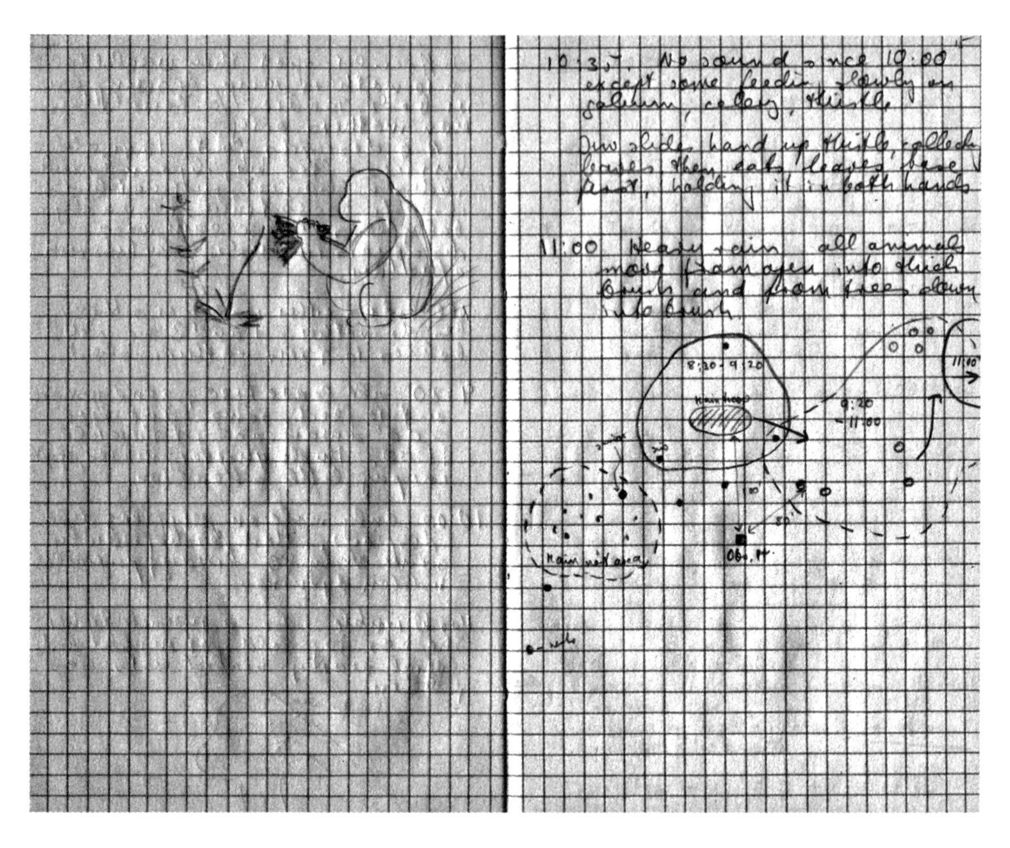

1960年1月12日追踪山地大猩猩，地点是比属刚果阿尔伯特公园（Parc Albert），即现在的刚果民主共和国的维龙加国家公园（Virunga National Park）。

我对野外工作的展望受到了三位伟大博物学家的影响。他们带着对动物的热爱，把自己的观察转换为一流的通俗描绘，以此传递他们的热情，并激起别人对动物的热爱。只要读一读康拉德·洛伦茨（Konrad Lorenz）的《所罗门王的指环》（*King Solomon's Ring*，1952）和尼科·丁伯根（Niko Tinbergen）的《充满好奇的博物学家》（*Curious Naturalist*，1958），就不难体会到这种感觉，正是这种感觉塑造了我的研究方法。这些著作清楚展现了两位动物行为学先驱看待自然时的情感深度，而他们的热情很快触动了我。1956年，我得到机会作为野外助手，参加由奥劳斯·穆利（Olaus Murie）领导的远赴阿拉斯加布鲁克斯山脉（Brooks Range）的探险，那一区域因我们的工作变成了北极国家野生动物保护区（Arctic National Wildlife Refuge）。那个美妙的夏天，我基本都是在编写鸟类名录、采集植物和清点大自然的财富中度过的。虽然奥劳斯已年近七旬，但他每一天都充满了好奇和惊奇感，并把他心目中野外那“宝贵的无形价值”

传递给我们。当我回顾多年来的野外工作笔记时，我意识到这些体验对我的影响何其深刻。学习如何观察和记录物种并学会欣赏这些“无形价值”为我指明了科学和保护自然的方向，至今我仍在沿着这一方向前行。

我早期的研究主要是在国家公园，侧重于物种的自然史。自然保护的问题涉及社会、经济和政治，与了解物种自然史相比它们是等而下之。这种想法已经变了。现在我采集数据主要是为了帮助保护和管理物种。藏羚羊（也称作“长角羚”）就是很好的例子。这种优雅的动物在海拔 4300 米或更高的中国青藏高原上迁徙。它漫游在 50 万平方千米的广袤区域，比得克萨斯州的面积还大。长角羚因其优质羊毛——即所谓的“羊绒之王”——而遭到大量猎杀，致使种群数量受到极大威胁。为了保护这种活动范围广阔的动物，就要获得所需的基本信息，而这需要远赴遥远的地区，其中很多是无人区。

我和当地的合作者一道记录种群的位置、规模和构成，出生率与死亡率以及导致它们死亡的原因，迁徙路线，季节性的食物习惯和植物营养含量，野生动物和家畜之间的竞争，以及其他主题。我们收集狼排泄物以确定其猎捕对象是长角羚还是家畜或旱獭。该项目在某些方面缺乏深度，规模却很大，不像我对狮子和大猩猩的密集观察，可该项目引发了保护长角羚的倡议。我也因此与那些严峻的高地结缘，那里的地平线没有尽头，那里有时长角羚群会像一条悸动的生命之河，流淌过如画的景色。亲密的快乐会时不时降临：12 月的某一天，长角羚在我附近跳舞，那是一种交配仪式，这为将其与相关物种对比提供了详细的行为笔记；7 月初的一个下雪天，一只雌长角羚在贫瘠的山坡上产崽。

1980 年，我应邀协助研究另一个鲜为人知的物种——大熊猫，在中国四川省雾霭缭绕的山区森林待了四年。熊猫非常稀有，简直成了保护的象征，人们需要了解相关事实才能保护它和它的栖息地。这个与中国合作的项目的首要任务是描述熊猫的生活方式，这却不容易做到，因为熊猫生活在茂密、阴湿的广袤竹海中。既然直接观察如此困难，我们就将部分精力转向熊猫在所经过地点留下的痕迹——进食处、粪便、气味标志。我们注意到其所食竹子的种类和所选的食物类型，是茎，还是叶或嫩枝。我们测量了嫩枝的高度和直径并加以记录，看熊猫有何偏好，而且我用该信息绘制了熊猫移动路线图。我们检查粪便，

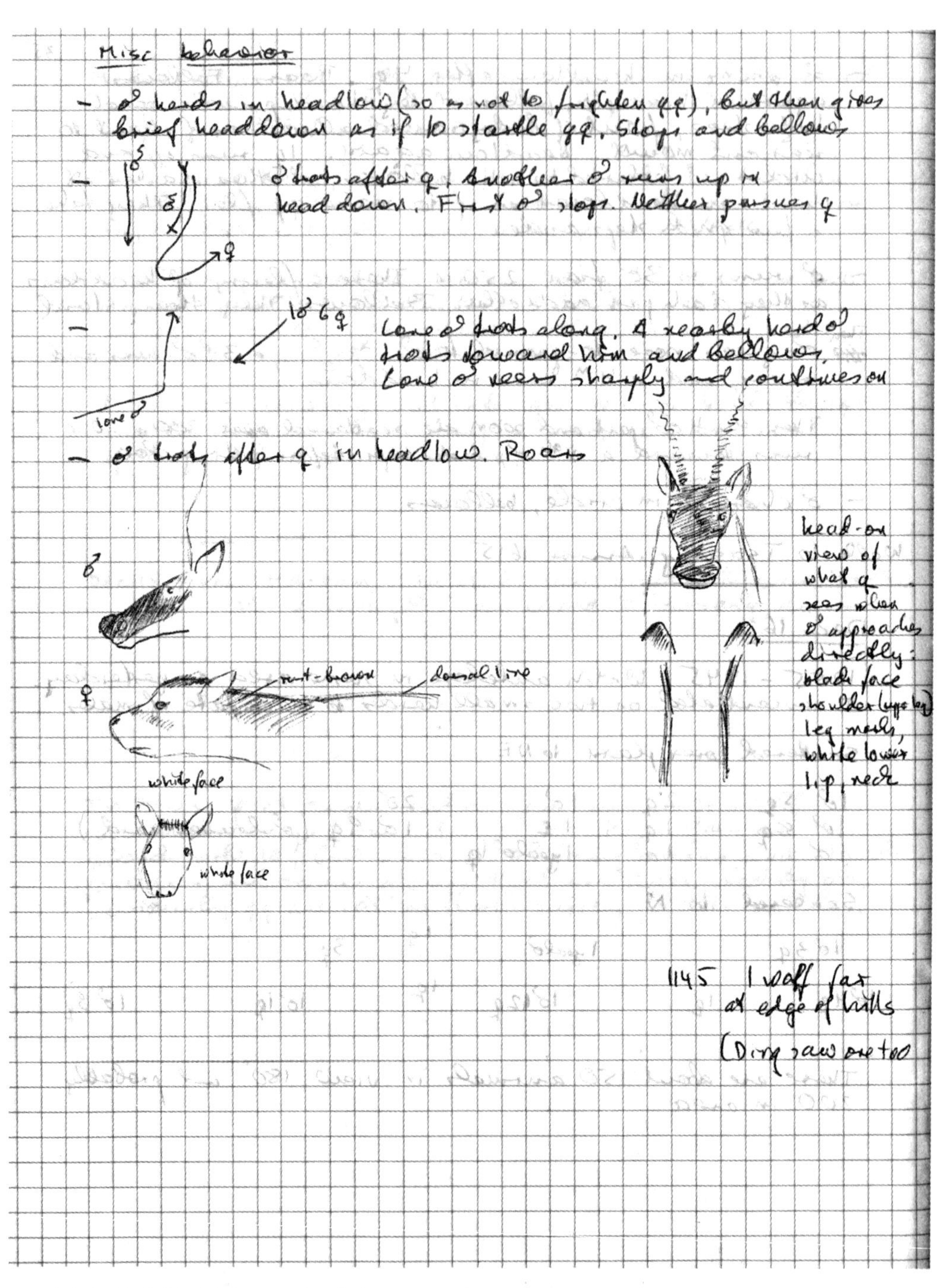

长角羚（藏羚羊）的行为笔记，这一物种活动于青藏高原超过50万平方英里的区域里，1991年12月16日。

Chiru birth   July 3
snowing to 1130 but snow melts off S-facing slope by early afternoon. 1600 snow flurry
1700 hailstorm, 1800-1900 hail-snow storm

♀ is on open lower slope, about 30 m from bottom, perhaps 15° slope but on a small more level spot. I am nearly 1 km away with scope. Heat waves and distance make me miss some detail.

1435 I see ♀ lie on side, hindlegs stretched, but head raised
1441 ♀ stands up, then lies
1445-46 ♀ stands and lies 3x
1447 ♀ stands, newborn is hanging out, head nearly touching the ground. ♀ turns 2x 180°, fetus swinging and lies down. She stands immediately and I can see newborn struggling on ground. ♀ seems to lick it and her tail wags fast
There are at least 7 other chiru nearby, the nearest at 10 m, foraging but none respond
Young rears on forelegs. ♀ seems to nuzzle it
1451 ♀ lies. Young struggles by her belly
1455 ♀ seems to lick young. Young continually rears head up
1502 young gets up on its 4 legs (15 minutes after birth)
♀ stands up then lies again. Young gets on 4 legs, stumbles backward and falls on rump
1505 ♀ stands up. Young does too but falls on rump
1506 ♀ lies. Young stands up, lies down. ♀ stands up, lies down
1510 ♀ stands and seems to lick young
1512 young stands and seemingly tries to suckle - head around belly
1511 Young takes several steps. ♀ lies   ♀ lies down, young walks by ♀
1515 Young takes several fast steps
1520 ♀ stands up and feeds briefly then lies; young lies
1521 Both ♀ and young stand up. Young nuzzles around her belly
♀ feeds again. Young takes several steps with her and collapses
♀ lies again. Young walks 2/3 around her and lies close to her
1525 ♀ stands and forages. Seems to lick young.
Young apparently suckles 1.5 min, standing at right angles to her, its muzzle in her groin. She stands still (38 min after birth)
1530 Young lies as ♀ feeds, ♀ lies. Young walks to her head and lies
1535 ♀ feeds again, then lies. Young circles ♀ and goes to her head end
♀ stands and seemingly licks young. Young lies, ♀ feeds
So far all action at birth site about 3 m diam.
♀ moves about 3 m from birth site and lies. Young walks to her head

cont p.27

一只长角羚诞生的详细野外笔记，2005 年 7 月 3 日。

把未完全消化的竹子按嫩枝、茎和叶分类，以确定每一部分的比例。我们在实验室对竹子进行了分析，检测其中的氨基酸、维生素、粗蛋白质、纤维素和其他成分。我们还在雪中追寻熊猫，统计和测量其粪便。例如，我们曾追踪一个

在中国四川省卧龙自然保护区对大熊猫的间接观察。笔记本中记录了大熊猫所吃嫩竹的直径和粪便的净重。

Diameter of shoots eaten by Zhen May 31 AM

1.39	1.14	1.11	1.30	1.21
1.22	1.65	1.29	.98	1.38
1.70	1.33	1.25	1.58	Total 102
1.28	1.35	1.66	1.07	
1.05	1.78	1.40	1.17	13965
1.34	1.46	1.71	1.21	Mean 1.37
1.35	1.51	1.49	1.00	
1.39	1.37	1.15	1.35	
1.03	1.18	1.10	1.11	
1.30	.91	1.06	1.43	
1.32	.99	1.42	1.50	
1.28	1.11	1.12	1.29	
1.29	1.58	1.24	1.30	
1.40	1.49	.92	1.56	
1.13	1.15	1.75	1.21	
1.48	1.48	1.54	1.28	
1.32	1.90	1.55	1.36	
1.04	1.40	1.74	1.22	
.96	1.54	1.76	1.44	
1.67	1.63	1.60	1.60	
1.65	1.18	1.51	1.45	
1.32	1.23	1.40	1.33	
1.73	1.40	1.77	1.55	
1.31	1.75	1.55	1.10	
1.58	1.81	1.35	1.38	

Dropping shoot

6	1030 gm
5	770
5	910
5	1020
4	650
6	880
4	660
35	5920g

169.14g per dropping

雄性大熊猫 5 天半，它平均每天排出 97 块粪便，重 20.5 千克。熊猫显然吃了很多竹子。

我们用无线电追踪过几只熊猫，以便确定其活动范围的大小（3.9~6.4 平方千米）和日常活动的周期。连续 20 天监控特定个体每 15 分钟发出的信号，虽然这种活儿令人精疲力竭，但我们由此知道熊猫很活跃。它们大部分时间在进食，每天 14.2 小时，既在白天也在晚上。我们的活动读数累计多达 28450 个。

虽然就熊猫的能量估算和生活方式得出了中肯的结论，但我们的工作还存在局限。一只虚构的熊猫在告诫我们，正如我在《最后的熊猫》（*The Last Panda*，1993）一书中描述的：

> 荣耀的科学家：我要赞美你们为研究熊猫所付出的努力，测量那么多粪便需要无与伦比的奉献精神。你们日复一日追寻我的踪迹，毅力可嘉（如果不涉及技术）：我能在远处听到你们，嗅到你们。事实上，我不太确定你们侵犯我的隐私打算获取什么。你们制造令人目瞪口呆的统计数据，记录我一天吃的竹茎量和我睡眠的小时数……这只能说明你们不过发现了关于我的某些简单事实；我生活的大多数层面是无法用数学语言书写的。你们如何才能理解我？我们也许有某些相同的情绪，但你们无法领会我。别忘了，重要的不是对事实的感知……此外，你们研究我的饮食，你们研究我留下的气味标记和交配的次数，还有我走多远。记住，你们无法将我分裂为独立的存在片段。你们所感知的充其量近似熊猫，却并不真实。像其他生物一样，我有着无穷的复杂性，我是不可分的和谐整体……我们应一直分属不同的世界。人类永远不会了解熊猫的真相。因此，享受奥秘吧——同时帮助我们活下去。

今天，我看待诸如熊猫的动物时情不自禁地带着同情、关心和对它们潜在命运的负罪感。任何人，只要他观察到了对野生动物及其栖息地的破坏，他一定会成为保护野生动物的拥护者。正如阿尔多·利奥波德（Aldo Leopold）在《沙乡年鉴》（*A Sand County Almanac*，1949）一书中敦促的，我们全体必须遵循

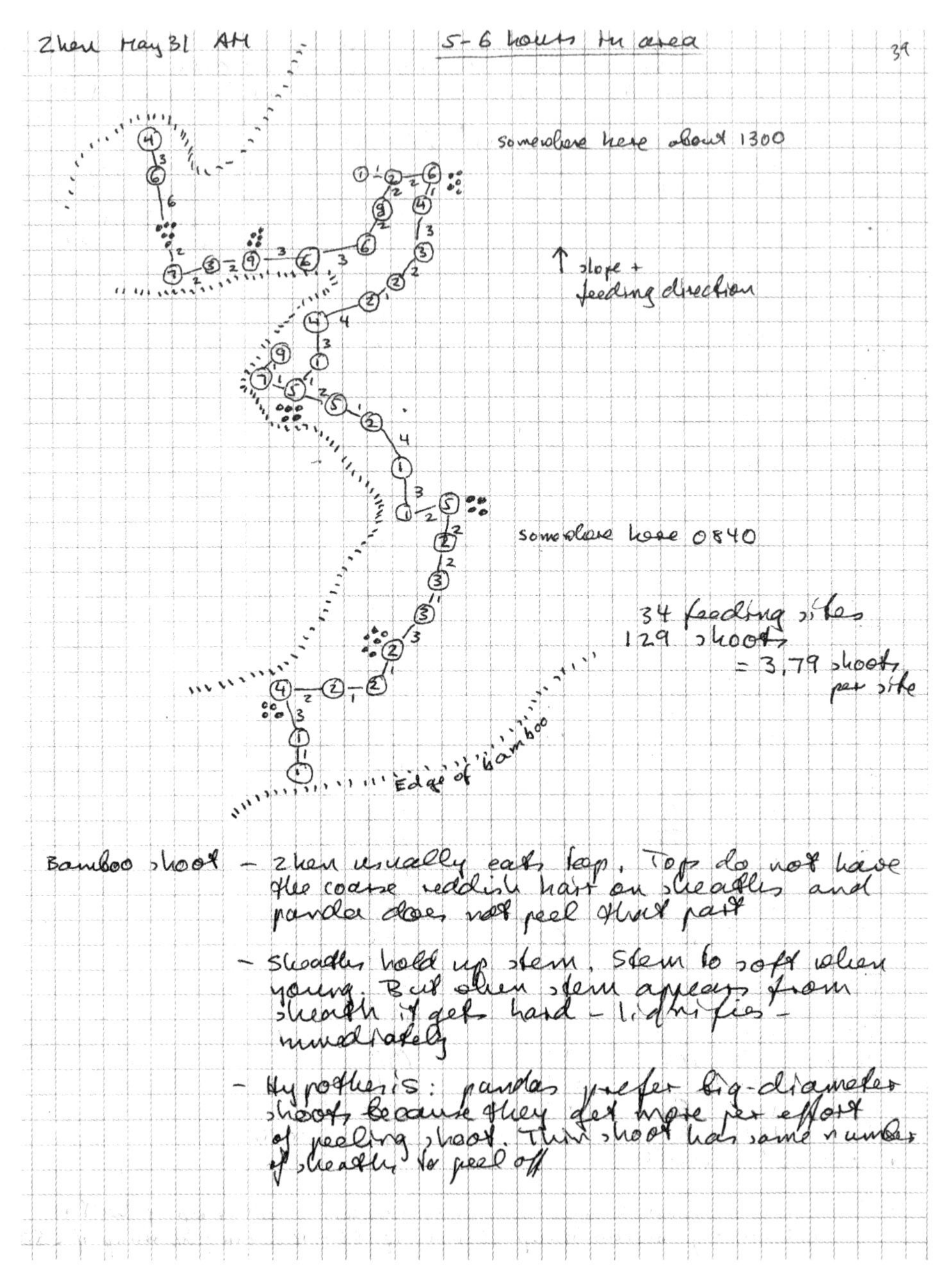
Zhen May 31 AM

5-6 hours in area

39

somewhere here about 1300

↑ slope + feeding direction

somewhere here 0840

34 feeding sites
129 shoots
= 3.79 shoots per site

Edge of bamboo

Bamboo shoot – Zhen usually eats top. Tops do not have the coarse reddish hair on sheaths and panda does not peel that part

– sheaths hold up stem. Stem is soft when young. But when stem appears from sheath it gets hard – lignifies – immediately

– Hypothesis: pandas prefer big-diameter shoots because they get more per effort of peeling shoot. Thin shoot has same number of sheaths to peel off

熊猫觅食嫩竹的详细路线，标出了所食嫩枝的数量和排便数（黑点），1982 年 5 月 31 日。

大地之道来生存，对我而言，那本书是关于野生动物保护最具影响力、最优美的一本。了解所有物种及其栖息地——不仅仅是濒危物种——的自然史任重而道远。保护就从记录观察开始。毕竟，关于粪便的野外笔记确实为我们带来了有益的启示。

2

开启宝藏

布兰德·海因里希（BERND HEINRICH）

这一切都从我 8 岁时开始。我开始在家附近的碎石路上跑步，年轻的眼睛好奇地张望着甲虫和鸟。等我在缅因念高中时，我结束了大多时候打赤脚的时光，穿上了一双黑色硬橡胶底的帆布鞋。这一正式装备使跑步成为更认真的消遣，我作为一名低年级学生加入了高中校队。为了给自己打气，我买了一个袖珍螺线笔记本，记下越野跑的结果，权当自己的获奖记录。我的成就笔记记得很简单，只记录了跑步的距离和时间，还有一起跑的人以及他们的先后。我每天都跑，距离增加到四五英里。跑步的过程中，我的双眼和心思一直被跳跃在我视野中的动植物所吸引，在跑步笔记的对面页，我记录下了对新爱好——博物学——的所见。

自从 5 岁起我就采集标本，尤其是步甲虫（carabid beetle），我把它们用大头针固定在盒子里，但没有把相应的记忆记录下来。很快我用弹弓为父亲打鸟，然后我们将其卖给哈佛的比较动物学博物馆（Museum of Comparative Zoology）和其他机构。我与动物所打的交道使我了解了当地物种的命名法和习性。最后，我开始偷巢中的雏鸟当宠物养（从不关在笼子里），印象最深刻的是一只乌鸦、一只野鸽子、一只鹰和一只松鸡。几年后，在缅因的农场，我造了一些鸟窝，挂在房子附近的糖槭树上，这样我就可以观察、聆听以那些鸟窝为家的各色居民了。

随着对鸟类的日益着迷，我开始在一本小螺线笔记本上记下我曾见到过的鸟，也许那样我就可以更好地预测何时能再发现它们。那些笔记从鸟类气候学扩展到植物的花期，它们不单单是日历，它们还能帮助我预测何时能期待重新

Hinckley, Maine

1957

Apr. 21 – Barred Owl eggs ready to hatch

Apr. 28 – Red Shold. Hawk eggs slightly hatched no leaves on trees

May 11 – White Breasted Nuthatch eggs strongly hatched. Leaves on trees

May 12 – Partridge eggs slightly hatched. Trees fully leafed out choke-cherry blooming. Sparrow Hawk eggs just laid.

May 18 – Broad winged Hawk, eggs moderately hatched. Apples blooming.

May 20 – Baby Robins just hatching. White Throated Sparrow building. Bobolinks back.

May 22 – Cliff, Tree and Barn Swallows building. Baby crows starting to get feathers. Flicker allready made hole; Sapsucker still making hole. Phoebe just laid eggs.

May 26 – Ovenbird building and chipping sparrow.

这几页摘自我在一个小笔记本上记的第一本野外笔记，那时我正就读于缅因州欣克利的良望家庭学校。我的博物学笔记从头记到尾。当时我17岁，英语水平还很拙劣。“孵蛋（hatched）”一词我指的是“孵化（incubated）”。*（接下页）*

与鸟儿们相遇。在大学岁月，我彻底停止了这种不正规的笔记。但随着时光的流逝，这种笔记又被恢复了，而且我的笔记本条目最后包含的详细信息越来越多。

离开校园约10年后我重新开始跑步，但这次头脑中有了具体的目标。我每天在笔记本中记下所跑的距离，算是对自己的奖励，这种象征性的奖品能使我保持动力，不会中途放弃。目标明确之后，凡是有助于我监控自己进度的事情都被添加进来。具体包括我的感受、我吃的东西、步幅、耐力与恢复的速度、自己的心理态度，以及影响我跑步的任何事情。我注意到有几天我感觉自己跑得像风一样轻快，而有时却像是在爬。我在笔记本上记下数据，希望借此了解行为出现波动的生物学原因。这种记录使我了解自己身体在不同条件下的工作方式，进而使我跑得更出色，至今我享受跑步已超过50年，有时还会参加比赛。

同样，记笔记策略在我的科学工作中也焕发着生机。我一边试图解答观察

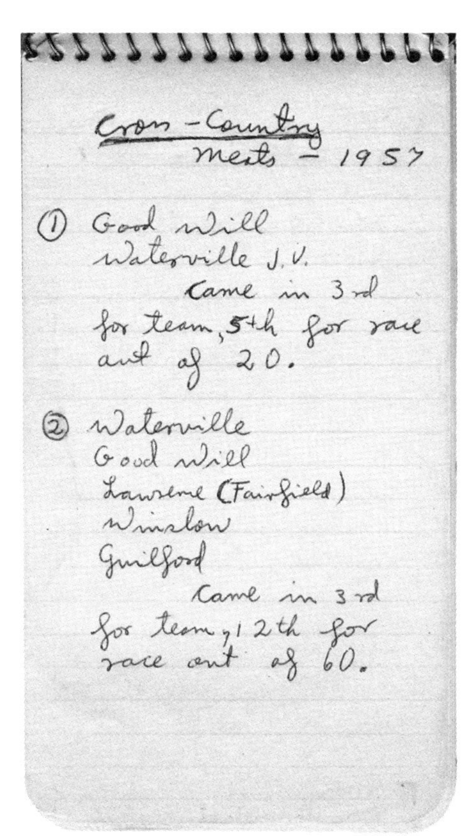
Cross-Country
Meets – 1957

① Good Will
Waterville J.V.
Came in 3rd
for team, 5th for race
out of 20.

② Waterville
Good Will
Lawrence (Fairfield)
Winslow
Guilford
Came in 3rd
for team, 12th for
race out of 60.

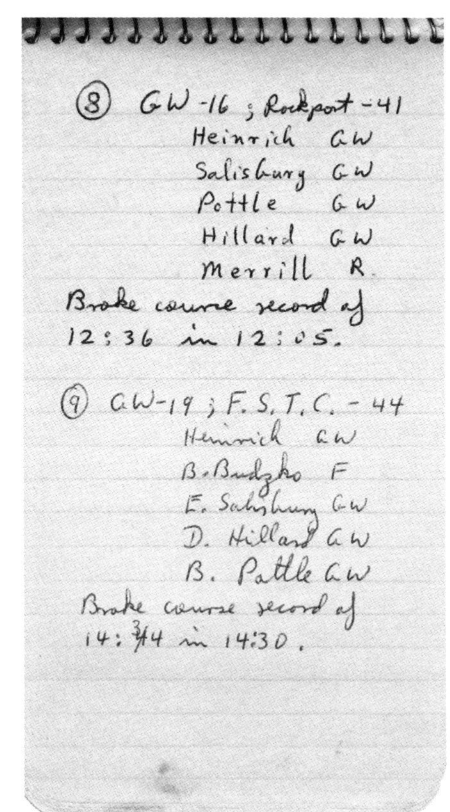
⑧ GW-16 ; Rockport-41
Heinrich GW
Salisbury GW
Pottle GW
Hillard GW
Merrill R
Broke course record of
12:36 in 12:05.

⑨ GW-19 ; F.S.T.C.-44
Heinrich GW
B. Budzko F
E. Salisbury GW
D. Hillard GW
B. Pottle GW
Broke course record of
14:34 in 14:30.

鸟或昆虫时跳入脑海的生物学疑问，一边仔细记录着自己的观察，这种记录与泛泛地见证自然有所不同，它有明确的主题和疑问。

对我来说，对自然记下广泛的野外笔记就仿佛在自由自在地打猎，搜寻着自己感兴趣的猎物。这些笔记范围广泛，既有偶然浮现于脑海的想法，也包括有用的数据，有时常常从一个问题过渡到其他内容。1984 年 10 月的一天，在缅因的营地，我听到远处山脊传来渡鸦新奇的叫声，以前从未在那里听过。我迅速走入林地，开始了一场科学的追踪游戏。这些鸟是召唤其他同类以进行杀戮？这一想法激发我穿越了半英里的森林，到达了听到叫声的山脊。我接近叫声传出的地方，发现 10 多只渡鸦在叫，它们啄食着被灌木丛覆盖的一头死驼鹿的残骸。我不知道这些鸟为什么要分享。它们显然不是一个族群，因为我知道那里是一对渡鸦的领地，它们的幼雏已在夏末离巢，当时我清楚我遇到了

（孵化状态的判断依据是蛋的外观是否在水中快速沉底——新鲜蛋沉底，已孵化的漂浮。）越野跑的笔记记在反面页，从头记到尾。这里是自从 1957 年开始的越野"肉"笔记的第一页，还有 1958 年几次跑步的结果。

1962年，5月1日，我将自己在缅因州奥罗诺大学的本科学习休学一年，跟随父母到坦桑尼亚收集鸟类。我的角色是猎手、剥制师，很少有时间写字，但偶尔还是记录了一些日志条目，因为对那些可能永远不会再见的地方我想留下一些回忆。在这一条目中，我描述了走出丛林、逃到萨梅（Same）村附近的金合欢树大草原时的幸福感，在那里我有了回家的感觉。

thus we manage ...

I like the thorn bush. It is a pleasure to hunt there. One does not get soaked to the skin after closing the tentflaps behind oneself, nor does one inhale that muggy, damp, mold-producing air of the tropical forest. It is pleasant to walk-walk-walk without having to stoop or to crawl on ones belly through tangles of lianas and plush undergrowth. There are many birds too. They are singing now and it is easy to follow one. Let me describe this, the thorn-scrub here.

21

Huntington Beach

March 2　1:00 PM

34.2 - top layer
23.0 - air directly above
19.5 - " breast high

wet bulb - 18.6
dry " - 22.0

2" in soil were several beetles were - 26.2°C
(4" " " - 21.4)

Came at 11:00 - many beetles active then. Most prob. at noon & 1:00. Later fewer or most caught!

(C. senilis)　(C. latesignata)

2 species: caught 20 of smaller & 4 of larger

The smaller more definitely to salt flat, the larger more to edge with a little sand.
In ground on sand flat at noon was the smaller - plenty about at same time.

2:00 PM

31.8°C - top layer
23.5 - air above (just above gr.)
18.8 - " breast high

Observation:

Put 3 cicindelids in terrarium with 3 lizards (2 Uta stansb. and 1 Sceloporus occid.). As each lizard aroused in the first morning it immediately attacked the tiger beetles - pursuit, catching & violent shaking - then letting go. (The beetle lost a leg) - then leaving the beetles alone. Each lizard had 1 crack at it. Then from then on they got along peaceably. They were just annoyed. Sometimes if they crawled over back. After this first encounter the lizards were tempted with mealworms. The Sceloporus ate 3, the others 2 and 1.

1968年3月2日，有关虎甲虫生物学的初步数据和野外观察，记录于我在洛杉矶加利福尼亚大学寻觅适合的博士项目之际。我最终放弃了这一研究，重返野外寻找其他项目。

1973

PM June 21 - Arrived in Dryden
Rains most of the time till July 4

Fair weather at least during part of almost every day till July 31.

Upon arrival - see only Bombus queens
Near first of July - see first workers

Now (July 31) see the drones.
Have seen isolated drones of B. vagans, terricola, fervidus perplexus & fernaldae. Those of terricola appear to be more common. These drones foraging for nectar from Spiraea latifolia.

July 31. Open nest of B. fervidus in our meadow. Nest is on surface of ground in mouse nest. Covered with grass - no wax. The bees are very aggressive. Catch them one by one as they come out of nest - ~ 40-50. The only one not flying out of exposed nest is the queen. She does most of the buzzing - and incubates even after nest is exposed. Comb has ~45 pupae. 7 batches (clumps) of larvae and/or eggs. Honey - less than 2 cells full!

1973年夏，我在加利福尼亚大学伯克利分校时，仅有的几则笔记本条目之一。夏天我返回家乡缅因州，在野外研究大黄蜂。（另有科学笔记。）

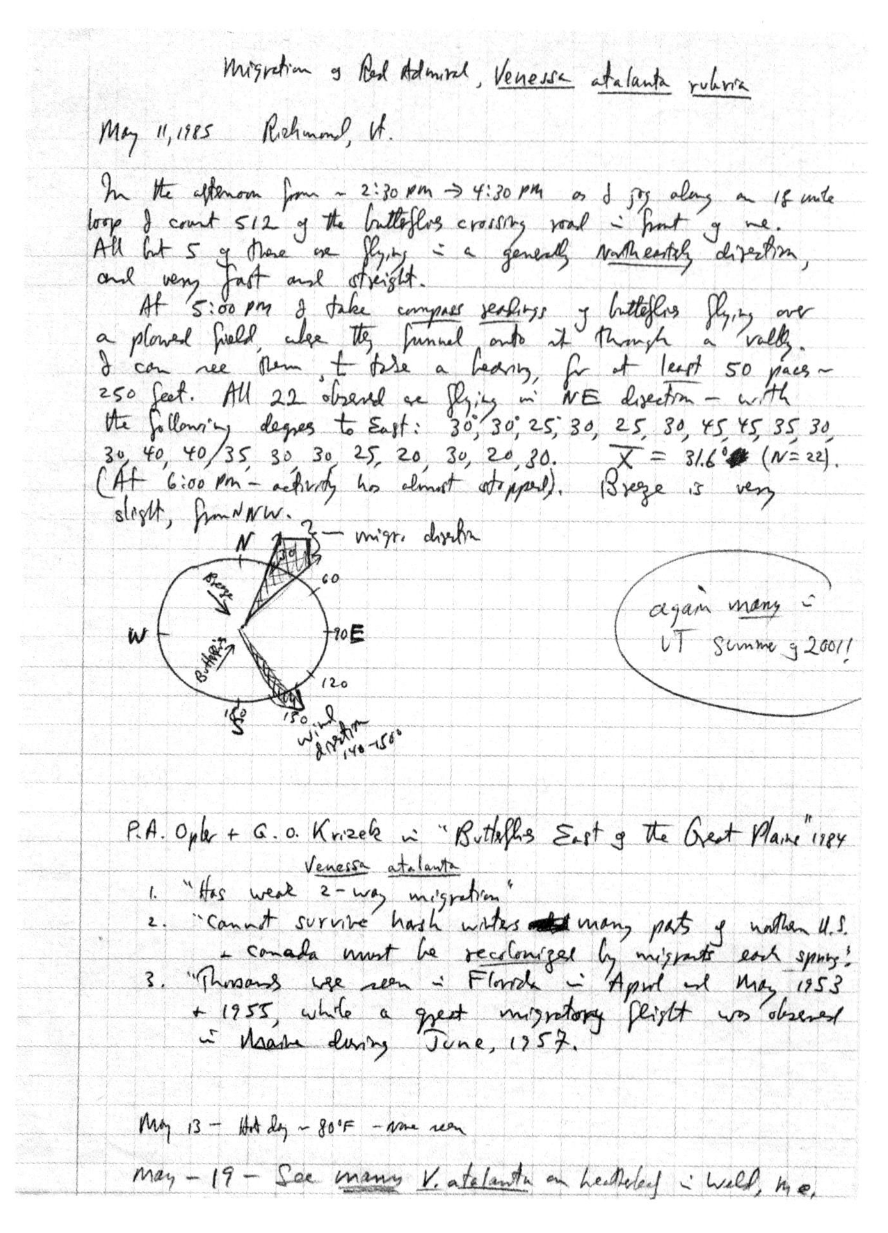

Migration of Red Admiral, Venessa atalanta rubria

May 11, 1985 Richmond, Vt.

In the afternoon from ~ 2:30 PM → 4:30 PM as I jog along an 18 mile loop I count 512 of the butterflies crossing road in front of me. All but 5 of these are flying in a generally northeasterly direction, and very fast and straight.

At 5:00 PM I take compass readings of butterflies flying over a plowed field, where they funnel onto it through a valley. I can see them, & take a bearing, for at least 50 paces ~ 250 feet. All 22 observed are flying in NE direction – with the following degrees to East: 30, 30, 25, 30, 25, 30, 45, 45, 35, 30, 30, 40, 40, 35, 30, 30, 25, 20, 30, 20, 30. $\bar{X}$ = 31.6° (N=22). (At 6:00 PM – activity has almost stopped). Breeze is very slight, from NW.

migr. direction
N
30
60
W
90 E
120
150
S
Breeze
Butterflies
wind direction 140–150°

again many in VT summer of 2001!

P.A. Opler + G.O. Krizek in "Butterflies East of the Great Plains" 1984

Venessa atalanta

1. "Has weak 2-way migration"
2. "Cannot survive harsh winters in many parts of northern U.S. & Canada must be recolonized by migrants each spring".
3. "Thousands were seen in Florida in April and May 1953 & 1955, while a great migratory flight was observed in Alaska during June, 1957.

May 13 – Hot day ~ 80°F – none seen

May – 19 – See many V. atalanta on leatherleaf in Weld, Me.

1985 年 5 月 11 日，有关红纹丽蛱蝶（Vanessa atalanta）飞行方向的笔记。

科学上一个令人兴奋的大猎物。我绞尽脑汁思考着这些鸟的奇怪行为，把注意力放到了这一明显的事实上，但百思不得其解。因为任何事情都可能有关联，于是我把所有事情都记录下来。在随后的几个星期里，我的观察和思考始终围绕这一发现，这样一本关于渡鸦的笔记不断丰富起来。一切都无迹可循，因为我无法确定方向，也不知道什么可以忽略、什么重要。这些笔记详细记录了细节，也很繁杂。观察分为许多分支，每个都包含具体的问题和假设。详尽的观察的笔记，再加上为避免随机观察而设计的实验场景，这些几乎就构成了一本书——《冬天的渡鸦》（*Ravens in Winter*）。我和同事的后续研究成果形成了31篇论文，发表在相应期刊上，还有一本总结式科学读物，名为《渡鸦的头脑》（*Mind of the Raven*）。这个关于渡鸦的故事发展到了预测的程度（如果不是理论）。记笔记会帮我聚焦于感兴趣的问题。有了它们，简单的观察才有意义，才能结出科学的果实。当我在野外收集信息时，我总是留意熟悉的事物中是否蕴含着处于萌芽中的、预料之外的新奇事情。

经过这么多年的观察，我所遇到的事几乎总能以某种方式使我联想到熟悉的观点或观察。但是，最令我感兴趣的是看似反常的事情。在记野外笔记的过程中，发现这些独特之处的方法就是跟踪时间上不相关的诸多观察。一片叶子的细微扭曲可能暴露猎物的存在，同样，野外笔记里的一个观察可能会在组织有序的句子中突显出来。我现在记日志的方法反映了对自然混沌的追求。我承担不了对数据预先筛选的那种奢侈。散步的时候我总是随身携带笔记本。我衬衫或裤子口袋里常常有一张折了几折的纸和一小截铅笔。当我沿行车道和乡村公路慢跑时，信息流可能会无穷无尽地涌过来，但我不能每跑几步就停下来、事无巨细地做记录。慢跑时我只是记住大多数观察，虽然我还是会把吸引我目光的平凡事记录下来，通过这些平凡事也许能找到有趣的事情。这时，我不是在努力解决什么问题；相反，我保持开发的状态，随时发现问题。

有一年，我在缅因州的森林里进行每年一次的11月猎鹿。我在一棵云杉上休憩，一边在接近黄昏时分的寒气中打着冷战，一边观察着、等待着，我看到几只戴菊鸟飞了过来，我很幸运地看到它们聚集在附近一棵枝条繁密的云杉上。我认定它们是聚在一起抵挡严寒，好度过长夜。但这一观察有些突兀，因为我在黄昏时看到的所有其他鸟都是分散的，一些鸟会钻进树洞。要证实此事的想法促使我在笔记中做了记录。进一步的观察使我的感觉更敏锐，几年后，我终于看到了另一群戴菊鸟并对其进行了跟踪，这一回我选了一棵小一些、更好爬的树。晚上我返回那里，在一根树枝上发现了“四组”，并对挤成一团的鸟拍了照。那也许是野外第一次记录，并且是看到这种现象。戴菊鸟的初始数据激起我对这些鸟在严寒中生存的钦佩之情，进而又催生了一项与其他生物的

1994年7月29日，我开始为一场超级马拉松比赛做训练，并利用此机会在跑步时记录自然。这个笔记本实际上是精装本的《爱因斯坦作品集第二卷》（*The Writings of Albert Einstein, Vol II*），但内页都是空白的——一位编辑送的礼物。笔记本里面，每一页空白页我都记满了自己的野外笔记。

29 Aug. '94

First class tomorrow.

Today I suddenly had the idea to take off, flat-footed, and run my 18 mile Richmond loop – it was almost a dare-thing, because I haven't run 18 miles in 2 months. But I did it! Sometimes I wonder if this isn't like shock-treatment that keeps me motivated and alive. Somewhere I read where a poison (from a S. American frog) that normally kills people, is easily countered if the victim plunges in cold water. The shock affects the nervous system, and it "wakes up"! I've heard the same for treatment of drug overdose (Heroin?). The victim is effectively "dead" – but can sometimes be brought to life, if thrown into a bathtub – only here in addition to the water, add a plugged-in lamp! This yields fireworks, too.

On the run I saw surprisingly few monarchs + their caterpillars. Will there be a second hatch? I picked up + brought back 1) 3 caterpillars 2) One Grateful Dead Stage I

6

While I was writing, I heard the flight-calls of geese. They were leaving! I rushed out the door — and heard them coming up over the woods. I stood by the door — they circled over the house, all twelve geese. I called up "Peep — peep — —" and the lead goose turned, to come back, leading the whole group behind her. Then the incredible happened. They passed over, and then circled again, and this time she set her wings, started gliding, and extended her feet. She was going to land, and she was coming directly toward me! The small yard is now totally surrounded by densely-leafed-out trees. It's not a place where geese would normally land. It's a hole in the forest. Yet, she came on, ~~feet~~ a few feet over my head, and then almost crashing into the trees on the other side of the garden. She fluttered to try to break her momentum, and a feather fell out of her wing, drifting down to the ground. She veered sharply, and regained altitude, all eleven behind her, and then she left. The feather twirled to the ground, and I picked it up. I never thought I could cry over a goose. But I did. I choked up. This was just too incredible to be real. This was too incredible to write about. Things like this ~~[illegible]~~ don't just happen. It's more like a fiction. Truth stranger than fiction. More wonderful. Richer. It has been an experience of a lifetime, and I must write it all up to share, even if many will undoubtedly say I was seeing things. But this was Peep. There ~~was~~ no doubt. I'd been writing all summer on the geese. Now this is the ending. The only problem is — it's too good. Nobody will believe me. They think I've made it up. But then, she did come by last fall, too.

P.S. Went down afterwards — the corn had not been touched.

Heard a catbird "meow". A flock of grackles flew over, making a rushing sound in the air — going easterly. A blue jay. No fresh beaver sign now. Blue jays + crows.

2002年9月1日，我在一个专用于鹅的笔记本上，在住所附近的海狸沼泽录入了每日的观察。这些笔记最终触动了我写一本书的想法，只不过在书中笔记变得更翔实、更系统。

生物学比较研究，并最终汇入了更大框架下的工作——《冬季的世界》（*The Winter World*）。撰写那本书和11月在缅因猎鹿（猎鹿本身大多数并不成功）的体验，以及那时自己半冬眠的体验，这些都促使我从动物学角度考虑尼安德特人的生存策略，我在《夏季的世界》（*The Summer World*）一书中讨论了这一点。

征兆常常很充足，但适合的猎物不容易获得。我记得20世纪70年代的某个夏天，在明尼苏达大学伊他斯卡湖（Lake Itasca）野外站为教授野外生态学做准备。我需要为学生找些有趣的问题，我想到了自己钟爱的毛虫，用它当作潜在的例子，以展示伪装和保护性相似如何成为减少鸟捕食的生存策略。我在树林中漫步，注意到地下有一片新鲜的椴树叶。叶子的一部分已被毛虫吃掉，而且叶柄很短——毛虫通常不吃叶子的那一部分。叶柄是坚硬的，不会折断。这个叶柄一定是被艰难地嚼穿了。我"嗅到了"科学猎物的迹象。我之前曾几乎专凭叶子上的咬痕追捕过毛虫，那么为什么不能同样追捕鸟呢？毛虫是为了逃避被捕食而放弃了吃掉一部分叶子，以此除去自己的进食"踪迹"吗？我对被舍弃的新鲜叶子的随机观察（之前我刚刚研究过蜜蜂的进食效率）仍是我钟情的科学的战利品之一，因为这一观察导致了有悖直觉的发现，否则这一点是无法预测的。虽然许多多刺、有毒的毛虫都在树上留下了咬得支离破碎的树叶和吃了一部分的叶子，但主要是鸟类猎食的那些毛虫为了隐藏自己的进食痕迹会修剪叶片，离开进食场所或剪下吃了一部分的树叶。反过来，这些毛虫的行为预示了它们的感官能力和认知能力，以及捕食者——主要是鸟——的捕猎行为。确实，后来在实验室和大鸟笼中模拟野外的试验证实了这些假设。即使现在当我在土路上慢跑时，我的眼睛也时刻留意着此类迹象。我仍在不断发现新"猎物"或问题，这些问题可以成为日志的条目，并可能进一步成为未来研究的主题和著书立说的创作题材。

能说明这一方法的最近例子是我对菲比霸鹟（phoebe）巢附近卫生情况的研究。一天，我听到邻居抱怨自己停在木棚里、霸鹟巢下的摩托车上落满了鸟粪。相比之下，我们家刚刚喂养过幼鸟的霸鹟却没在巢下面弄出一块鸟粪。真奇怪，我脑子有了这样的想法，于是记录了下来。我在缅因和佛蒙特观察霸鹟已有几年，看它们在房上、棚子上和谷仓上筑巢，而且我确信自己一定看过这些鸟做过很多有趣的事情，不过许多事情都没做记录，因为那些事都是不足为奇。我之所以这么说，那是因为自从我开始对相邻的霸鹟做笔记对比以来，我发现了之前从未见过的事情。我一直留意鸟粪的异常，纳闷为什么邻居的霸鹟那么脏，而我的却很清洁。巢附近的卫生对于小型鸟类很重要，因为它们藏在巢中躲避捕食者，但第二年我注意到我们家霸鹟的家务也变得懈怠了，幼鸟羽翼丰满后巢下就堆积了大量的粪便。我回去翻阅以前关于鸟巢的野外笔记，那是几年前为《博物学》（*Natural History*）撰写一篇文章而做的观察，在那些笔记中我实际上提到过排泄物。我当时甚至计算了粪便的数量，以证明这不是偶然的。关于这一点我确信自己发现了真相：霸鹟有时会仔细清除掉可能大量堆积的粪便，有时却不费这个事。就像跑步和渡鸦的故事一样，我又看到了能引发数小时苦思、观察和记录的迹象，现在我知道了我家的霸鹟养育第一窝幼鸟时它们通常会把巢清理得异常干净。一个星期后它们开始在同一巢里抚育下一窝（当年的最后一窝）。对于这些幼鸟，它们只在成长的早期阶段练习了巢附近的卫生清理。这些观察又引起了许多令人饶有兴趣的新问题。这些鸟留下了第二窝的粪便，这是由于没必要投入精力保持巢附近的卫生吗，因为巢不会再用，也不用靠巢躲避捕食者？那么只养育一窝时又会发生什么？霸鹟父母以某种方式“知道了”当巢不再有用时就没必要保持巢下的卫生吗？巢附近的卫生与随季节变化的养分循环及饮食相关吗？对于巢保护得很好的其他筑巢鸟，如家燕，在它们身上是否也观察到了类似情况？关于这个问题，我逐渐积累了充足的观察和问题，足以把它当作一项科学研究来对待。如果我继续下去，那么我的笔记现在一定会更准确、更系统，而且会服务于专门的研究。我这样做是为了把关于该研究的所有信息和数据汇集起来并与其他观察分开，因为我的野外笔记本包含很多无序的信息。

作为一名博物学家，当我的观察与之前笔记本中的知识重叠时，我就会获得相应的灵感。乍一看，我的日志好像一团糟。因为我就没打算让其他人看或阅读，除了我自己，但就是自己读常常也很困难。我做笔记时一般都很匆忙。我会利用手边有的任何工具。我不讲系统，也没有什么目的或目标。这样的笔记本允许自发性，这样就很好地平衡了理想中有序、科学的客观性。这是我狂

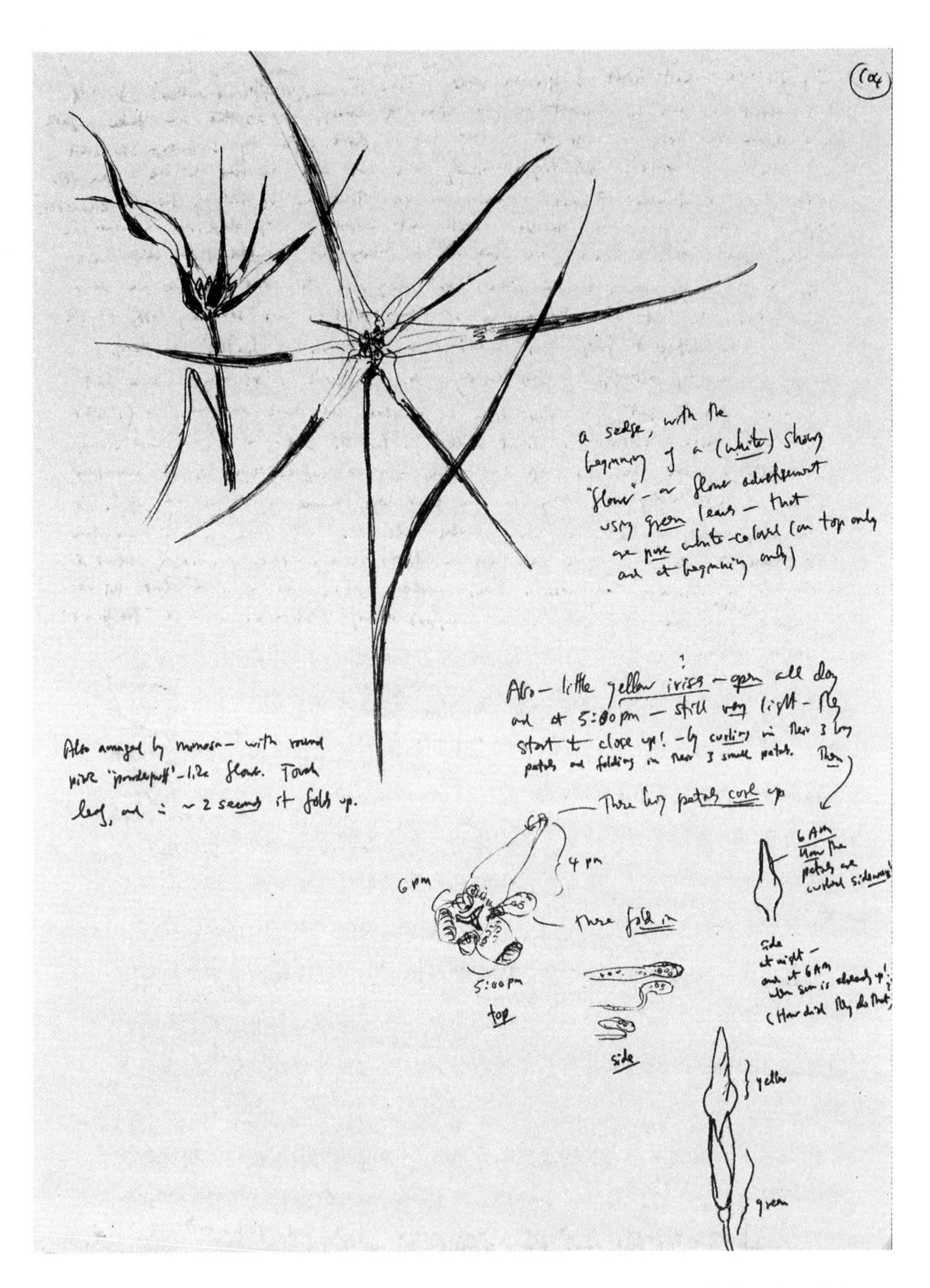

2006年5月26日，为了让儿子斯图亚特了解热带，我与他一起到波多黎各旅行，这是当时写的条目。起初，吸引我目光的“实例”是从叶片进化出的假花，以及叶片和花瓣的植物运动。第二个条目包含有关食取叶子残片的毛虫的笔记。

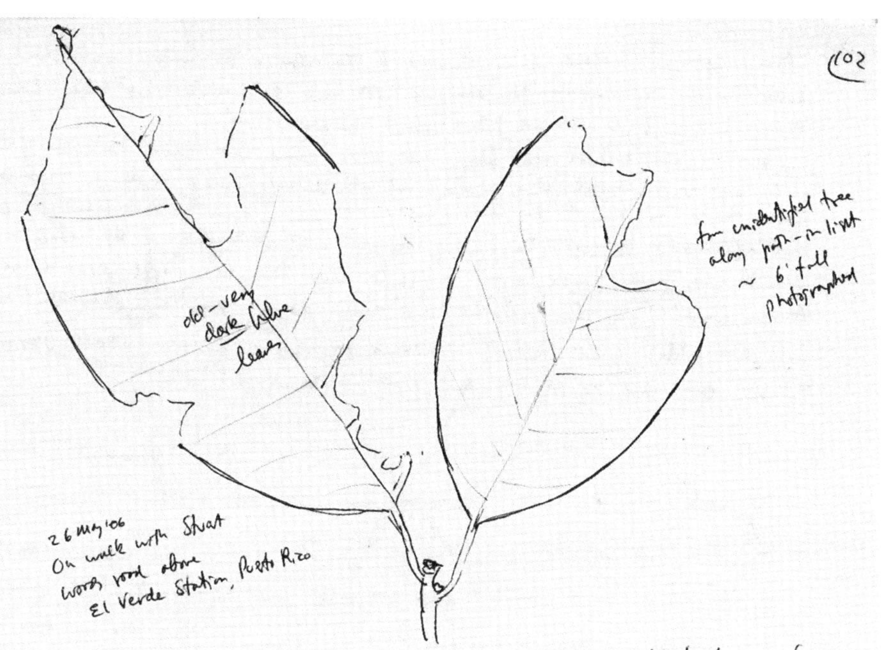

Approximately 2 hr. walking today – Am = closed forest, late hike in forest road above El Verde Field Station – found no caterpillars – almost every bush had feeding damage – maybe some by orthopterans, beetles?

They said it has not rained for 2 weeks, and here at El Verde, summer (now) is rainy season. Only saw one species of butterfly common here – a satyrid.

Not one ichneumon seen the whole time. The forest seems dead of insects – but I had a butterfly in a matchbox on cotton, in my pack, and when I opened the box I saw with shock a swarm of almost microscopic ants – they had dismembered the butterfly. Stuart showed me a colony of them in a snail shell. Little lizards – especially the green anoles – are everywhere.

Yesterday we drove to the Marina at ~~(sp)~~ Fajardo where we had got a reservation on the East Wind, a motorized sailship, for a snorkeling cruise out to the La Cordillera Islands. The boat had room for 44 people, and I think we were about half loaded. There was a bar with snacks and all the Piña Coladas with rum, we could drink. There were fins & snorkels for everyone, and the whole cruise cost us $59 each. I had only snorkeled once (tried!) 40 years ago. This time it worked! I feel like a veteran after about twenty minutes.

野的一面，探索而不加限制和抑制。

这些笔记的价值往往不在于其内容，而在于把事情记下来的这种习惯，因为这样会强迫自己去关注和记住。而且这一过程会放缓我的思考，就像一个天然的过滤器，对拂过连续河流的自然数据之风加以筛选。

我记野外笔记时很少坚持什么公式、模式、主题或格式。但其中还是存在着粗略的演进之路，从合理专注的稀疏笔记发展为杂乱的大杂烩。现在只要发现了有趣或相关的事情，我就会在叠好的纸上草草记下。随后，当我回家坐定之后，我会将其取出并认真考虑这份原始笔记。然后将其记录在笔记本中，现在一般是 8.5 英寸×11 英寸的有格螺线笔记本，与我上大学记课堂笔记用的一样。因为我通常不知道把自己的条目归入哪类，但以后可能还需要检索到，于是我标明了页码，有时还画出关键字或主题，以便以后定位和更容易地查阅。

自从是 10 多岁的孩子起我就一直记这样或那样的日志，如果说那些潦草之作里有什么可以让我现在话语中充满自信，那就是如果不记笔记的话，事情就不会发生。我写的越多，发生的就越多，因为这一过程会激起其他想法。停下其他事，坐下来写笔记确实费时、费力，有些生物学家觉得不应该鼓励记笔记。一位杰出的生物学家恩斯特·迈尔（Ernst Mayr）向我建议，在笔记本上书写是“浪费时间”，因为那样使人分心。他的情况也许就是如此。他的兴趣主要在一个主题上。而且，可能他有着超常的记忆，因此能代表那些不需要记笔记的人（因为对于看到的事物，他都能事无巨细地记住）。我在禀性上有所不同，我发现做笔记是令人享受的有用工具，它可以帮助我全神贯注，至少是保持注意力，并从自然巨大的噪声中提取出信号。

写这篇文章时我正在缅因树林的营地里。在之前的研究中，在大鸟笼认识的那对当地渡鸦正在附近的松树上做窝。它们的叫声简直是令人愉悦的背景音乐。我观察大蚊，在户外厕所跳交配舞时没怎么注意它们。我翻看了几天前记的笔记，读过之后做了有关大蚊活动的更详细的笔记并画了草图，因为我打算将其加入一本书中有关苍蝇的章节。我的观察混杂着天气和我们家驯化的加拿大雁，并反思已经记下或将要记下的事情。我思索着自己记的几箱子笔记，时间跨度整整半个世纪，从小小的跑步笔记一路记下来，正是因为它们我才能聚焦于那些令人着迷的疑题。在哈克贝利沼泽（Huckleberry Bog）——我用来追踪大黄蜂的研究区域——的一天早晨，我一边在早春中散步，一边重新翻阅着我的笔记，笔记中记录着那些曾深深吸引我的深深浅浅的如洗绿色。这时我意识到，多亏了那些笔记，我才从被动观察缅因树林那个混乱宝库的赤脚跑步的男孩，变成了一名博物学家、科学家，一名试图解开大自然神奇之谜的积极参与者。

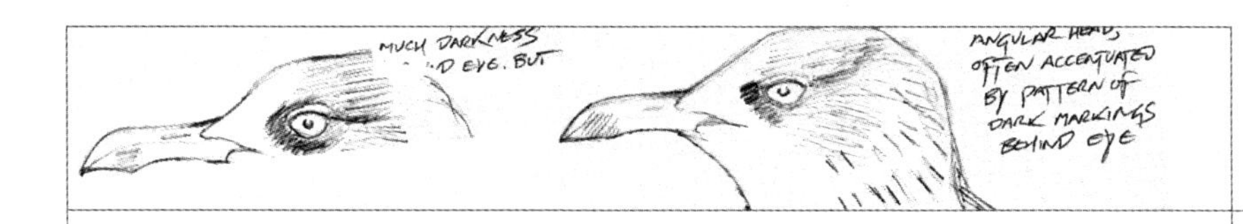

3

给名录一个半喝彩

肯·考夫曼（KENN KAUFMAN）

在鸟类分布的严肃研究中，所发现物种的带注释名录是完善的野外笔记组合中的核心。即使是消遣性的鸟类研究，所发现物种的名录也是那些最轻率游戏中很重要的一部分。这个共有的要素已引起了记野外笔记这一科学行为与追逐名录的游戏之间的持续混乱，至少在观鸟者中是如此。名录本身就是很好的理由，足以让我们在本文展开一场讨论。但更重要的是，考虑到名录编写可能会影响到博物学家的发展和自然科学进步——既有积极的，也有消极的，因此有必要对这一现象加以检视。我从事鸟类和其他博物学领域研究已有多年，而且自己也在狂热的编名录者和适度地反对编目之间变换着角色，因此我可以从这两个角度谈一谈这个话题。

如果记笔记和追逐名录这两种手段都能产生某种物种名录，那么这两种名录有何不同？就像人类涉足的许多其他领域一样，区别在于目的。在一项鸟类调查或普查中，所覆盖的区域和一般允许的时间跨度都需要提前确立，而且重点是以某种标准化方法计算物种和个体的数量，以便结果可以重复且具有可比性。在编目过程中，地区和时间跨度也要预先决定，但重点只是尽可能多地发现物种。

通过比较两种统计——“鸟类调查”（The Breeding Bird Survey）和“观鸟大日子”（The Big Day），最能说明其中的相似之处和区别。

在“鸟类调查”中，美国渔业与野生动物局（U.S. Fish & Wildlife Service）或加拿大野生动物局（Canadian Wildlife Service）已提前为参与者设定了路线。从当地黎明前半小时前开始，我们做了 50 次停留，24.5 英里的路线上每半英

2 DECEMBER 1992 — SOUTH ORKNEYS

— WE HAD PLANNED TO REACH CORONATION ISLAND EARLY IN THE MORNING, BUT WERE SLOWED DOWN BY ICE & FOG, SO DIDN'T ARRIVE UNTIL MID-DAY. PICKED UP SOME BRITISH ANTARCTIC SURVEY PEOPLE FROM THEIR BASE ON SIGNY ISLAND & THEN PUT ASHORE AT SHINGLE COVE, CORONATION I., ABOUT 1430-1645. DURING THE AFTERNOON THE WEATHER WAS INCREDIBLE, W/ CLEAR SKY, NO WIND, TEMP ABOUT 40°F.

SP. REC. (AT SEA / VIC CORONATION)

BLACK-BROWED ALBATROSS 1/-
S. GIANT PETREL 15/10
SOUTHERN FULMAR 10/-
CAPE PETREL 1000/100+ — NESTING ON LEDGES
SNOW PETREL 40+/20+ — MOST APPARENTLY GOING TO NEST ABOUT HIGH CLIFFS ABOVE SHINGLE COVE
ANTARCTIC PRION 30/20 — ALSO FOUND MANY DETACHED WINGS ON THE ISLAND; APPARENTLY THE SKUAS PREY HEAVILY ON THE PRIONS. SAW ONE ON A NEST, IN A DEEP CREVICE UNDER A ROCK.
WILSON'S STORM-PETREL 35/10
BLACK-BELLIED STORM-PETREL 2/-
GENTOO PENGUIN 4/-
CHINSTRAP PENGUIN 35/-
ADELIE PENGUIN 50/1000 — MOST IN COLONY STILL ON EGGS, BUT SOME HAD NEWLY HATCHED YOUNG
BLUE-EYED CORMORANT (P.A. BRANSFIELDENSIS) 5/35

此页摘自一天我在南极南奥克尼群岛（South Orkney Islands）所记的笔记。当我以演讲者和野外旅行向导的身份旅行时，我的时间很有限，因此笔记也倾向于简略，但每天的笔记几乎都包括一份物种名录。笔记中我用斜线来分隔在海上看到的个体数和在科罗内欣岛（Coronation Island）周围看到的个体数。

里 1 次，每次停留我们耗时 3 分钟，计算 1/4 英里半径范围内看到或听到的每种鸟的个体数。相比之下，在“观鸟大日子”中，我们提前制订了路线，虽然我们最后一刻还在不断修订。我们开始得很早——经常在午夜——沿路线进行一系列停留，延伸几百英里。每次停留的时间不固定，但大多数停留，尤其是在白天，都很短暂、忙乱。我们不统计个体——我们需要做的就是每个物种观察到一个，当天观察到第一只之后，我们就转向其他种类。关键是要在下一个午夜之前发现尽可能多的物种。

一名非专业的观察者可能看不出这两种活动有什么不同。但“鸟类调查”历经几十年做了几千条路线，为许多北美鸟类编制出最佳的数量趋势指数。“观鸟大日子”除了吹嘘的权力之外没有什么贡献。这两种消遣都令人惬意，但前者的价值是不言而喻的。

当然在两种极限之间还存在许多变化和灰色地带。某些野外活动甚至是哪种方法都可以，如圣诞节鸟类统计（Christmas Bird Count，CBC）。该活动开始于 1900 年左右，在标准化普查制度时代开启之前，CBC 有着很松散的方法论。观察者分成不同的野外小队，在直径 15 英里的圆周内耗时 1 个日历日覆盖所选区域，统计能认出的每一只鸟。尽管框架很松散，有些观察者的方法却很兢兢业业，他们固定每年以相同的办法覆盖相同的区域。当然这是最好的办法，但我承认我发现要想坚持这种认真的普查很不容易。相反，我发现自己转而依靠 CBC 的方法，那正是我和朋友们 10 多岁时一直用的。我们像疯子一样在指定区域疾奔，努力搜寻出能找到的所有物种，并尽可能在天黑前完成，这样我们就可以“潜入”其他人的区域，看看能否发现别人漏下的稀有物种。我们确实以粗野的方式追踪过鸟，但重点还是比别的小队发现了更多的物种，把今年的统计总数推向新高，或是超过其他南部州的统计。物种总数是关键。

很容易看出编名录作为一种游戏，为什么在用于其他物种之前一直与鸟类结伴而行。它能满足收集的冲动（对于大多数人而言，以收集鸟类标本为嗜好在一个世纪以前就属于违法了）。鸟类足够多样化，能保证趣味性：在北美大多数地区，只有高纬度的北极少数地方除外，有几百种鸟类有待发现，而大多数地方一天就能列出超过 100 种鸟类的名录。相比之下，在北美的大多数地区，

NORTH CAROLINA

15 OCTOBER 2005 — CAPE HATTERAS POINT
— STAYED THE NIGHT OF THE 14TH AT BREAKWATER
INN, NEXT TO ODEN'S DOCK IN HATTERAS. OUR
PELAGIC TRIP FOR TODAY WAS CANCELLED BECAUSE OF
HEAVY SEAS SO WE HAD TODAY TO EXPLORE. THERE
HAD BEEN BAD WEATHER FOR SEVERAL DAYS PRIOR
(RAIN, INCL VERY HEAVY RAIN 5-6 DAYS BEFORE;
STRONG NORTHERLY WINDS, TO 30 MPH) BUT TODAY
DAWNED TOTALLY CLEAR, & WITH NORTH WINDS OF
10-15 MPH THAT DECREASED TO ALMOST NOTHING
BY LATE AFTERNOON. IN THE MORNING WE LOOKED
AT SOME OTHER SPOTS INCL. THE "NATIVE AMERICAN
MUSEUM" IN FRISCO (FUNKY LITTLE PLACE W/ A MINOR
NATURE TRAIL OUT BACK) BUT OUR MOST INTERESTING
STOP WAS AT CAPE HATTERAS POINT, ABOUT
1330-1800 — PARKED NEAR SOUTHERN END OF
PAVED ROAD & WALKED OUT SOUTHWARD
THROUGH DUNES, ALONG BEACH, AROUND SALT POND,
& AROUND DESIGNATED TERN NESTING AREA
NEAR TIP OF POINT. HIGHLIGHTS HERE WERE
NUMBERS OF PEREGRINES (OFTEN 4 VISIBLE
AT ONCE, SOMETIMES 5 OR 6), NUMBERS OF
LARGE GULLS & TERNS (& ABSENCE OF
SMALL ONES), & PRESENCE OF ODD ASSORTMENT
OF LANDBIRD MIGRANTS.

这两页摘于一天我在北卡罗来纳州外班克斯列岛（Outer Banks）所记笔记的中间部分。第一页是当日的详细笔记，接下来的几页继续记物种编目，承接美国鸟类学家协会（American Ornithologists'Union,AOU）的北美鸟类一览表。以那种格式写成的一个列表，完成于那一天就要结束之际，留下了以后根据需要添加详细评注的空白，就像游隼（Peregrine Falcon）那一条。

15 OCT 2005 AT CAPE HATTERAS POINT, NC
CONTINUED
(PEREGRINE CONTINUED) BOTH LOW OVER THE
WATER & HIGH OVERHEAD — ALSO SOME INTERACTION
AMONG PEREGRINES, & SAW ONE MAKE A PASS AT
A VULTURE. SAW A COUPLE NR BUXTON & FRISCO
EARLIER IN THE DAY. OUT AT THE POINT THEY
WERE MOST EVIDENT BETWEEN 1400 & 1630 BUT
WE SAW A COUPLE LATER.
AM. KESTREL — A COUPLE GOING BY OUT AT
POINT; THEY DIDN'T STICK AROUND.
MERLIN — SAW NONE OUT AT POINT, BUT ON
WAY BACK AROUND 1800 SAW 2 NR LIGHTHOUSE.
AM. OYSTERCATCHER — 2 AT POINT
BLACK-BELLIED PLOVER — 1 HEARD, 1 NEAR BEACH
WILLET — A COUPLE OF FLOCKS OF 10 – 20
GR. YELLOWLEGS — 3 FLEW OVER TOGETHER
LESSER YELLOWLEGS — 2 SINGLE FLYBYS
SANDERLING — 2-3 LARGE FLOCKS (35+)
FLYING AROUND & AT WATER'S EDGE
DUNLIN — 3 WITH ONE SANDERLING FLOCK
BAIRD'S SANDP. — ONE LONE BIRD
RUDDY TURNSTONE — 3
GR. BLACK-B GULL — 200+ — MOSTLY RESTING
WITHIN AREA DESIGNATED AS TERN NESTING AREA;
PROB. 2/3 ADULTS

一天若是能列出超过一打的哺乳动物物种就很惊人了。（当然，远赴东非，我和朋友们都为一天里能列那么多哺乳动物名录而高兴不已。）此外，几乎所有的鸟类都很容易在野外识别。其他种类的生物也许有更高的多样性，但识别起来很难。例如，在北美，已知苍蝇的物种数超过鸟类20倍，但若要把那些苍蝇归类，即使对于致力于研究双翅目的学生来说也算得上一桩繁重的苦差事。业余爱好者不可能很快就达到那种程度。

不过，编名录的游戏正在推及鸟类之外的某些生命形式。因为近聚焦双筒望远镜和更多的野外指南已提升了识别蝴蝶和蜻蜓的可能性，于是有更多的观察者开始尝试为这些物种列出更庞大的名录。植物名录游戏也不时地陡现出来。随着可识别的资源越来越多，未来此类活动很可能会出现，所以考虑名录的利弊不仅仅是鸟类学家的课题。

对于阅读本文的读者而言，极端追逐名录这种手段的消极之处可能是显而易见的。在一个县或州猛冲上一天，或是在一个大陆或世界横冲直撞一年，目的就是单纯追求很高的物种统计，那么这种活动绝不是最具价值的，不管多么有趣（以我个人经验而言，这么做可能非常有趣）。

除此之外，连续强调一味地发现、核实新物种，最终会妨碍一个人发展成博物学家，限制他进行深入学习的能力。我曾做过几年观鸟旅行的领队，我遇到过一些不幸的人，他们一门心思要增加自己的鸟类名录，凡是以前见过的鸟他们都不愿意看，全然不管那些鸟多么漂亮，那一刻它们的行为多么迷人。“我需要那只鸟”是他们的标准答复。我认识一个人，他再三地参加远赴阿拉斯加圣劳伦斯岛（St. Lawrence Island）有组织的春季观鸟旅行，希望能看到从西伯利亚偏离而来的鸟，好使自己的北美鸟类名录变得更长。他宁愿坐在乡间小屋里守着无线电，等其他观鸟者呼叫，被告之出现了新的稀有品种。有一年没发现任何他之前没看过的鸟，据我们所知，他在旅行的整个时间里一只鸟都没看。只有保持令人振奋的专注，才有可能发现某个地方的“普通”鸟竟然与美国大多数地方的截然不同。对于大多数观鸟者来说，此类方法令人难以理解，却代表了极端的编名录手段。

所以说，作为一种游戏或运动，专门编名录对于参与者的影响差强人意，而整体上对社区没有太好的作用。但是，还有一些不太为人注意的方法能使博物学家或萌芽领域的生物学家从名录游戏中获益，甚至使其为科学做出贡献。

我有机会与许多刚入行的博物学家打交道，但我观察得最密切的还是我自

PASSERIFORMES (Troglodytidae)		
Carolina Wren	o	D,M
House Wren	r	D,M
Winter Wren	c	E
Marsh Wren	u	M
PASSERIFORMES (Regulidae)		
Golden-crowned Kinglet	c	E
Ruby-crowned Kinglet	u	E
PASSERIFORMES (Sylviidae)		
Blue-gray Gnatcatcher	r	D,M
PASSERIFORMES (Turdidae)		
Eastern Bluebird	o	M
Veery	u	D
Swainson's Thrush	c	E
Hermit Thrush	c	E
Wood Thrush	u	D
American Robin	c	D,M
PASSERIFORMES (Mimidae)		
Gray Catbird	c	D,M
Northern Mockingbird	r	D,M
Brown Thrasher	u	D,M
PASSERIFORMES (Sturnidae)		
European Starling	c	D,M
PASSERIFORMES (Bombycillidae)		
Cedar Waxwing	c	D,E
PASSERIFORMES (Parulidae)		
Blue-winged Warbler	r	M
Tennessee Warbler	o	D,E
Orange-crowned Warbler	r	M
Nashville Warbler	o	E
Northern Parula	c	D
Yellow Warbler	c	D,M
Chestnut-sided Warbler	u	M
Magnolia Warbler	c	E
Cape May Warbler	o	E
Black-throated Blue Warbler	u	D,E
Yellow-rumped Warbler	c	E
Black-throated Green Warbler	c	D,E
Blackburnian Warbler	u	E
Pine Warbler	u	E
Prairie Warbler	o	E
Bay-breasted Warbler	o	D,E
Blackpoll Warbler	o	E
Black-and-white Warbler	u	M
American Redstart	u	D,M
Ovenbird	u	D
Northern Waterthrush	o	E,F
Mourning Warbler	r	F,M
Common Yellowthroat	c	F,M
Wilson's Warbler	r	D
Canada Warbler	u	D,F
Yellow-breasted Chat	r	M
PASSERIFORMES (Thraupidae)		
Scarlet Tanager	u	D

PASSERIFORMES (Emberizidae)		
Eastern Towhee	u	D,M
Chipping Sparrow	c	M
Savannah Sparrow	o	I,M
Nelson's Sharp-tailed Sparrow	u	I
Saltmarsh Sharp-tailed Sparrow	r	I
Seaside Sparrow	r	I
Song Sparrow	c	D,M
Lincoln's Sparrow	o	M
Swamp Sparrow	c	F
White-throated Sparrow	c	E,M
White-crowned Sparrow	r	M
Dark-eyed Junco	c	E
PASSERIFORMES (Cardinalidae)		
Northern Cardinal	o	M
Rose-breasted Grosbeak	u	D
Indigo Bunting	o	M
Dickcissel	r	D,M
PASSERIFORMES (Icteridae)		
Bobolink	u	M
Red-winged Blackbird	c	F,M
Eastern Meadowlark	u	M
Common Grackle	u	M
Brown-headed Cowbird	c	E,M
Orchard Oriole	r	D,M
Baltimore Oriole	u	D
PASSERIFORMES (Fringillidae)		
Purple Finch	u	D,E
House Finch	u	M
Red Crossbill	u*	E
White-winged Crossbill	u*	E
Pine Siskin	u	E,M
American Goldfinch	c	M
Evening Grosbeak	o	E
PASSERIFORMES (Passeridae)		
House Sparrow (I)	c	D,M

Notes:

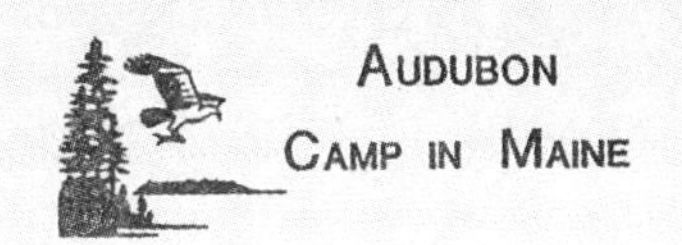

Summer Bird Checklist

a abundant - widespread & easily found in proper habitat
c common - certain to be seen or heard in suitable habitat
u uncommon - present but not certain to be seen or heard
o occasional - seen only a few times each season
r rare - seen only a few times in 10 years
* irregular - intermittently common or absent

E Evergreen/coniferous forest
D Deciduous Forest
M Meadow/Thicket
F Fresh water including marshes
I Inshore
P Pelagic (ocean-going)

Date/Location

A ____________________

B ____________________

C ____________________

D ____________________

E ____________________

A	B	C	D	E	GAVIIFORMES (Gaviidae)		
					Red-throated Loon	r	I
					Common Loon	c	I
					PODICIPEDIFORMES (Podicipedidae)		
					Pied-billed Grebe	o	F
					Horned Grebe	r	I
					Red-necked Grebe	r	I
					PROCELLARIIFORMES (Procellariidae)		
					Greater Shearwater (N)	r	P
					Sooty Shearwater (N)	r	P
					Manx Shearwater	r	P
					PROCELLARIIFORMES (Hydrobatidae)		
					Wilson's Storm-Petrel (N)	o	P
					Leach's Storm-Petrel	o	P
					PELECANIFORMES (Sulidae)		
					Northern Gannet	o	P

这是一则野外清单范例，设计用于某个地方的一个季节，如缅因州豪歌岛（Hog Island）的奥杜邦营地（Audubon Camp）及周围地区。该清单格式紧凑，列出了该营地暑期教育计划参与者能期待观察到的鸟类。每个物种名称下的方框可用来在5个不同的日期或地点进行核实——或填入所记录的个体数，如果填写者可以写得足够小的话。承蒙缅因州奥杜邦营地（Audubon Camp）的许可。

己。对我而言，在我6岁的时候，我对动物的泛泛着迷具体表现为对鸟类的痴迷。我不认识其他钟情鸟类的人，所以就自己从书上来学习，而且学习的速度很慢，一点点才弄清楚印第安纳州郊外的鸟类。某一本书启发了我，我应该记录下自己已识别的所有鸟类，于是在大约8岁的时候，我开始记第一本笔记，我在笔记本中记录着各种鸟，看着自己的鸟类记录已超过20种并向25种进发而不禁窃喜。

如果我告诉你我仍保留着那个笔记本，而且现在我的鸟类记录已达到了某个数目，那么这确实是个不错的故事。但事实上，那个原始笔记本已经丢了，我在12岁之前重新记过10多次。虽然我10多岁时一直是狂热的名录追求者，但我 20 岁出头时那种维持鸟类记录的热情逐渐退去。时至今日我自己都不清楚曾遇到过多少只鸟。任何地方都统计不出这样的名录。我可以坐定下来，根据几十次在世界各地旅行的每日详细笔记撰写出这样一份，但那需要好几个星期，我可没打算那么做。

话虽如此，我仍认为早年那种难以抑制的列名录冲动是有价值的。事实上，我要说的是，对于一个刚刚在博物学的某个领域里起步的人而言，无所畏惧地追求名录是好事，至少在某个阶段如此。关键是要清楚何时停手。但这一顾虑大可以放到以后。

列名录作为一种游戏或运动，在对某地区所有动植物都相当熟悉时才最有效。当然，冒险加入新地域的生物探险家会迫不及待地找寻新奇物种，但他们那时的心态会有所不同。在未知的地方进行列名录游戏就仿佛在没有球场的情况下打高尔夫球：你一整天都在击球，却无法衡量自己打得如何。一个定义准确的已知物种集合会为你建立一个球场，至少能划出野外游戏的界限。如果要发现的物种数无穷无尽，那么统计物种就会变得如同数雨点，任何数字都没有意义。

在我探险的早期岁月里，我被鸟类强烈地吸引住了，但对记鸟类记录一直没什么热情，直到我们家从印第安纳搬到堪萨斯。在堪萨斯我发现了威奇托·奥杜邦协会（Wichita Audubon Society）出版的一种小清单卡，其中列出了威奇托 50 英里内能发现的所有鸟类。这份卡片所揭示的情况直接扭转了我对鸟类的认识：我能发现其中的多少品种？我能发现名录之外的物种吗？

我当时没有彻底意识到这一点，但那份小清单卡还是成为我接下来几年的学习框架。从那以后我逐渐相信，对于新手观鸟者或鸟类学家，一份当地鸟类清单是最有力的学习工具之一。在不断查看名录的过程中（实际上每天都做），我不断回顾着自己已观察到和尚未发现的各种鸟。在我试图查明未见过鸟类的栖息地和迁徙方式的过程中，这种找寻行为使我的认识更为清楚，而且也促使我更频繁地走入野外，在不同的季节探索不同的地域。我的自行车和网球鞋也因此磨损得更快了，而且在寻觅稀有品种的同时我对常见鸟也更加熟悉了。

与此同时，名录也为我的调查注入了灵感，而且还教会我分类的基础知识。

		Southern	Northern
☐	Ring-billed Gull	M,W-lc	M,W-u
☐	California Gull	M,W-lu	M,W-u
☐ ◊	Herring Gull	M,W-r	M,W-ca
☐ ★	Thayer's Gull	W-acc	FM-acc ?
☐ ★	Yellow-footed Gull	SpV-acc	
☐ ★	Western Gull	W, SuV-acc	
☐ ★	Glaucous-winged Gull	W-acc	
☐ ★	Glaucous Gull	W-acc	
☐ ◊	Sabine's Gull	(F)M-r	FM-r
☐ ★	Black-legged Kittiwake	(F)M,W-ca	FM-acc
☐ ★	Gull-billed Tern	SpV-acc	
☐	Caspian Tern	(F)M-lc; W-lr	M-ca
☐ ★	Elegant Tern	Sp, SuV-acc	
☐	Common Tern	(F)M-lu	(F)M-r
☐ ★	Arctic Tern	(F)M-acc	FM-acc
☐	Forster's Tern	(F)M-lc; W-ilr	M-u
☐ ◊	Least Tern	(Sp)M-r	Su-acc
☐	Black Tern	(F)M-c	M-u
☐ ★	Black Skimmer	(Su)V-ca	
	Columbidae - Pigeons and Doves		
☐	Rock Dove, n (int)	R-c	R-c
☐	Band-tailed Pigeon, n	Su-c; M,W-ir	Su-c; M-r; W-acc
☐ ◊	Eurasian Collared-Dove, n (int)	V-r	V-ca
☐	White-winged Dove, n	Su-c; W-r	Su-r; W-ca
☐	Mourning Dove, n	P-c	Su,M-c; W-u
☐	Inca Dove, n	R-c	(F)V-ca
☐	Common Ground-Dove, n	Su-lc; W-u	FV-ca
☐ ◊	Ruddy Ground-Dove, n?	F,WV-r; SuV-acc	
	Psittacidae - Parrots		
☐ ★	*Thick-billed Parrot*	*(W)V-ca*	
	Cuculidae - Cuckoos, Roadrunners, and Anis		
☐ ★	Black-billed Cuckoo	FM-acc	
☐	Yellow-billed Cuckoo, n	Su-lc; M-r; W-acc	Su-lu
☐	Greater Roadrunner, n	R-c	R-u
☐ ★	Groove-billed Ani	(Su,F)V-ca	(F)V-acc
	Tytonidae - Barn Owls		
☐	Barn Owl, n	P-u	Su-lr
	Strigidae - Typical Owls		
☐	Flammulated Owl, n	Su-c; W-acc	Su-c
☐	Western Screech-Owl, n	R-c	R-lu
☐	Whiskered Screech-Owl, n	R-c	
☐	Great Horned Owl, n	R-c	R-c
☐	Northern Pygmy-Owl		
	californicum form, n	R-lr	R-lu
	gnoma form, n	R-u	
☐ ◊	Ferruginous Pygmy-Owl, n	R-lr	
☐	Elf Owl, n	Su-c	
☐	Burrowing Owl, n	R-lu	Su,M-lu; W-acc
☐	Spotted Owl, n	R-u	R-u
☐	Long-eared Owl, n	R-ilr; W-r	Su-lr; W-r
☐	Short-eared Owl	W-r	M-ca; Su,W-acc
☐	Northern Saw-whet Owl, n	R-ilr; W-ca	R-lu
	Caprimulgidae - Nighthawks and Nightjars		
☐	Lesser Nighthawk, n	Su-c; W-ca	Su-lr; M-ca
☐	Common Nighthawk, n	Su-lc	Su-c
☐	Common Poorwill, n	Su-c; W-ir	Su-c
☐ ★	Buff-collared Nightjar, n	Su-lr	
☐	Whip-poor-will		
	arizonae form, n	Su-c; W-acc	Su-lc
★	*vociferus form*	*FV-acc*	
	Apodidae - Swifts		
☐ ★	[Black Swift]	Su,M-ca	M-ca
☐ ★	Chimney Swift	Su-ilr; M-ca	
☐	Vaux's Swift	M-u	M-r
☐	White-throated Swift, n	Su-c; M,W-lc	Su,M-c
	Trochilidae - Hummingbirds		
☐	Broad-billed Hummingbird, n	Su-c; W-r	
☐ ◊	White-eared Hummingbird, n	Su-ilr; W-acc	
☐ ★	Berylline Hummingbird, n	(Su)V-ca	
☐ ★	Cinnamon Hummingbird	SuV-acc	
☐	Violet-crowned Hummingbird, n	Su-lu; V,W-ca	
☐	Blue-throated Hummingbird, n	Su-lu; W-lr	
☐	Magnificent Hummingbird, n	Su-c; W-lr	Su-lr
☐ ★	Plain-capped Starthroat	(Su)V-ca	
☐ ◊	Lucifer Hummingbird, n	Su-ilr; V-r	
☐	Black-chinned Hummingbird, n	Su,M-c; W-acc	Su,M-u
☐	Anna's Hummingbird, n	(F)M,W-c; Su-lu	(Su,F)M-ca
☐	Costa's Hummingbird, n	W,Sp-c; Su,F-lr	Sp-lu
☐	Calliope Hummingbird	(F)M-u; W-acc	FM-u, SpM-acc
☐ ★	*Bumblebee Hummingbird*	*SuV-acc*	
☐	Broad-tailed Hummingbird, n	Su,M-c; W-acc	Su,M-c
☐	Rufous Hummingbird	(F)M-c; W-acc	FM-c
☐ ◊	Allen's Hummingbird	(F)M-r	
	Trogonidae - Trogons		
☐	Elegant Trogon, n	Su-lu; W-lr	
☐ ★	Eared Trogon, n	(Su,F)V-ca	SuV-acc
	Alcedinidae - Kingfishers		
☐	Belted Kingfisher, n	M,W-u; Su-lr	M,W-u; Su-lr
☐	Green Kingfisher, n	P-lr; (F,W)V-ir	
	Picidae - Woodpeckers		
☐	Lewis's Woodpecker, n	M,W-ir	P-lu; M-u
☐ ★	Red-headed Woodpecker	M,W-acc	FV-acc
☐	Acorn Woodpecker, n	R-c	R-lc
☐	Gila Woodpecker, n	R-c	FV-acc
☐	Williamson's Sapsucker, n	M,W-r	R-u; (F)M-r
☐ ★	Yellow-bellied Sapsucker	(F)M,W-ca	FM-acc
☐	Red-naped Sapsucker, n	M,W-u; Su-lr?	M-c; W,Su-u
☐ ★	Red-breasted Sapsucker	M,W-ca; Su-acc	
☐	Ladder-backed Woodpecker, n	R-c	R-lu
☐	Downy Woodpecker, n	M,W-ca	R-lr; M,W-u
☐	Hairy Woodpecker, n	R-u	R-u
☐	Arizona Woodpecker, n	R-u	
☐	Three-toed Woodpecker, n		R-r

特定区域带注释的鸟类（或其他生物）一览表可以成为强大的学习工具。即使是努力发现更多物种的博物学家，就算他只把名录当成游戏，那么他也一定会学会相关鸟类的状态和分布。亚利桑那州鸟类记录委员会（Bird Records Committee）编制的这份带注释的名录包括了亚利桑那州南北地区的详细状况，可以当作该州鸟类分布的微型论文。承蒙加里·罗森伯格（Gary Rosenberg）和戴夫·斯戴杰斯卡（Dave Stejskal）的许可。

几乎所有的鸟类一览表（那些按字母排序的是令人遗憾的例外）都是按分类学组织的，物种遵循某种正规名录的顺序按科或类似的归属分类。在北美，这些一览表几乎一直追随着美国鸟类学家协会的分类和命名委员会（Committee on Classification and Nomenclature）创建的序列，我那份来自威奇托·奥杜邦协会的小小清单也不例外。我日复一日翻阅它，发现自己有希望看到属于鹡鸰科的3个物种，在该序列中，它们甚至比啄木鸟科可能有的7种成员或莺科可能有的30种成员更靠前。不知不觉中，我记住了美国鸟类学家协会名录的标准顺序。

这份清单自然而然地使我在野外产生了一种好奇心，看一看自己一天里能发现多少种鸟。除了探索新区域，我还骑自行车到河边核对留鸟山雀，到沙坑水塘察看逗留的野鸭，通过泄洪渠深入田野找寻迁徙的麻雀。我开始将每日的统计与之前每年那个时候能发现的进行比对——我今天能发现60种吗？70种？当然我每天晚上都做每日名录。奥杜邦协会的那些野外清单卡很贵——要整整10美分——为了避免每天都用新卡，我就把清单上的顺序和名称抄到笔

1991 年赴欧洲的一次旅行中，我在法国的北部海岸待了一整天观察海鸥，目的是弄清楚各种形式的野外识别。当天我做了详细的笔记和草图，图中有黄脚银鸥、小黑背鸥和欧洲银鸥。我在现场画草图，晚上补笔记，但没有记录当天的物种名录。我的精力都放到了几种海鸥上，没注意到周围的其他鸟。

记本上，然后在上面写下每天的名录。

早期我尝试不断打破自己在观鸟游戏中的名录统计，并因此首次获得了记野外笔记的体验。在鸟类名录旁记下日期以及天气和地点，这看起来很符合逻辑，还有我观察到的个体数，至少对于某些物种应该如此。当然，如果我发现了一个巢，或是观察到了有趣的行为，我就愿意做这样的笔记。在某种程度上，多亏了这种编名录游戏，我才能改造格林内尔做野外笔记的基本方法，并确定了自己在以后岁月里记笔记的大框。的确，我的一贯做法是每天的野外笔记一般都包括所观察物种的名录、某些物种还有个体数。这种做法几乎变成了无意识的；我差不多总是在笔记的中间部分列名录。但也有例外。有时我的笔记只侧重于一两个物种，我甚至注意不到周围的其他物种；我画鸟类素描以进行野外识别研究时更是如此。这种情况下的物种名录一定是站不住脚的，所画的素描就算当天的野外笔记了。

在十八九岁时，我之所以玩鸟类名录游戏，全因为那么做物有所值，我甚至连续 12 个月搭顺风车周游北美，就想看看能否打破一年内所观察物种的纪录。[19] 此后，我以观鸟作为一项运动的想法逐渐淡化。我有朋友告诉我他们当年在非洲大陆，在科罗拉多，或两地都包括在内，看到或听说的确切物种数。但我不会一直关注。就个人而言，编鸟类名录的岁月已成了过去。

但也仅限鸟类。近年来，我做过几次编写其他生物种群名录的主要尝试。搬到亚利桑那州之后，早年对爬行动物的好奇因沙漠中蜥蜴的多样性而复燃。因为无法轻易获得当地物种的一览表，于是我通过查看《西方爬行动物和两栖动物野外指南》（*A Field Guide to Western Reptiles and Amphibians*）一书中的分布范围地图自己编制了一份。[20] 有几年，我在积极地追求爬虫名录，努力去寻找自己尚未识别的蛇、蜥蜴和蟾蜍。在亚利桑那州以及后来在俄亥俄州的那段时期，我试图编写大型的蝴蝶和蛾类的名录，尽管存在着识别困难的问题。到目前为止，我一直太懒，没有真正全力以赴学会辨别豆娘（它们比蜻蜓难多了），而我的朋友还把我的蜻蜓目名录加入了俄亥俄州名录，真令人汗颜，从那以后我不断努力想区别“spreadwings”“sprites”和“dancers”，以增加名录的总数。

在以上谈及的所有情况中，专注于皮毛层面的劣处自然不难看出，但我也

13 MAY 1973 COCHISE + SANTA CRUZ COUNTIES, ARIZONA
TEMP 70-90°F SKIES MOSTLY CLEAR LIGHT WIND
OBSERVERS: K.K. TED PARKER, MARK ROBBINS, JOEL GREENBERG, DAVE HAYWARD
IN FIELD 0330-2000

~AFTER ANOTHER RELATIVELY SLEEPLESS NIGHT, WE STARTED EARLY FOR SCOTIA CANYON. SEEING HOW MANY MILES OF COMPLETELY UNTRAVELED DIRT ROADS ARE INVOLVED IN GETTING THERE, I'M GLAD I DIDN'T TRY TO HITCH IN. SCOTIA CANYON WAS AN INTERESTING PLACE, OAK APACHE PINE ASSOCIATION WITH SYCAMORES ALONG THE STREAM. WE HEARD A BUFF-BREASTED FLYCATCHER ALMOST AS SOON AS WE GOT OUT OF THE CAR: A TYPICAL EXPLOSIVE EMPIDONAX SONG, WHICH SOUNDED TO ME LIKE "CHE WIP!" WE QUICKLY TRACKED DOWN A PAIR, WHICH WERE RATHER FLIGHTY AT FIRST, BUT EVENTUALLY THEY STAYED PUT LONG ENOUGH FOR GOOD VIEWING. A SHORT TIME LATER WE FOUND ANOTHER PAIR NEST-BUILDING. AT SCOTIA WE ALSO FOUND AN OLIVACEOUS FLYCATCHER'S NEST, AND SOME INTERESTING LIZARDS AROUND AN ABANDONED FARMSTEAD. WE ALSO MET AN OLD MAN THERE, WHO TOLD US A LITTLE OF THE HISTORY OF THE NEARBY TOWN OF SUNNYSIDE AND THEN GAVE US EACH A LITTLE BOOKLET OF BIBLE QUOTES.
~WE CONTINUED AROUND THE SOUTH END OF THE HUACHUCAS AND UP TO RAMSEY CANYON. NOT MUCH WAS HAPPENING AT RAMSEY. HUMMERS WERE IN RELATIVELY LOW NUMBERS, AND THE SULPHUR-BELLIES AND TROGONS WEREN'T IN YET. AROUND NOON WE LEFT RAMSEY. HAD A SHORT BUT BITTER ARGUMENT WITH THE "UNCLE SAM'S RESTAURANT" IN SIERRA VISTA AND THEN HAD LUNCH AT SOME HAMBURGER PLACE. CONTINUED TO THE NATURE CONSERVANCY

PLACE AT PATAGONIA, WHERE THE BLACK HAWK APPEARED ON CUE. WE ALSO HAD A TOWNSEND'S WARBLER THERE, AND SEVERAL BEARDLESS FLYCATCHERS. AFTER RELOCATING EVERYONE, AND STAVING OFF DEHYDRATION WITH A MILKSHAKE IN PATAGONIA, WE WENT DOWN TO THE ROADSIDE REST. THE BECARD WAS CALLING IN THE COTTONWOODS ACROSS THE ROAD. STARTING UP THE SPARROW CANYON, WE CHANCED ON TWO HUMMINGBIRD NESTS LESS THAN 100 YARDS APART, ONE COSTA'S AND ONE BROAD-BILLED. BY THIS TIME THE SUN WAS ALREADY DOWN BEHIND THE RIDGE AND NOT A SINGLE BIRD WAS CALLING IN THE CANYON. IT LOOKED FOR A WHILE AS IF WE MIGHT MISS THE FIVE-STRIPED SPARROW, BUT TED AND I MADE A LAST-DITCH ATTEMPT, GOING DOWN THE WEST SIDE OF THE CANYON AND UP THE NEXT RIDGE, AND WE FOUND ONE OF THE BIRDS. WE CALLED THE OTHER GUYS AND WATCHED IT FOR 15 MINUTES.

SPECIES RECORDED:
S - SCOTIA CANYON
R - RAMSEY
V - PONDS AT SIERRA VISTA
P - SONOITA CREEK

EARED GREBE V1
GR.-W. TEAL V4
RUDDY V6
TV ++
COOPER'S HAWK P1
RED-TAIL 5
BLACK HAWK P1
SPARROW HAWK S2 P2
GAMBEL'S QUAIL P+
SPOTTED SANDP. V2
WILSON'S PHALAROPE V5
ROCK DOVE +
WHITE-WINGED DOVE S,R,V,P ++
MOURNING DOVE RSVP+
GROUND DOVE P3
INCA DOVE P1
GR. HORNED OWL P2
LESSER NIGHTHAWK 4 EN ROUTE
WHITE-TH. SWIFT P8
BLACK CH. HUMMER R+

1973年，还是一名青少年时，我开始了“辉煌的一年”，看一看能在北美发现多少种鸟类，我从佛罗里达一路走到阿拉斯加，然后返回（主要是搭车旅行）。（接下页）

看到了积极的一面。那种编名录游戏一直在赋予我一种具有激励性、高效的工作框架，使我能够了解某一族群的多样性和当前分类，并可以在野外遇到它们。凡是在博物学的某一领域刚刚起步的人，我都会毫不犹豫地推荐这一方法：开始做鸟类记录，写每日名录。当你不再做这种名录时，你会发现自己已经学到了很多。

编名录不但有益于个人，而且在很多方面有益于社区，能为整体的科学知识做出贡献。以编鸟类名录为乐的人的活动已极大地丰富了我们有关鸟类分布的详细知识。至少在北美和欧洲，如果我们看一看分布范围、孤立的数量、迁徙或漂泊的低密度模式，等等，我们会发现近几十年绝大多数发现都是业余观鸟者做出的，而不是专业的鸟类学家。

20世纪70年代我曾在亚利桑那州目睹过这方面的绝佳例子。几个搬到该州的观鸟者开始倡议对县名录展开竞赛。尤其是在马里科帕县（位于凤凰城中部），观鸟团体积极做出了响应。人们就县长年名录、县年名录和县日名录一

13 MAY 73
SPECIES RECORDED (CONTINUED):

COSTA'S HUMMER 3P
BROAD-TAILED R1
RIVOLI'S S1 R+
BLUE-THROATED R8
BROAD-BILLED P2
R.S. FLICKER S2
GILA WOODP P+
ACORN WOODP P1
ARIZONA WOODP R1
LADDER-BACK P1
ROSE-THR. BECARD P2
WESTERN KINGBIRD +
CASSIN'S KINGBIRD S+R+P+
WIED'S CR. FLYC. P2
ASH-THR. FLYC. P1
OLIVACEOUS FLYC. S+R+P+
BLACK PHOEBE P+ S1
BUFF-BR. FLYCATCHER 8S
COUES' FLYC. S2 R2
W. WOOD PEWEE S+ R+
VERMILION FLYC. P4
BEARDLESS FLYC. P3
HORNED LARK + EN ROUTE
BARN SWALLOW + "
CLIFF SWALLOW + "
MEXICAN JAY S+R+
C. RAVEN +
BRIDLED TITMOUSE R+ P+

VERDIN P6
WHITE-BR. NUTHATCH P2
BROWN CREEPER R1
BEWICK'S WREN S+R+P+
CAÑON WREN P6
CURVE-B. THRASHER P+
AM. ROBIN S3 P1
E. BLUEBIRD P1
L. SHRIKE 1 NEAR S
STARLING P+
VIRGINIA'S WARBLER R2
LUCY'S WARBLER P1
ORANGE-CR. WARBLER P1
YELLOW P12
AUDUBON'S S1
BLACK-THR. GRAY S1
TOWNSEND'S P1
GRACE'S S4
YELLOWTHROAT P10
Y.-BR. CHAT P4
WILSON'S P1
P. REDSTART S7 R5
HOUSE SPARROW +
E. MEADOWLARK +
SCOTT'S ORIOLE R2
BULLOCK'S ORIOLE R+
HOODED ORIOLE P1
BROWN-H. COWBIRD P+

BRONZED COWBIRD P1
W. TANAGER S2
HEPATIC TANAGER R1
SUMMER TANAGER P7
CARDINAL S+ P+
BLACK-H. GROSBEAK S+R+P+
LAZULI BUNTING P1
HOUSE FINCH ++
PINE SISKIN S3 P25+
LESSER GOLDFINCH P+
R.-S. TOWHEE S1 R3
BROWN TOWHEE
LARK SPARROW 2 EN ROUTE
FIVE-STRIPED SPARROW P1
RUFOUS-CR. SPARROW P+
BLACK-THR. SPARROW P2
MEXICAN JUNCO S+R+

—AT THE FEEDERS IN RAMSEY CANYON, IN ADDITION TO THE HUMMINGBIRDS, THE FOLLOWING SPECIES WERE OBSERVED DRINKING SUGAR WATER: SCOTT'S ORIOLE 2
HOUSE FINCH 5
BLACK-HEADED GROSBEAK 4
RUFOUS-SIDED TOWHEE 1

—ONE OF THE BLACK-HEADED GROSBEAKS BRIEFLY HOVERED BEFORE A FEEDER, AND TWO OF THE HOUSE FINCHES DID SO FOR SEVERAL SECONDS EACH.

决高下。之前，凤凰城观鸟者就一直乐于远赴田野，他们到亚利桑那州东南部观察山地鸟类，到科罗拉多河观察水禽。但这次范围仅限本县之内的限制产生了令人惊讶的发现。已知繁殖品种的拓展、先前未知的过冬鸟数量、有关稀有迁徙鸟类的诸多新信息，这些汇成了这场比赛的副产品。该县9年间有超过50个新物种被记录。两名热切的年轻观鸟者对此产生了浓厚的兴趣，继续学习，获得了鸟类学博士，现在已是野外的专业人士。他们的早期游戏并没有伤害他们的职业，而对于马里科帕县鸟类的了解也达到了前所未有的深度。

县级鸟类名录的提法在20世纪70年代已算不上新鲜事物。早在19世纪90年代，威尔逊鸟类学会（Wilson Ornithological Society）主席林兹·琼斯（Lynds Jones）教授就是俄亥俄州罗蓝县很活跃的名录追求者，并在协会的刊物《威尔逊学报》（*Wilson Bulletin*）上发表了他的结果。琼斯把自己的“观鸟大日子”名录尝试称作“每日清点（daily horizons）”，以区别于“普查清点（censo-horizons）”。他致力于建立大规模的鸟类名录，并记录个体的数量。1899年，

那是纯粹的一种游戏，但即使在那一年我也没有中断记野外笔记——大多数围绕着每天观察到的鸟类，但也有一些关于鸟类数量和行为的其他笔记，此篇范例源自某一天与一些亚利桑那州朋友在野外的活动。是的，我不否认，这些笔记是用红色圆珠笔记的。没有评论。

鸟类的野外一览表一直很流行，随着人们观察蝴蝶的兴趣逐渐增长，我们现在也能看到更多的当地蝴蝶一览表。这种针对南得克萨斯州的格式没有足够的空间记录个体数或做注释，但我还是在名称后写下了数量，对海德尔格县（Hidalgo County）韦斯拉科（Weslaco）两个地方的数据用斜线来区分。承蒙迈克·奥弗顿（Mike Overton）和肖恩·帕特森（Shawn Patterson）的许可而使用。

· 16 OCT 2004 – HIDALGO CO. – WESLACO: 1000-1230 AT FRONTERA AUDUBON / 1245-1330 AT VALLEY NATURE CENTER

BUTTERFLY CHECKLIST FOR THE LOWER RIO GRANDE VALLEY OF TEXAS

(Cameron, Hidalgo & Starr Counties)

A-ABUNDANT O-OCCASIONAL
C-COMMON R-RARE
U-UNCOMMON X-<5 RECORDS

Common name *Latin name*
Abundance codes for the LRGV only

Skippers—Family Hesperiidae

Spread-wing Skippers—Subfamily Pyrginae

___Belus Skipper *Phocides belus* (X)
___Guava Skipper *Phocides polybius* (O)
___Mercurial Skipper *Proteides mercurius* (R)
___Broken Silverdrop *Epargyreus exadeus* (R)
___Hammock Skipper *Polygonus leo* (R)
___Savigny's Skipper *Polygonus savigny* (X)
___White-striped Longtail *Chioides albofasciatus* (U)
X Zilpa Longtail *Chioides zilpa* (O) 1/—
___Gold-spotted Aguna *Aguna asander* (O)
___Emerald Aguna *Aguna claxon* (R)
___Tailed Aguna *Aguna metophis* (R)
___Mottled Longtail *Typhedanus undulatus* (X)
___Eight-spotted Longtail *Polythrix octomaculata* (R)
___Mexican Longtail *Polythrix mexicanus* (R)
___White-crescent Longtail *Codatractus alcaeus* (R)
X Long-tailed Skipper *Urbanus proteus* (U) 2/-
___Bell's Longtail *Urbanus belli* (X)
___Pronus Longtail *Urbanus pronus* (X)
___Esmeralda Longtail *Urbanus esmeraldus* (X)
___Dorantes Longtail *Urbanus dorantes* (U)
___Teleus Longtail *Urbanus teleus* (O)
___Tanna Longtail *Urbanus tanna* (R)
___Plain Longtail *Urbanus simplicius* (R)
X Brown Longtail *Urbanus procne* (U) 8/4
___White-tailed Longtail *Urbanus doryssus* (R)
___Two-barred Flasher *Astraptes fulgerator* (O)

❶

___Small-spotted Flasher *Astraptes egregius* (R)
___Frosted Flasher *Astraptes alardus* (R)
___Hopffer's Flasher *Astraptes alector hopfferi* (R)
___Yellow-tipped Flasher *Astraptes anaphus* (O)
___Coyote Cloudywing *Achalarus toxeus* (U)
___Jalapus Cloudywing *Thessia jalapus* (R)
___Northern Cloudywing *Thorybes pylades* (R)
___Potrillo Skipper *Cabares potrillo* (U)
___Fritzgaertner's Flat *Celaenorrhinus fritzgaertneri* (R)
___Stallings' Flat *Celaenorrhinus stallingsi* (O)
___Falcate Skipper *Spathilepia clonius* (R)
___Acacia Skipper *Cogia hippalus* (O)
___Outis Skipper *Cogia outis* (R)
___Mimosa Skipper *Cogia calchas* (C)
___Starred Skipper *Arteurotia tractipennis* (X)
___Purplish-black Skipper *Nisoniades rubescens* (R)
___Glazed Pellicia *Pellicia arina* (O)
___Morning Glory Pellicia *Pellicia dimidiata* (X)
___Red-studded Skipper *Noctuana stator* (X)
___Obscure Bolla *Bolla brennus* (X)
___Mottled Bolla *Bolla cyltius* (R)
___Golden-headed Scallopwing *Staphylus ceos* (O)
X Mazans Scallopwing *Staphylus mazans* (C) 1/-
___Hayhurst's Scallopwing *Staphylus hayhurstii* (X)
___Variegated Skipper *Gorgythion begga* (R)
___Blue-studded Skipper *Sostrata nordica* (X)
___Hoary Skipper *Carrhenes canescens* (O)
___Glassy-winged Skipper *Xenophanes trixus* (R)
___Texas Powdered-Skipper *Systasea pulverulenta* (U)
X Sickle-winged Skipper *Eantis tamenund* (A) 15/3
___Hermit Skipper *Grais stigmaticus* (O)
X Brown-banded Skipper *Timochares ruptifasciata* (O) -/1
___Everlasting Skipper *Anastrus sempiternus* (X)
X White-patched Skipper *Chiomara georgina* (U) 1/-
___False Duskywing *Gesta invisus* (O)
___Horace's Duskywing *Erynnis horatius* (O)
X Mournful Duskywing *Erynnis tristis* (R) 2/-
___Funereal Duskywing *Erynnis funeralis* (C)
___Common Checkered-Skipper *Pyrgus communis* (R)

❷

___White Checkered-Skipper *Pyrgus albescens* (C)
___Desert Checkered-Skipper *Pyrgus philetas* (U)
X Tropical Checkered-Skipper *Pyrgus oileus* (A) 25/20
___Erichson's White-Skipper *Heliopyrgus domicella* (R)
___Turk's-cap White-Skipper *Heliopetes macaira* (U)
X Laviana White-Skipper *Heliopetes laviana* (C) 4/3
___Veined White-Skipper *Heliopetes arsalte* (X)
___Common Streaky-Skipper *Celotes nessus* (O)
___Common Sootywing *Pholisora catullus* (U)
___Mexican Sootywing *Pholisora mejicanus* (R)
___Saltbush Sootywing *Hesperopsis alpheus* (O)

Intermediate Skippers—Subfamily Heteropterinae

___Dyar's Skipperling *Piruna penaea* (X)

Grass Skippers—Subfamily Hesperiinae

___Pecta Skipper *Synapte pecta* (R)
___Salenus Skipper *Synapte salenus* (R)
___Redundant Skipper *Corticea corticea* (R)
___Pale-rayed Skipper *Vidius perigenes* (O)
___Violet-patched Skipper *Monca crispinus* (R)
___Swarthy Skipper *Nastra lherminier* (X)
___Julia's Skipper *Nastra julia* (U)
X Fawn-spotted Skipper *Cymaenes trebius* (U) 2/2
X Clouded Skipper *Lerema accius* (A) 5/1
___Liris Skipper *Lerema liris* (X)
___Fantastic Skipper *Vettius fantasos* (X)
___Green-backed Ruby-Eye *Perichares philetes* (R)
___Osca Skipper *Rhinthon osca* (R)
___Double-dotted Skipper *Decinea percosius* (O)
___Hidden-ray Skipper *Conga chydaea* (R)
___Least Skipper *Ancyloxypha numitor* (R)
___Tropical Least Skipper *Ancyloxypha arene* (O)
___Orange Skipperling *Copaeodes aurantiaca* (U)
X Southern Skipperling *Copaeodes minima* (U) 1/-
X Fiery Skipper *Hylephila phyleus* (A) 60/30
X Sachem *Atalopedes campestris* (A) 10/8
X Whirlabout *Polites vibex* (C) 2/-
X Southern Broken-Dash *Wallengrenia otho* (C) 5/2
___Delaware Skipper *Anatrytone logan* (R)
___Common Mellana *Quasimellana eulogius* (O)

❸

___Dun Skipper *Euphyes vestris* (O)
___Nysa Roadside-Skipper *Amblyscirtes nysa* (U)
___Dotted Roadside-Skipper *Amblyscirtes eos* (R)
___Celia's Roadside-Skipper *Amblyscirtes celia* (C)
___Eufala Skipper *Lerodea eufala* (C)
___Olive-clouded Skipper *Lerodea arabus* (O)
___Brazilian Skipper *Calpodes ethlius* (U)
___Obscure Skipper *Panoquina panoquinoides* (U)
X Ocola Skipper *Panoquina ocola* (C) 8/5
X Purple-washed Skipper *Panoquina lucas* (U) -/1
___Hecebolus Skipper *Panoquina hecebolus* (R)
___Evans' Skipper *Panoquina evansi* (R)
___Violet-banded Skipper *Nyctelius nyctelius* (O)
___Yucca Giant-Skipper *Megathymus yuccae* (O)
___Manfreda Giant-Skipper *Stallingsia maculosus* (X)

Swallowtails—Family Papilionidae

X Pipevine Swallowtail *Battus philenor* (C) 4/2
___Polydamas Swallowtail *Battus polydamas* (O)
___Mylotes Cattleheart *Parides eurimedes* (X)
___Dark Kite-Swallowtail *Eurytides philolaus* (X)
___Black Swallowtail *Papilio polyxenes* (U)
___Three-tailed Swallowtail *Papilio pilumnus* (X)
___Abderus Swallowtail *Papilio garamas* (X)
___Thoas Swallowtail *Papilio thoas* (X)
X Giant Swallowtail *Papilio cresphontes* (A) 6/3
___Broad-banded Swallowtail *Papilio astyalus* (R)
___Ornythion Swallowtail *Papilio ornythion* (R)
X Ruby-spotted Swallowtail *Papilio anchisiades* (R) 1/-
___Pink-spotted Swallowtail *Papilio rogeri* (X)

Whites & Sulphurs—Family Pieridae

___Costa-spotted Mimic-White *Enantia albania* (X)
___Tropical White *Appias drusilla* (O)
___Mountain White *Leptophobia aripa* (X)
___Checkered White *Pontia protodice* (A)
___Cabbage White *Pieris rapae* (R)
___Great Southern White *Ascia monuste* (U)
___Giant White *Ganyra josephina* (O)
___Falcate Orangetip *Anthocharis midea* (O)
___Orange Sulphur *Colias eurytheme* (O)

❹

他发表了名为“俄亥俄州罗蓝县1898年鸟类清点”的论文，并在其中报告了他和W. L. 道森（W. L. Dawson）记录的总数：那一年他们发现了175个物种，而该县已知总数是221种，而且他们每个人的个人县名录都有所斩获。[21]该刊物发行两期之后，他在1899年5月的结果中报告道，他曾一天在罗蓝县记录了112个物种，[22]这在那个时代是非常了不起的数字。琼斯和道森都发表了许多篇关于鸟类分布的论文，他们都被看作当时最重要的鸟类学家，而且当时也没有人指责他们的鸟类编目游戏。

这一方法不仅用于鸟类。20世纪60年代末，鳞翅目昆虫学家基思·布朗（Keith Brown）开始系统地致力于在巴西的研究地点使每天蝴蝶物种计数尽可能的多。该方法证明可以有效揭示有关当地蝴蝶的新信息，他为此发表了一篇论文。[23]布朗描述了他的想法是如何形成的，“每日蝴蝶名录的最大化看似是不科学的目标（虽然在兄弟学科鸟类学中大量采用），却能提供很重大的科学突破口，这一点已经得到了证明”。例如，他记述了自己在巴西中部高原用6个星期时间发现了之前该地域未知的25个物种——但后来他采用了“最大化”的方法，这次也是6个星期，他发现了300个新物种。

当然，布朗的调查包括采集标本（就像鸟类学家19世纪末做的典型调查那样），对于许多知之不多的族群或地域，采集标本依然是研究的重要组成部分。但每天编名录的习惯所提供的信息不全来自基于标本的调查。标本的收集偏向于稀有品种，如果8月的大量地域蝴蝶标本中包含一些红纹丽蛱蝶，那不一定意味着该物种在那个季节很稀有；可能只是表示该物种太常见了，以至于收集者直到夏末才注意到它。但一个人若是要把每日名录尽可能加长，他就不会忽略任何常见物种。无论多么平凡、乏味，他们的发现都会为当天总数添上一笔！这就是名录编写所具有的不太为人注意的价值之一：如果某个物种未包含在名录内，就表示那个人那天或在那个地方没有发现该物种。这样得到的即是消极数据，而不仅仅是缺少数据。对于迁徙或季节性的生物，当一个人试图建立生物气候学或季节性发布，这一点尤为重要。

我上面提到的编名录游戏（琼斯在俄亥俄州，道森在巴西）最终为普遍知识做出了贡献，但前提是参与者也要编写比较严肃的分布数据。显然情况并不总是如此，许多急功近利的列名录者的一览表最终被淘汰，没有任何贡献。但有些项目中观鸟者的观察可用于更为长久的数据库。

一个大规模实例开始于20世纪80年代初，志愿者被召集起来制作他们所识别的鸟类清单，每周汇总一次，按县来组织，范围是威斯康星州。那些观鸟者在计算机可读取的卡上填写名录，然后上交，先交至威斯康星大学（University of Wisconsin），随后交给州自然资源部（Department of Natural Resources）。截止到2007年，已有超过94000份此类报告上交给威斯康星名录项目（Wisconsin Checklist Project）。[24]那些名录即使只记录某个物种有还是没有，科学家也能通过查看某一物种清单中出现的百分比和追踪该百分比随时间的变化，从而得到各种鸟类粗略的迁徙时间，以及其数量上的变化。

在涉及鸟类和其他生物的各种其他协作清单项目中，最具雄心的是eBird，一个大规模数据库，由康奈尔鸟类实验室（Cornell Laboratory of Ornithology）和国家奥杜邦协会（National Audubon Society）编制。借助强大的计算机功能和互联网，eBird鼓励观察者不但要报告物种，还要包括个体数、确切位置、在野外所花的准确时间以及关于任何不寻常之事的补充笔记。现在涌入的信息量非常庞大。近来的数字表明平均一个月里有50000多份完整清单提交上来，而这一数字还在不断增长。现在eBird能制作出异常详细的地图，上面标出许多物种在所有季节的相对繁荣程度，而且随着更多观鸟者参加该项目，其能力也会进一步提高。

更多的观鸟者一定会加入进来，因为eBird的协调者了解观鸟者的心理。该项目在2002年启动时，康奈尔和奥杜邦的科学家假定观察者都是好市民，他们会因为那些信息有用而加以报告。虽然开始的响应不很热烈，但协调者后来无意中发现了一个办法来善加利用观鸟者编名录的本能。如果我今天登录报告自己一天里在野外看到的鸟类，那么欢迎屏幕将显示我的“鸟类记录”。当然那不是我的鸟类记录，那只是我向eBird报告的总数。该页面下方还会显示我报告该州、该年度的物种数，等等。对于严肃的观鸟者，这种激励是显而易见的。看着这些汇总数据，我发现自己在想：“好吧，我不知道我的鸟类记录会达到什么程度，但一定会超过这个！”我兴致勃勃地挖掘我在阿拉斯加、委内瑞拉、牙买加等地旅行的野外笔记并将其输入进去，这样那些数字就会不断增长。当然，随着我这么做，eBird 数据库中的总信息也会增加。这是编名录游戏的另一重作用，它能为科学做出贡献，无论这种贡献多么小。我承认，这是一种奇怪的组合，但它确实管用。

4

对真相的反思

罗杰·基钦（ROGER KITCHING）

赫尔城（译者注：英格兰东部一港埠）过去是一个不太讨人喜欢的地方，一些人认为它现在仍然如此。我就出生于那座城市之外的滨海小镇霍恩西（Hornsea），我的母亲为了躲避德国人1944年的闪电战逃到了那里。后来我们重返赫尔那个地势低洼、充满鱼腥味、满是拖网的港口，我在那里度过了童年和求学岁月，并在那里成长为一名执着的博物学家。

乍一看，那座城市与大自然并不搭边——但最初的印象常常会误导人。在20世纪四五十年代，这里基本上是平地的城市中交织着很宽的排水沟——“阴沟”，我们这么叫。在那里，我们大胆地用渔网和果酱罐捕捉刺鱼、蝾螈、蝌蚪和青蛙。那些不起眼的水道还让我见识到了水蝎（water scorpion）、龙虱虫（dytiscid beetle）和水纺蛛（water spider），偶尔甚至还有翠鸟，以及岸边沼泽地里的各种水生植物。那座城市也曾饱受炸弹之苦——残垣断壁间杂草丛生——其中有一片片的狭叶柳草（rose - bay willow herb）和以此为食的象鹰蛾（Elephant hawk - moth）肥绿的幼虫；也有筑巢的雀类和红尾鸲（redstart）、寒鸦和画眉鸟；以及日益增多的灌木和植物，一旦有了土壤和空间，自然就会重新焕发生机。

在我的童年岁月里，这一切逐渐消失了。露天的排水沟变成了地下管道，残垣断壁渐渐被清除，城市被改造。最后，随着深海渔业的崩溃——先是被冰岛宣称为自己的海洋属地（1958年和1972年所谓的“鳕鱼战争”），后又受欧盟成员国进出权利变化之害，甚至那座城市典型的鱼腥味（尤其是刮东风的时候）也淡去了。幸运的是，我的成长见证了这一变迁，因为我发现了最具价

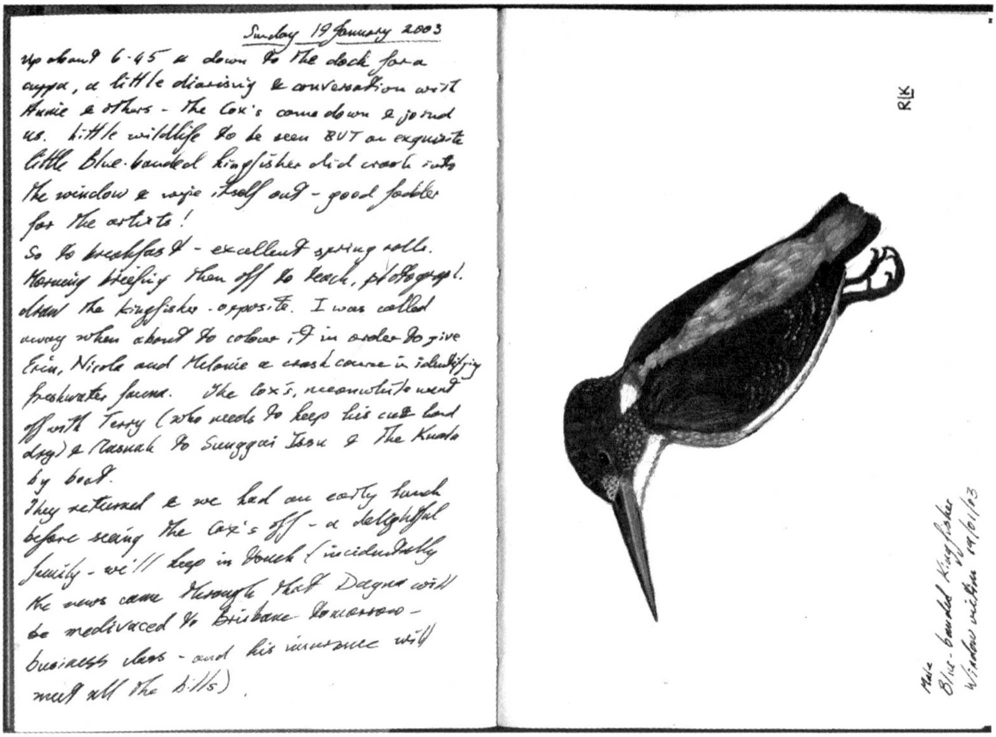

关于一只蓝带翠鸟（Alcedo euryzona）的笔记和图画。我在窗下发现它死在那里，地点是婆罗洲沙巴州的丹浓谷（Danum Valley）野外站。（示例：图2）

值的机构——当地的博物学协会。

赫尔科学和野外博物学家俱乐部（The Hull Scientific and Field Naturalists' Club）是北英格兰众多此类协会之一，那些协会可以追溯到维多利亚时期，以及工业时代和后达尔文革命对博物学点燃的“科学”狂热。到1960年该俱乐部已拥有了自己的专业人士，但他们还是少数派，在这座劳工阶层占主导的城市里不足为奇。他们在每月例会和周末与业余爱好者一道远足时会聚到一起。我尤其记得丹尼斯·韦德（Denis Wade），一名码头工人，总是用自己的午餐时间（他称之为“大餐时段”）记录码头周围荒地上的蝴蝶和蛾类。还有丹尼斯·帕什比（Denis Pashby），他也是一名码头工人，而且有着约克郡男人特有的直率，我想他会因为传言港口有罗氏鸥（Ross's Gull）或斯帕恩角（Spurn Point）有宽尾树莺（Cetti's Warbler）而赶火车或汽车去布里德灵顿（Bridlington）。有一次，帕什比远赴皮克林谷（Vale of Pickering）的耕地就是为了看灰鹤。那种鸟已迁徙到俄罗斯，在当地已几乎看不到了。

这些“野外狂”教会我许多事情。最重要的是，他们使我知道自己不是孤军奋战，那种对大自然说不清、道不明的着迷不管出现在哪里、出现在什么时候，就算不是人人都有，但也不是凤毛麟角。那时我第一次被引见给专业的生物学家，主要是高中和大学的教师，他们钟情于自然，并以此为职业。这一切在我的心田播下了一粒种子，而这粒种子最终结出了累累硕果。让我细数一下我最初的导师、那些坚定的博物学家——唐·史密斯（Don Smith）、格温内思·坎普（Gwynneth Kemp）、弗兰克·德博尔（Frank DeBoer）、珀西·格雷维特（Percy Gravett）、伊娃·克拉寇斯（Eva Crackles）——他们点燃了我早熟、质拙的热情，为我指明方向，引领我逐渐深入。此外还有我所在语法学校的生物学大师肯·芬顿（Ken Fenton），这些为人慷慨、知识渊博的人创造了我的未来。

在我职业生涯早期，我发现若要成为博物学家，就有必要掌握两种技术辅助手段。我最初的导师强调了这些手段的重要性——把它们付诸行动证明更具挑战性。首先是采集标本。我始终是一个矢志不渝的标本收集者：最初主要是鸟蛋，然后是贝壳、化石、野花、菌类植物孢子印、羽毛，等等。当我 13 岁时专门收集昆虫——蝴蝶、蛾类、甲虫、臭虫和蜻蜓。目前的趋势是不鼓励青少年采集标本，虽然用意很好，但在我看来是错误的。业余的标本采集对任何严肃的保护都几乎不构成影响——当然清除一棵树上的少部分毛虫不等同于砍光所有树、破坏它们所有的栖息地，但我们谴责前者为道德上的侵犯，把后者接受为不幸的必然。昆虫采集培养了我广泛的技能，磨炼了我识别所收集之物的观察能力，而且为采集涉及的野外远足提供了框架和指导。

进行采集相应地就需要记录。一开始令人印象深刻的是一件标本若没有标签，那不过是一个漂亮的玩意儿。没有相关数据在科学上就毫无价值。但蝴蝶标本下钉着的长方形小卡片只能容得下有限的信息。我年轻时就意识到标本捕获的环境、天气，甚至捕捉者的情感和围绕采集事件的体验都很重要。我不但需要把这些用电报式的简练语言记录在标签上，还要以叙事方式记录下来——这引导我走上了日志撰写的艺术道路。

当然，我也是用普通的青少年的笔触记日记。把一个人最深处的情感写下来，从不清楚未来有何用。但得到作为圣诞节战利品的新年日记本后，能坚持过最初的几个星期就不一般了。从 14 岁起我勤奋地记了 4 年，一直到 17 岁。

我的最深情感——如果这对于一个10多岁的男孩有任何意义的话——并不是我记录的内容。以成人的眼光重读当年的日记，我读到的是散乱的、生硬的、机械的叙述性观点，却很难得。然而，当我把那些日记读了50年，我就能异常清晰地记起具体日子里发生的事件。日记提供了心理框架，能刺激大脑去记忆。对我来说，这是记日记的主要乐趣之一。

这些童年日记包含了对许多自然历史事件和遭遇的描述，但它们不是我所谓的日志。那些日记里没有列表，没有附带的备忘录，最重要的也许是没有绘图。

博物学家般投入的童年加上那个年代正规教育体系的要求，这真是幸运得相得益彰。在20世纪五六十年代，英语教育体系还是传统的精英教育。人们极其看重的能力有至少以两种语言阅读和记忆、写出符合语法的文章，以及考试时以很快的速度将这些表现出来。对于我作为博物学家的发展而言，这些技能有着难分伯仲的重要作用，而且它们极其合乎我的心性，因此很容易将其迁移到教育的竞技场。毫无疑问，不间断地记日记这种创造性写作也是助益良多。博物学和正式教育之间的这种交互在很大的程度上相辅相成，而且相当有效。（示例：图1）

“二战”之后，英国急需人才来应对现代世界日益高涨的技术要求。英国实施了具有竞争性的学校体系，但这么做往往摧残了那些竞争失败者的人生。然而，那却给像我这样的人提供了之前遥不可及的机会。凭借那些机会，我最终走出了赫尔那多雾的平原，到伦敦的帝国大学攻读动物学和昆虫学的学位。

那个研究课程由伟大的博物学家托马斯·亨利·赫胥黎（Thomas Henry Huxley）创建于19世纪末，自此在本质上没什么改变。当人们更换某一件教学标本——我记得是一条宽纹虎鲨（Port Jackson Shark）——的防腐剂时，从里面掉出一个很小的标识签，上面有三个神秘的首字母THH。我们耗时两年系统地学习了动物界的每一门学科（毗邻的院系插入了一些植物学和化学方面的内容）。最后一年，我们按以往的任务量，学习了昆虫纲的29个目（当时所识别的）。对于现代学生而言，这可能严酷得无法想象，但对于我这样一个博物学家，这真是太完美了。我孩提时期广泛但缺乏体系的阅读所吸收的所有雏形信息，现在都被赋予了逻辑框架。现在我知道了半索海生动物纲（hemichordate）与脊椎动物的联系，为什么跳蚤和苍蝇是近亲，为什么寄生虫结构上的简单性可能代表了更为复杂的祖先的高度衍生版本。

帝国大学是学生探险的大力支持者，而动物学的学生（我们每个班只有 12 个人）则很紧俏。我们参加了热心人士组织的工程或采矿方面的远足，他们远赴最大的山脉、最壮观的冰川，或是他们所能及的最遥远的地方。借此机会，我度过了两个漫长而有益的夏天，第一个是在埃塞俄比亚，第二个是在北极，其间我开始了基于探险的日志记录。

事情一环套一环地发展着，1966 年我转到牛津大学攻读博士。在那里我加入了动物种群局（Bureau of Animal Population，BAP），那时其创始主任查尔斯·埃尔顿（Charles Elton）尚未退休。虽然关于 BAP 和查尔斯·埃尔顿的著述已不少，而且本文也不适宜对其大书特书，但某些评论还是必不可少的。查尔斯·埃尔顿是英语世界里的“动物生态学之父”。他 1927 年出版的《动物生态学》（*Animal Ecology*）至今仍是入门级的生态学家的必修课，他后来的著作《动植物入侵生态学》（*The Ecology of Invasions by Animals and Plants*）仍是许多现代研究项目的基础。[25] 虽然对我来说最重要的是野外工作——那个时期我的工作是重叠的，当时牛津有动物学野外研究系，而动物种群局是该系的一部分。

埃尔顿是一位热忱的笔记记录者，而我在动物种群局期间恰逢其（准确说是他秘书）完成了埃尔顿笔记本的打字工作，那些笔记主要是关于他在牛津附近林地所做的生态调查，后来此调查笔调优美地汇成了《动物群落模式》（*The Pattern of Animal Communities*）一书[26]。但那并非全部。那些堪称一生财富的笔记本可以上溯到 20 世纪 20 年代他在斯匹茨卑尔根岛（Spitzbergen）的开拓性探险。虽然查尔斯·埃尔顿是我在牛津魔幻般的岁月里的研究主管，但 H. N. 萨瑟恩（H. N. Southern）（“米克”）才是我真正的论文导师。米克是一位哺乳动物学家，所以他对我本质上属于昆虫学方面的论文的技术辅导很有限。此外，他也是《动物生态学杂志》（*Journal of Animal Ecology*）的编辑，除了在动物学上的资历，他还拥有牛津古典文学学位。他教会我科学文章的必备条件和写作方法——正如后来的一位顾问说的那样，“如果文章未发表，就不算完成”。

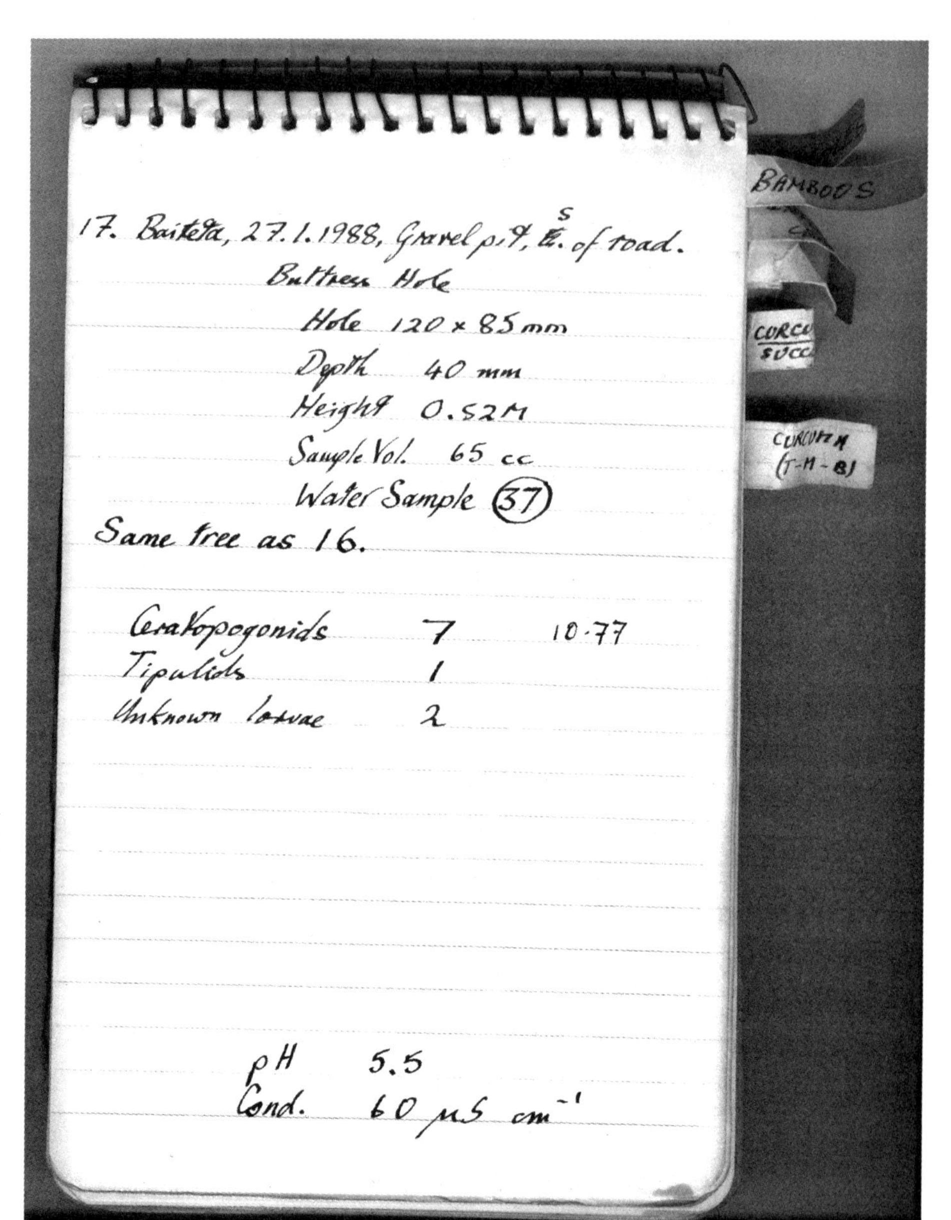

该页摘自在新几内亚的一项长期研究项目的野外笔记本，该项目旨在研究生活在植物容器(如树洞和凤梨科植物水槽)中的水生动物的食物网。我用笔记本记录了野外工作中量化的各个方面以及相应的观察。

米克使我明白，科学文章枯燥的技术性要求不一定意味着科学家的作品不需要优美、幽默，甚至风趣。

这些在牛津的体验和我随后作为一名生物学家的体验逐渐凝结成包含三个层面的记录过程。首先，要有野外笔记。那是真实数据的源头，还有关于阐释那些数据的粗略观察。即使有了笔记本电脑的电子表格，我仍会确保以笔记本和电子表格的形式保存野外收集的所有数据。事实证明，纸张比电子数据更持久，而墨水也比电子的简单极化更牢固。首先，墨水不受野外磁场的干扰，而且人类的视觉识别系统（即阅读）不会每隔几年就出现基本设计的变革。因此，笔记本一直是必不可少的备份工具。此外它还可以在所有气候下工作，而且不需要电。

对我来说，日志是平行于笔记本的一种记录。严格地讲，日志不过是定期记录事务的日记簿。但在博物学的背景下，我认为它们与旅行的联系更密切——关键在于它们有共同的根源。随着我越来越频繁地到地球的遥远角落探险，我会自然而然地尝试记录每天发生的事情、想法和观察。

我的第一次尝试却是不幸的失败。1965 年帝国大学到埃塞俄比亚探险——在我成为旅行家和科学家的道路上最具影响力的一次旅行——在为期 3 个月的探险中，我的日记不幸半路丢失。我能记得后来发生的事情，但日复一日的叙

27.i.1988

A light breakfast, lab. chores (another Toxorhynchites & the first ceratopogonid today), & then off to Baitetta. - Again I was dropped there while the rest went diving - returning about four hours later. - an eventful four hours. - I collected 11 tree-holes which was very good. One rot-hole was at about chest height. It contained 1 liter & water as usual. - I took my usual water sample by hand - and then noticed that the topmost leaves were moving slightly. - Assuming a frog I began to remove leaves from the surface - fortunately with long

24

forceps - whatever it was stirred & then 2-3 coils of a snake's body broke the surface, "running over" in the way snakes have. I leapt back several feet. Then, reasoning that it would be a harmless watersnake I dived in with the forceps - and pulled out 3 feet of very angry elapid!!! - dropped, hastily, to the ground, I expected it to flee. But no, it reared up & struck not once but about six times in my general direction, mouth wide open & fangs visible. Extending the butterfly net to full length, I finally chivvied it out of the way. In due course I collected my sample & continued. - adrenalin-enriched if nothing else!

Collected butterflies also, although it was overcast & not the best collecting situation. - Got one or two nice lycaenids along the road while waiting for the car.

On the way back passed banks of red-flowering Clerodendron - frequently

日志是笔记本的平行记录，后者以叙事的形式记述了我的野外工作。这一段节选描述了在新几内亚研究容器栖息地的工作。

述所展现的细节却与没有备忘录情况下的短暂回忆不相符。随着我年龄的增长，这种不相符变得越来越明显。

从1966年探险拉普兰开始，我后来的尝试就更训练有素了。但随着我事业、家庭和科学声望的建立，我有很长时间没有做野外笔记。1985年，我参加了伦敦皇家昆虫学会（Royal Entomological Society of London）至苏拉威西岛（Sulawesi）的百年纪念探险——“华莱士项目（Project Wallace）”。我下足功夫做了两个月的日志。此后，我强迫自己继续记下去，直到养成习惯每隔两三天就做一次记录。现在我有一书架日志，涵盖了在六大洲上的活动，至今它们已成为我个人职业存档中最宝贵的一部分。

在结束“日志”这一主题之前，让我补充一点：我的野外日志从不是写出来就能发表的。在某些情况下，此类日志得以出版，那是因为作者是如此卓越，在历史上有如此的重要性，他们留存下的只言片语就能证明。即使是这种情况，比如达尔文，一般读者更愿意读从真实日志中抽取的材料，它们经过润色、精选后以《小猎犬号之旅》[27]出版，而不是在节奏缓慢、一天天电报式的记述中苦读。[28]

最后一个层面就是出版。传统上认为，在科学领域，那指的就是学术期刊中的文章、书籍中的章节。若想获得成功，年轻的科学家要立志于上述那两种输出形式，再辅以学术团体没完没了的会议和聚会上的口头版本。客观地讲，如果你的抱负仅限于此，那么探险风格的日志就显得多余了，那充其量是一种讲究的嗜好。

但是，在我科学发展的道路上有个阶段其他形式的出版也变得很重要。其一是为专业一些的流行杂志写作。写那种文章的动力是把自己或他人的研究工作解释清楚。看一看某些知名杂志上的文章就证明了许多科学家认为这一任务是多么难。其目标是不但要把科学说清楚，还要添加趣闻逸事和偶然的细节。这时科学家的日志就能大展身手了。从科学角度讲，论证热带群落的食物链一般比温带的长可能会很有趣（见下文），但这一深刻道理若是以故事呈现——在苏拉威西岛（Sulawesi）漂浮的沼泽上发现囊叶植物，或是穿插在与波罗洲雨林的稀泥和陡峭地形斗争之中，那么普通读者会认为更有趣、更容易接受。

对于写书，这一点就更重要了，而日志也越发有用。但令人奇怪的是，当前的科学管理部门几乎没赋予出书什么职业分量，至少在澳大利亚是如此。而且在某些层面上，工作中的科学家不被鼓励把有限的时间分给写书。但事后一想，这么做可能会误导人。让我们举个例子，岛屿生物地理学理论——第一个被赋予坚实理论基础的群落生态学领域——确实是先在《生态学》（*Ecology*）和《美国博物学家》（*American Naturalist*）上发表的。如今那些文章已多被遗忘，但普林斯顿大学出版社（Princeton University Press）1967年出版的罗伯特·麦克阿瑟（Robert Macarthur）和E. O. 威尔逊（E. O. Wilson）的那本小书至今仍是所有生态学家的必读书。[29] 这样的例子还有很多。

就我个人而言，将多年来对无脊椎动物食物网的工作变成《食物网与容器栖所》（*Food Webs and Container Habitats*）是我自己的一项使命，那本书耗时6年，终于在2000年由剑桥大学出版社出版。[30] 为此我深入研究了之前发表的论文，包含未发表数据的笔记，以及最重要的，我的一系列日志。那些日志的偶发细节使那本书不同于科学论文集。此类细节可以自称体系，而有些生态学家的现代自传式旅行见闻更是绝佳的范例。作为在澳大利亚工作的美国生态学家，比尔·劳伦斯（Bill Laurence）就其探险而写成的精美之书堪称这方面的典型。[31]

证实了日志、笔记和发表的内容能成为令人称赞的工具，能记录博物学家的经历和思想之后，我希望我能提供一个示范，看一看我的日志以及衍生自日志、用于发表的故事究竟是什么样的。

事件及其描述

这一节我将展现一个源自我的旅行经历、记录在日志之中的故事——前面是润色后更详细的叙述，适合广泛的发表（对此我有信心），后面是日志条目的实际文本，是前面叙述的源头。下面的例子中显示我如何利用日志描述作为以后写作活动的核心。

勃拉隆事件

“丹尼尔腿折了！”浑身湿漉漉、凌乱不堪的坎贝尔气喘吁吁地说道，但这不是我们想听到的。在婆罗洲文莱乌鲁淡布隆为期 21 天的野外旅行的途中我尤其不想听到这样的话。我有 17 个学生要照顾，他们中的许多人是第一次到海外或热带，而且他们所有人都是首次深入原始雨林，那里只有借助伊班人的小艇才能在其中通行。

不管怎样，抱着希望犹豫了片刻之后还是需要做出反应。那时古拉勃拉隆野外研究中心（Kuala Belalong Field Studies Centre，KBFSC）还没有急救转移措施。野外站的主管离开有几天了，负责的只有厨师。所以简单地把急救抛给当局也不是什么上策。假定伤者离我们有 10 分钟的路程，需要艰难爬到一条险峻的瀑布的顶端，那条瀑布流经一系列水塘，然后飞溅入勃拉隆河（Belalong River）。坎贝尔的喊叫惊起了所有人，大家开始奔向现场。“站住！”一道命令应声而响。说话的不是我，而是我的儿子蒂姆，他在新南威尔斯州急救中心工作已经有几年了。他有过急救训练，而且还在电影《马缨丹》（*Lantana*）的石岩营救那场戏中出过镜。他加入了这个来自格里菲斯大学二年级大学生的小组，借此机会考察婆罗洲平时难以到达的地方。

于是在这个时候，蒂姆站了出来。他让小队中那 4 个人去吃午饭，告诉他们 30 分钟后去事发地点，但不要提前。然后蒂姆、梅林达、坎贝尔和我抓起绳子、急救包和担架，前往伊卡河源头，即丹尼尔跌落的陡峭溪谷。我们到达之后，发现丹尼尔正坐在一块苔藓覆盖的大石头上，一个膝盖抱在胸前，另一条腿向前伸着，正因惊愕和痛苦而不断前后摇晃着。他立即恳求我们给他止痛药，但我们没那样做。

与伤者交谈之后，我们得知整个小队收到安全简报一小时后——要他们放弃在陡峭、湿滑、不熟悉的雨林中缓慢地移动，以免伤害到自己和雨林——他和坎贝尔决定穿过那条溪流的源头。那里的溪水在两块巨石间 1 米宽的缝隙中汇聚起来。丹尼尔感觉可以很容易跳过去，于是凭着年轻男子的无畏信念，他跳了。对面的石头上满是湿苔藓，他滑倒了，顺着岩石表面滑入了下面3米深的水坑。要是顺顺当当落下去不过是变成不太体面的落汤鸡。最近倒下的一棵树横在石头底下的溪流上。他的左腿滑到树干下，把整个人扭了一个儿，折断了紧挨膝盖的胫骨和腓骨，三度有创骨折。在某种程度上他还是幸运的（这一点要等到以后才意识到）。骨头向前折断，主要是在小腿前面。如果命运让它们向后折，穿过动脉、静脉密集的部位，那么他很可能会死于失血过多。谢天谢地，他出血不多。

蒂姆到达现场后就着手那令人触目惊心的任务：矫正伤腿，把两条腿包扎在一起以便用另一条腿做夹板，然后趁惊恐带来的麻木感把丹尼尔绑到担架上。接下来我们面对的棘手问题是如何使他得到真正的医疗援助，那是他显然最需要的。唯一的选择是把他顺着河运到最近的长屋村（Batang Duri）的长屋和公路。但从那条小溪到野外中心浮动码头的正常走法是越过一条山脊，然后沿陡峭河床半腰的狭窄泥路前行。沿途一座座伊班独木桥使这条路“好走一些”。那些桥是由砍出的几个支柱架起的，设计的承重量有限，而且不宽，两个人并排都无法通过。所以我们决定带着他沿伊卡河下行，直到与勃拉隆河汇合处，在那里搭小艇，现在部分行程交由厨师来安排。那段路约200米，却有很多小瀑布、急流和深潭。

这时小队的其他人都已经到了，同来的还有研究中心的五六名伊班人。蒂姆组织他们分成平行的两队，一些人摇摇欲坠地留在瀑布那侧的巨石上，一些人（擅长这种走法的当地人）在几乎与他们身体垂直的岩石上保持着实际看不见的落脚点。而其他人则站在斜坡底部齐腰、齐胸甚至到脖子那么深的水坑里。就这样我们一只手一只手地传递着担架，后面的人交出担架后就攀爬到人梯的前面。我之前从未见过，以后也没见到过这样一队毫无经验的人能把事情处理得那样好。我记得那名瘦弱的印度学生罗希尼，也许她身高只有1.4米，站在水坑里嘴巴刚刚露出水面，却力举双臂传递着担架，一次又一次。我记得阿曼达一直握着丹尼尔的手安慰他，并不断向蒂姆报告丹尼尔的脉搏——“52”，停下来安慰，“50”，暂停，“47”，暂停，“45”，暂停。45是最低值，后来蒂姆向我吐露他那时曾怀疑我们是否能挺过去。但营救程序一确立，大家感觉伊卡河就在眼前，于是都鼓起了勇气，不断讲起了笑话。“48”，“50”，暂停，“54”，暂停——那个难关已经过去了。

到伊卡河真正汇入更大河流的地方也许是最棘手的时刻。担架必须在最后两块巨石间通过，同时还要旋转以便能顺着装入小艇。那种伊班小艇主要用于在婆罗洲的内地流速快、水浅的河流中行驶。它们是用厚木板做的（至少现在如此），船头和船尾为方形，长约8米，只能容两个人并排坐，那真是一种颇具有挑战性的亲密。驾船者通常都技术精湛，一个在后面，那里安装有强劲的马达，一个站在船头，手持长杆。船头那个人的任务是躲避礁石、撑杆助力、水浅处撑船，发现未知障碍时喊出警告告诉后面的人。装上人的担架刚好是船的宽度。我和蒂姆、坎贝尔爬进船，快速的顺水之行就这样开始了。

现在，丹尼尔已经知道把伤腿的脚后跟勾住担架边并拉紧，以此缓解骨头间的压力，使其不会破裂。他后来指出，对他而言，船上的那段行程是整个不可思议营救中最舒服的一段——但“最舒服”也只是相对而言。由于野外研究中心已通过无线电发出了求救，所以到长屋村时，一辆当地的救护车已在等候我们，还有两名医护人员。这时我才松了一口气，暗想最糟糕的已经过去了。担架被抬入救护车，蒂姆和坎贝尔沿河返回。那些医护人员用随带的充气式夹板裹住了丹尼尔的伤腿，这使得他剧痛不已。然后才知道那两名医护人员谁都没用过那种夹板，也不知道如何处理。后来我发现每个充气式夹板上有两个孔。一个用来充气，在夹板另一端的孔用于快速放气，充上气后就要用塞子塞住。他们没带塞子。而且，我们发现那辆救护车是按当地人身材制造的，对于身高六英尺的魁梧的澳大利亚人不够长，后门关不严实，时不时碰撞丹尼尔受伤的长腿。

就这样我们驰往淡布隆省（Temburong Province）首府邦阿（Bangar）的医院，车程11千米。靠近伊班人长屋的省级公路在建造或维护方面没什么优势，而这条路比大多数省级公路都差。看起来，救护车一路压过了所有的水坑、土包、石块，还没等到医院我们的病号就疼得哀号起来。一到医院，设备好了一些，给伤者打了一大针镇痛剂（但丹尼尔不断恳求的吗啡点滴实际上到下一医院才有），他一直输入着生理盐水。我猜，至少在2003年，在邦阿那家小医院基本上只能看产科、儿童护理和农业区域日常生活的小伤。丹尼尔断腿处的伤口得到了大致清理，伤腿拍了X光片，但进一步的治疗是不可能的了。于是从首都斯里巴加湾（Bandar Seri Bagawan）调来一架直升机，以便把病人（和我）转移到中心医院。

大约40分钟后一架军用直升机出现了，配备的是高效的廓尔喀兵机务人员（出于某种原因同来的还有年轻的母子俩，好像是周末来兜风的）。那架直升机是很老的易洛魁人（Iroquois）型号，曾服役于越南战争，但还是完成了任务。两名部队的医护人员显然很熟悉这种事，他们把丹尼尔转到新式担架上，装入直升机中央部位，把我关在后面有独立门的小隔间里——我一直不太明白为什么。然后起飞，10分钟后降落在巴加国际机场（Bandar International Airport）。我至今仍记得，我们掠过将文莱（Sultanate of Rrunei）一分为二的马来西亚突出地域纵横交错的林梦河（Limbang River）那美丽的景象。在巴加，一辆闪闪发亮、更长的现代救护车在等着我们，然后我们驱车赶往同样现代化的中心医院，在那里丹尼尔终于如愿以偿得到了吗啡点滴。我把他交给专业的医护人员后，踏上了平淡的返回之旅，与野外的队伍会合。

后续发生的两件事使这个故事不至于太糟糕。首先是，我把丹尼尔留在医院后就联系了澳大利亚驻文莱的高级专员阿拉斯托·考克斯（Allastor Cox），向其报告了一名澳大利亚公民的不幸遭遇。现在的外交官惯于表示各种指责，我在全世界与他们打的交道也是喜忧参半，但那次一切都很顺利。阿拉斯托立即用自己的移动电话打了一个电话，公民救援机制接手此事。他们联系了丹尼尔的父母，慰问他，最终安排他返回澳大利亚接受治疗。没有他们，我们的整个野外课程将陷入危险之中，我也一定无法重返野外。阿拉斯托美丽、优雅的妻子苏兹拉探望了丹尼尔，并安排了巧克力饼干、澳大利亚酱和其他澳大利亚主食，好让他在等待转移期间能振作精神。

第二件事发生在野外站，那是课程的最后一个晚上。我带研究志愿者到这个野外站来过许多次。我在那里自己也做手头的野外工作。这队人是我带到古拉勃拉隆的第二拨格里菲斯本科生。在他们之前还有几队，主要是我带到古拉勃拉隆野外研究中心的地球守望志愿者。每批人来时，工作站的伊班人员就不断地提供援助，效率也高，但总是很矜持。我的印象是他们把我们看作他们森林中的业余人士。我们是受欢迎的来访者，尤其是我们为在那里的特权付费，但在某种程度上我们孱弱、浅薄、不严肃。

在营救后的10天里，他们像往常一样冷静、高效。但最后一个下午，他们中的一个人走到我身边，对我说："库尼今晚想给你们来一顿烧烤野餐。"于是我递过20美元买必备的"鸡肉"，并让大伙都知道了这件事。大约6点我们全体队员成群结队从各自的森林小屋来到餐厅。那时，鸡翅已在热煤块上吱吱作响，而且一张长桌子已摆定在铺着瓷砖可俯瞰河水的游廊上。桌上摆着一瓶杜松子酒，一堆罐装汤尼汽水，一桶冰，柠檬，最重要的是，还有一桶一加仑装的著名的tuak——米酒。在我们到来的同时，小艇载着其他长屋居民也赶到了——带来了手提录音机、卡拉OK设备和音乐碟。晚会很快就开始了。这次"我们"和"他们"之间不再有隔阂。富有想象力的学生还用纸板做了真人大小的丹尼尔加入我们——还安上了木头腿（幸好不是真的）。我们吃饭、跳舞一直到10点钟，然后所有人都乘着酒兴坐到了河中。库尼和她的朋友苏拉娅教我们跳伊班的犀鸟舞，那仪式中的优美动作和弧线借着杜松子酒、汤尼汽水和米酒变得更加美妙。接下来是少不了的康茄舞。

为什么会发生这种事？不单单是艰难的野外旅行结束之际的奖励吧？但我坚信森林里发生了什么真实、严肃的事情，而我们那队人也做出了合宜、严肃的应对。那是我唯一一次觉得我们可能被认为有那么一点儿"被伊班化了"——不管怎样我希望如此。

-Altogether a very special [illegible] - so,
eventually to the bar for our preprandial
beer — Stuart's last night so talk of
'the next time...', 'when you come to Dak...',
and so on.
So to dinner &, in due course, bed

Wednesday July 17th

Up at 5.45 - gibbons had (according
to Gert) moved off at 5.15). We
loaded Stuart onto the boat & saw
him off to HCM. Shortly afterwards
we heard that Manh's wife had produced
a boy - so he too fled the Park.

John & I went for a short birdwalk
- excellent views of a golden-fronted leafbird,
woodpecker &, what turned out to be, a bar-winged
flycatcher shrike - so to breakfast & on to the
morning's work.
John & I returned to our line fixing - this time
placing 3 lines with 5 slots - which took most
of the morning - but made up for yesterday's
inadequacies.
A quiet lunchtime beer without Stuart, then
to lunch.

37

文莱2003年（第12~18页），2003年1月17日，星期五

返回工作站——写了一点日记、解答问题等，一直到开午饭的哨声传来——我们正顺着通道走，这时C泪流满面地走来，“快来人，D的腿摔断了！”接下来是我一生中最令人筋疲力尽、最刺激、最振奋的5个小时——文字可能无法达意！

起先特丽和其他人要和我去营救，但立刻有一个人清楚自己在干什么，他顺利控制了局势，掌握了绝对的权威，他就是蒂姆。他开始收集绷带、急救包、绳子和担架，命令所有人等上20分钟再去找我们。

与此同时，我穿过木板路走到“女洗澡池”，沿陡峭的木楼梯下到溪流的河床，然后向上游走——许多岩石，用打个结的绳子滑下两个很陡的斜道——到达瀑布的顶端，在那里我们发现了D，他紧抓着自己的左大腿，小腿摇晃着——他在湿滑的岩石上滑落了2米，腿插到了石头和

对黑冠鹃隼（Aviceda leuphotes）做的笔记和素描，那是东南亚的一种猛禽，记录于我用来描述在越南吉仙（Cat Tien）工作的日志中。

树干之间，自身重量使他向前冲，瞧，三处骨折——两处在胫骨，一处在腓骨，后来我们发现，膝盖也受伤了。他处于极大的痛苦中，嘴里不停呻吟着。

蒂姆只是告诉我们做什么——还有黎普列（最近刚从昆士兰州急救中心退役）做出色的后援——看到自己儿子从容、熟练地发号施令，这种感觉很奇怪——不，从逻辑上讲，惊讶但又清楚，对此，好像身处另一个世界。但这次营救是我们自己的，就在这里、现在。我们把D的腿弄直，绑到一起——好腿充当天然的夹板。然后他被搬到担架上——还有从KBFSC带来的枕头——用毯子和绳子把他绑到担架上。同时我和特丽把另外一些打过结的绳子顺下两个斜道。我们冒险给了D——两片止痛药——确实我们没有药效更强的了。

然后其他人都到了——汤姆、蒂姆、卡梅伦、利安娜、阿曼达、罗宾、安妮、艾米、妮古拉、俄琳、温迪、卡伦、珍、大卫、梅林达、莎丽和丽莎（金伯利实际上一直在睡觉）——还有苏奇多、萨勒、艾娜、苏拉娅、拉姆拉和所有其他人。在蒂姆的指导下，我们排成两排——不断重复着毛虫模式——这样，担架走过了200米最艰难地段——斜道尤其具有挑战性，步履稳健的伊班人至关重要。定期测脉搏——一度低至45，我们最后把他搬到船上时升到55。耗时2小时才把担架运到船上。对于D而言的痛苦，以及每个人强大、协作、动人的努力，在挤过最后一块岩石时尤其不容易，早已湿透的人们一直站在齐胸的水中。

一到船上，带了几件干衣服和报纸（由梅尔和莎丽安排），蒂姆、C和我，陪同D和掌船人奔向下游。D的脉搏上来了，稳定了。在长屋村一辆小型野外救护车在等着，上面的医护人员全然无用。长屋村到邦阿的约18千米是最糟糕的，D如是说。路上的每一次颠簸都会引起受伤的骨头相互碰触。那辆救护车两次停车，以进行调整。他们不知道如何用充气式夹板，能力欠缺的护士和一辆救护车基本上完成不了任务。那辆救护车用了约60分钟把我们送到邦阿医院。

一到邦阿事情有好转。蒂姆和C返回KBFSC。我留下来陪D。一位很

棒的医生/高级护士(我不确定到底是医生还是护士)给D打了一针止痛剂，并开始清理伤口。对于小伙子而言还是有些疼，他们也能感觉到。拨和戳，他偶尔用英语和马来语喊出几句粗话！他们给他拍了X光片（这样我们才弄清楚骨折的情况）。稳定他的病情——为他输入生理盐水——并呼叫直升机（他们称其为“heli”）。不多时（也许45分钟）那架有年头的军用易洛魁人型号的直升机进入眼帘，我们被最好的救护车送上飞机，飞行了20分钟到达巴加——两名更有能力的医护人员，三名机组成员——和一对搭乘的母子。我们降落在巴加机场，另一辆救护车在等我们，从那里前往总医院急救部。在那里，D终于得到了吗啡——之前他渴求了5个小时！整骨手术在手术室进行，效率极高的年轻男医生和女医生非常自信。今晚他要接受清洗和消毒，明天做腿部所需手术的决策。到目前为止病人恢复了精力，又变成话痨了。

这样我就离开了。

遗产还是破烂?

我希望这个例子能体现我的观点，即日志能提醒记忆，也许还能捕捉经历中感觉强烈(和不那么强烈)的时刻。为了发表这些记述还需要更多地补充细节，我们可以从日志的其他地方抽取，或是汲取自各种来源——书籍、报纸、互联网——按作者的意愿支配。但通过日志的描述，我得以随意翻阅自己的记忆之库，从中选择作为核心的事件，然后围绕核心安排可发表的叙述。

那么最终，在更广阔的框架下日志究竟有何价值?也许每个日志记录者都有不同的答案。对我来说，它们在本质上是个人记述——散见于我日志中的专为自己阅读的个人片段——至少在我的有生之年是如此（我不知道是不是应该关注身后之事）。但是，当有把某些探险写下来公之于众的冲动时，日志就是最关键的记忆扩充器。通过日志，我才能回想起整个事件，甚至是相应的细节，把枯燥、简略的事件叙述丰富成更具魅力的作品。

最终，它们也是遗产。我和妻子近来的一个消遣就是研究、重建各自的家谱。我们已成功知道了上溯七八代的几百个直系和旁系亲属的名字。我们知道他们出生、结婚和去世的日期，甚至我们还知道他们生活的地方和他们的职业。我们却不认识他们。我渴望知道他们对生活的态度，他们去哪里度假（他们有假期吗？），他们谈论什么，他们读什么书（他们识字吗？），他们的希望和志向是什么。要是他们留下日志就好了！

也许一行行手写的叙述，以及不时配上的富有生气的图画和鸟类名录，有朝一日能被我的孙子们读到（现在他们太小，看不了），让他们了解到那个老头为什么那么做。希望如此！

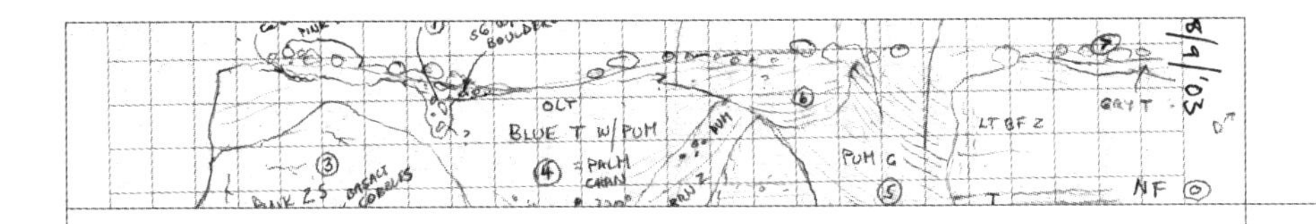

5

为几代研究者架起纽带

安娜·K. 贝伦斯迈耶（ANNA K. BEHRENSMEYER）

作为一名古生物学家，我在太阳的炙烤下度过了数不尽的时光，探索岩石嶙峋的地带，找寻史料储存器。我所发现的经常是辨别不出的片段，但有时也能找到激动人心的颅骨或骨层，这时一扇穿越时间的窗口就会立刻开启，显示出几百万年前生命是什么样的。工作中的紧张计划和坚韧不拔的辛劳换来了得知于那些标本及包裹它们的岩石的知识。这些新发现有些被提炼成科学论文，为此我极感欣慰，而且这也有益于他人，甚至令人振奋。然而，那些发表的成果只记录了漫长、酷热的探险和发现工作的一小部分。身处野外，面对的是不间断的信息流，它们构成了每日的观察、领悟和数据，而这一点却成为职业生涯中困扰我的问题。我如何才能在笔记、地图和图像中捕捉到这些数据和想法，使它们对我和未来几代的科学家具有价值？

解决这一问题重要的第一步是要先意识到，在记录野外工作的过程中，我是在创造自己的史料储存器。研究古生物学使我获得了对跨时间传递信息的基本感悟——不管所涉及的是灭绝物种的化石还是传递观念或描述的手写段落——并使我理解了这些储存器如何历经岁月沧桑又重新展现在我们面前。野外工作的生涯与我所研究的广袤时间相比简直微不足道。但是，我的观察提供了一条通道，使我可以走进过去生命的文档记录，同时也提供了一部时光机器，我接入这部机器并试图了解大尺度过程中的小尺度结果。好的野外日志条目即使过去许多年，甚至几十年，仍能将我带回那些重大发现的日期和时间，或是能使我回想起某一天解释野外调查颇有成果（或令人沮丧）时的境况。相反，野外笔记若记得不好，它给我们的提醒也会模糊不清，时间一久就无法回忆或恢复过去的观察。

一套野外笔记的关联是持久还是“早逝”，这取决于项目的质量——范围、目标和基本信息——以及观察和观念的实际记录方式。查尔斯·达尔文的野外笔记经过岁月洗礼仍不乏价值，因为它们整洁有序、一丝不苟，而且几个世纪以来有效地传播着他的革命性观察和思想精华。其他早期探险家的日志成了畅销书，因为它们表达了个人化的惊奇感和探索精神，它们传递了大量的信息，其中许多部分今天仍具有科学价值。那些早期记录背后是观察和做记录的强烈传统，但对于最近的几代野外科学家而言，这一传统已发生了变化。数字化时代纷繁的工具可快速捕捉文字、图像和数据，它们使人们如下的想法更强烈了：手写的野外笔记本过时了。我日常遭遇的研究对象常常横跨几百万年向我们述说，因此我可能偏爱那些能经受时间考验的事情。也就是说，仍大有必要推荐用传统纸质野外笔记本保存记录和信息。

尽管虚拟世界在不断扩展，但自达尔文起的优秀野外工作的基础并没改变。谷歌地球可以把你带到这个星球任何的野外地点，但这并不能替代真正去那里，花上一段时间漫步于大地之上。同样，诸如计算机、GPS 和互联网的技术使信息更丰富、更容易大量记录，它们因而取代了坐下来，用笔清清楚楚做记录的方式。但是，这种分散的数字信息容易出现故障，缺乏一本精心保存的野外笔记本所具有的稳定性。

野外工作令我兴奋的是它始终蕴含着不可思议（真实的——而非虚拟）的发现的可能性，引导我为了解决某个地质学上的难题或是找寻埋藏在地下的新化石宝藏，而走上另一座露头的山丘。我们不难假定，一旦我拍下了一张数码照片、有了 GPS 读数，那么这些发现就已被充分记录了，等我返回实验室，所有剩下的问题就都能解决了。但经验已教会了我：没有什么能替代在野外时花在质疑、苦思、探索和记录观察以及领悟的时间。即使一天下来没什么成果，野外工作也能使我有时间在优美的户外景色中进行思考，不断得到当前和过去世界的启迪。融入大自然还培养了一生的友谊和一群志同道合的同仁，他们能和我一起迎接挑战，享受野外工作的乐趣。野外笔记为这些思想、经验、人以及相应的科学数据赋予了直接纽带，如果笔记做得好，它们就能以很容易理解的方式向未来的科学家通告我们的研究，从而为科学地理解我们的星球做出贡献。

对我来说，达成这一目标最有效的方法就是到野外去，用眼睛去观察，用耳朵去倾听，随时用笔和笔记本记录自己的发现。在我的职业生涯中，我已养成了野外笔记的记录习惯，即用纸质笔记本记录信息和整合标准化数据表、计算机文档和照片中的信息。

如果我一开始就采用了这一体系，那将节省我大量搜索信息的时间，因为我要把在野外非常清晰的、回家后很快淡忘的细节联系起来。虽然早期我接受了一些训练，也有很好的楷模，但很多有关笔记记录的内容我是从试验和犯错

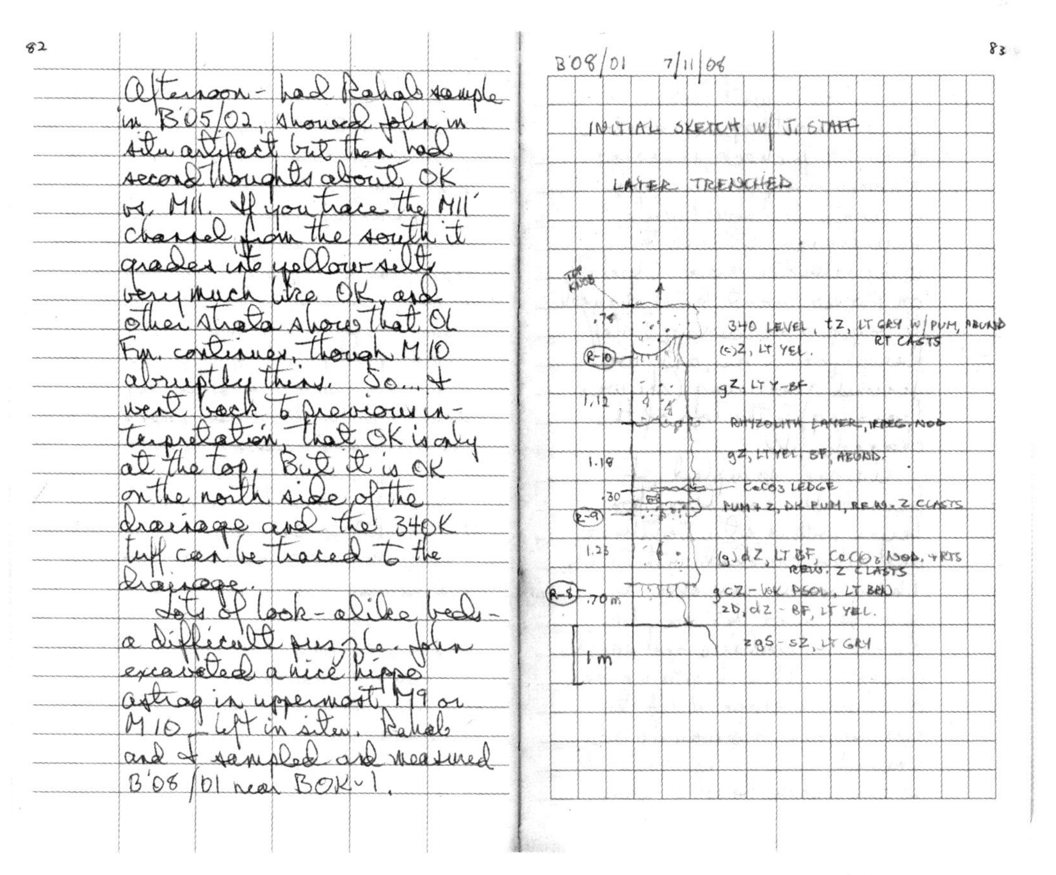

这则例子显示了在肯尼亚国家博物馆拉哈伯·金亚珠（Rahab Kinyanjui）的陪同下，在肯尼亚奥拉戈萨烈（Olorgesailie）对植物岩抽样时做的野外笔记。这些笔记记录在耐用的橙色封面装订笔记本中。右侧那页的地层图表显示了取样的地点。

中学习到的，几十年下来才有了今天的模样。这一体系变得非常重要，因为任何科学家、任何资助机构都希望尽可能多地从项目中获益，而详细制订的记录、保存野外笔记的方法能在初始目标和最终贡献之间建立起至关重要的桥梁——不论是从短期来看，还是长远考虑。在赞助建议书中，寻求野外项目赞助的研究者往往极其重视科学范围和目标，却不太关注有关野外数据采集和长期稳定的数据关联性的规章。今天，成功的赞助建议书通常都是令人兴奋的科学、合理的方法论、详细制订的记录和归档之间的平衡产物。大多数资助组织都要求在可访问的网站上永久存档数据库，而精心打磨的野外笔记体系——包括笔记的扫描图片——能提升那些数据库的价值。

总的来说，我很高兴把那些时光用于撰写野外书籍，并为拥有多年来积攒下来的笔记而感到幸福——我继续做研究、写文章时每天都要参考那些笔记。然而，我要是能重返自己职业的起点，我会向自己建议这一程序，这样该程序就能跨越时间并富于效率，为此我愿意强调五个基本原则。

为了未来自己和同事的方便，请把自己的工作记录为笔记

就此而言，野外笔记和实验室笔记在记录时都应该考虑到跨代问题。作为对大自然观察的记录、对世界运作方式的新领悟，或即使不过是自己思想和教育演变过程中的一小步，几乎任何能想象出的野外体验都可能是非常重要的。这些体验发生时你也许不知道它们未来的意义，所以最好假设它们有利于未来的某个人（尤其是你自己），不要认为它们一无是处。

在印第安纳大学位于蒙大拿州西南部的地质学野外营地，我第一次体验了记录优秀野外笔记的重要性。作为那里的一名学生以及接下来那个夏天的助教，我们学习在航拍照片上绘制地层和识别结构的不连续时，我的体验教会了我如何记录复杂的地质学信息。我们被要求在按顺序编号的“工作站”进行观察，整天漫步于广阔的区域，借助航拍照片指引方向，用岩锤敲下露出的岩层块以辨别地层，进而逐渐拼出脚下土地的历史。我们的部分成绩取决于野外笔记的完整性和准确性，以及笔记的组织性和易读性。我仍保留着那时的笔记、图表

在深坑中观察地层，该坑挖掘于肯尼亚奥拉戈萨烈的考古遗址。请注意照相机和橙色野外笔记本。摄影约翰·耶伦（John Yellen）（2008）。

和标注过的航拍照片，它们能一下子把我带回那些探索新职业、努力弄清楚蒙大拿一小块地方的地质学历史岁月。

我从印第安纳大学野外营地的最初教学中学到的最重要一课就是做笔记，这样 50 年后（或更久）的某个人会明白并能够利用你所收集的事实信息，也许其目的与你从事野外工作的原始原因截然不同。今天，野外工作包括 GPS 技术、数字卫星图像、适合野外的笔记本电脑，以及其他高科技设备，但笔记本仍至关重要，它可用于每天工作的唯一综合记录。把野外笔记本——可随时抽出（无论阴晴），永远不会电池耗尽，掉在地上也不会摔坏——用作汇总所有收集信息的最基本工具。

有关笔记本重要性的一个例子是，我总是在笔记本中记录 GPS 坐标作为备份，以免数字文件丢失或毁坏。这样，我就可以重返记录重要信息或发现不寻常之事的地方。任何感兴趣的人也可以在未来参考我的笔记，并清楚我在那天做了什么，也会知道我的确切地点，因为我的记录只有一个源头——野外笔记本。

除了事实观察，最好还要记录你最初的科学解释和个人印象，但切记要把事实与解释区分开来，这样才不令以后的读者产生混淆。此外也要记录有助于回忆起每一天或特定野外区域的想法和体验，它们也能增强笔记的趣味性。记住客观性是通过自己的书面文字与他人进行沟通的重要手段。要避免有关后勤困难、消极体验以及他人缺点和短处的主观或带有强烈偏见的表述。你的野外笔记若包含了些许不合宜的语言、流言蜚语和显示你偏离于当下任务的其他证据，那么它未来的可信性也会打折扣。野外工作包括处理队友问题、天气问题和预料外挫折等各种挑战。后勤上的困难可以提一提，但每天沉湎于个人评论是无益的，要详细记录长期来看重要的事情，也就是野外科学的客观记录。

某些流露个性的笔记能为野外记录增色。我曾经常提到这天“真不错”，“雨中漫长、累人的一天”，“很倒霉——两个轮胎都瘪了”以及类似的评论。此类话语常常能刺激记忆，有助于我回忆关于采集或野外地点的重要细节。另外，关于野外日志我曾有过一个经验，该日志是营地中每个人都可以查看的，也应该是一份群体记录，它记录着每天研究活动的进展和发现。任何人都可以编写条目，营地主管假定那些条目都是负责任的、客观的。

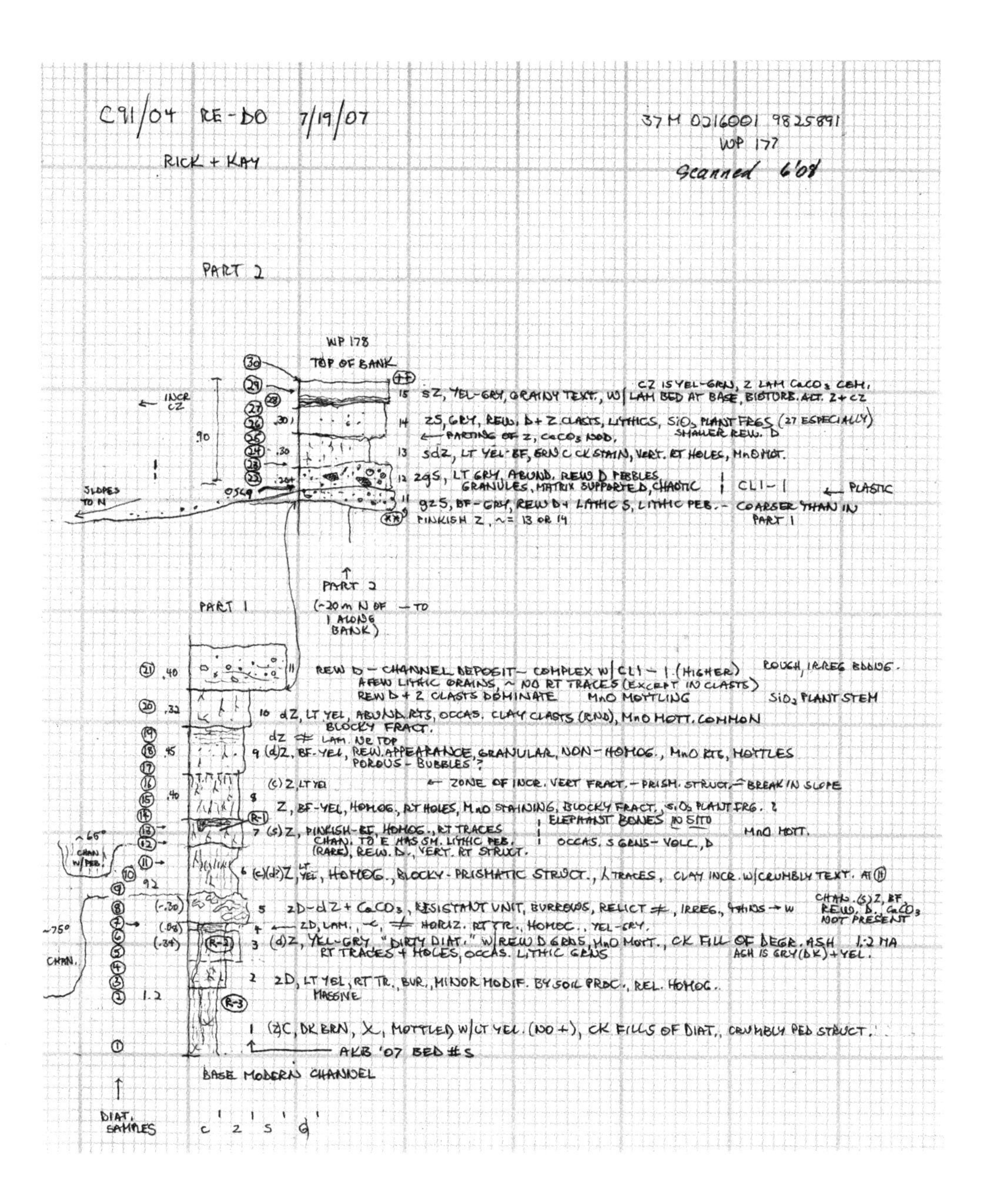

上图来自肯尼亚奥拉戈萨烈，此类详细的“微观地层学”图表提供了有关更新世沉淀物人工遗物层和含化石层的重要基准信息。带圆圈的编号为每个河床提供了参照，而带圆圈的“R”加编号表示拉哈伯·金亚珠采集化石植物岩样本的地方。我在带夹子的写字板上用单张纸做了许多此类图表，野外笔记本中也有。

Surface Fossil Survey Date: 7/14/03 Person: RB, KB, CH, TH, RM

Transect # TB-B1012 Block # 1 Place: 204-SOUTH END

Time: Start: 10:15 Finish 11:55 Light: SUN

GPS: Start WP 197 Finish WP 202 Length: ~110 m

Notes (Lithology, slope conditions, color, etc.) BELOW ALLIA T, CZ, Z, S W/ $CaCO_3$, COBBLES ON SLOPES - STEEP TOPOGR.

BETW. TUFFS ER03-321, 322

Scrap Tally: ~~||||~~ ~~||||~~ |||| FISH II ENAM I

Bone #	Taxon	Part	>5cm?	Color	In situ?	Matrix	Cluster?
1	FISH	VERT 3 CM	<	WT, OR	—	—	—
2	PRIM? MAM 3	W/O ARTIC DST HUM SHFT	>	LT YEL, OR	—	—	~6 FRGS
3	MONKEY? MAM 1	THK W/O ARTIC LT HUM SHFT.	>	WT	—	$CaCO_3$	~2
4	〃	VERT PT	<	LT O	—	—	—
5	MAM 1	LB SHFT FRG	<	Y GRY, WT	~	~	—
6	MAM 3-4	RIB SECT	>	LT O, GRY, WT	~	GRIT LAYER RD SS	>30
7	MONKEY	PRX RT FEM	>	LT O-GRY LT Y	(~) —	ASSOC. W/ $CaCO_3$+S	1
8	TORT.	SH PTS	>	LT+DK GRY LT O	—	— DK $CaCO_3$	5
9	MAM 4	LB SHFT FRG	>	LT OR, BF	~	—	—
10	MAM 2-3	RAD SHFT FRG	<	LT O/Y	—	—	—
11	BOV 3	DST LT HUM FRG	>	LT O-BRN	—	DK $CaCO_3$	—
12	CATF	SPINE BASE	<	DK B-GRY + BRN	—	—	—
13	(PROB HIPPO) MAM 4	JUV. TROCH. EPIPH	>	LT O-BF	—	—	—
14	TURT?	INDT. - MY. BONE	<	GRY-BRN TAN	—	—	—
15	BOV 2	LT ASTRG	<	WT, BF	(~)	—	—
16	PRIM.	CALC (LT)	<	LT GRY-BRN	~	—	—
17	MAM 4	TROCH	>	LT PINK + BF	—	—	—
18	MAM 2	PT ILIUM	>	LT PINK-BF, WT	—	S	—
19	PRIM? CARN?	HUM FRG-DST	<	GRY, LT O	—	—	—
20	BOV 2	NC PROB. W/15	<	LT BF, O	—	—	—
21	MAM 2-3	SESEMOID	<	LT BF/O	—	—	—

Left margin notes: ET03-86 WP198 ET03-87; ET03-88 WP199; ET03-89 WP200; ET03-90 WP201; ET03-91; ET03-92 WP201; ET03-93

Right margin notes: SLOPE W/ SUID HAND 7/10/03; S+Z BELOW ALLIA

AKB 6/03 Page 1

标准化野外数据采集范例，用于记录沿某个地层露出的岩层表面横断面发现的所有骨骼化石。我将其随意地称为“化石之路”。一些化石被收集起来（最左边的记录），但大多数则没有。这种信息类型不含偏见地记录了构成化石组合的各种动物，与侧重于保存最完好的可识别标本的传统化石采集形成了重要的对比。

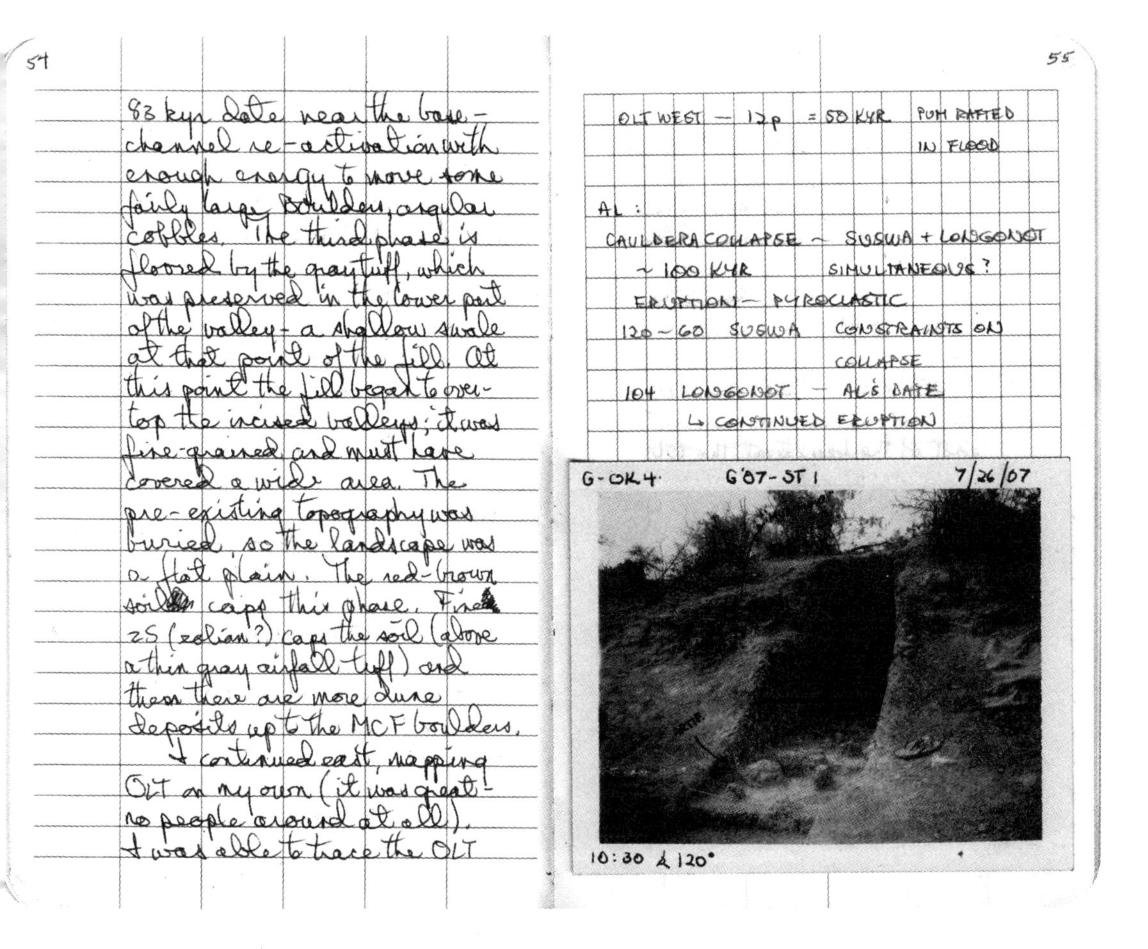
54

83 kyr date near the base - channel re-activation with enough energy to move some fairly large boulders, angular cobbles. The third phase is floored by the gray tuff, which was preserved in the lower part of the valley - a shallow swale at that point of the fill. At this point the fill began to over-top the incised valleys; it was fine-grained and must have covered a wide area. The pre-existing topography was buried, so the landscape was a flat plain. The red-brown soil caps this phase. Fine zS (eolian?) caps the soil (above a thin gray airfall tuff) and then there are more dune deposits up to the MCF boulders.

I continued east, mapping OLT on my own (it was great - no people around at all). I was able to trace the OLT

55

OLT WEST — 12p = 50 KYR PUM RAFTED IN FLOOD

AL:
CALDERA COLLAPSE ~ SUSWA + LONGONOT
~100 KYR SIMULTANEOUS?
ERUPTION — PYROCLASTIC
120 ~ 60 SUSWA CONSTRAINTS ON COLLAPSE
104 LONGONOT — AL'S DATE
↳ CONTINUED ERUPTION

笔记本中有代表性的一页，详细记录了在肯尼亚奥拉戈萨烈一天里进行野外工作的想法和事件，页面末端的个人注释记述了独处于岩石之间的快乐。

日志中出现某些有趣但带嘲笑意味的评论时，主管将其删去，日常记录到此为止。这则故事的寓意是最好记个人笔记，而不是群体笔记。对于现在和未来的读者，你所写下的应始终反应高标准的专业性。在野外的每一天结束时，最好问一问自己，所记录的内容在多年后能否很容易被人理解，并以此做补充或修正，直到这种记录方式变成习惯。

建立清晰、连续的笔记格式和程序

当你刚起步、不用为科学项目负责时，做笔记也许看似不太重要。我最初真正的古生物学野外体验是在怀俄明州中部的风河盆地（Wind River Basin）。那时我还是一个刚入门的研究生，而笔记由探险领队记录，队员负责发现和挖掘。我们搜索的荒地属于古新世——距今约6000万年前——受到侵蚀的地层含有哺乳动物时代早期奇怪动物的化石。之前，除了地质学野外营地，我还参加过多次户外探险。但与其他人在干燥、长有棉白杨的河床边，在帐篷里连续露营几星期，这确实是一种新奇的体验。我们每天都去勘探化石、绘制地图和记录地质学信息，而且还挖蚁丘，因为蚂蚁会把小鹅卵石搬回蚁穴，包括牙齿化石。那些小小的昆虫把小化石作为“盔甲”积聚在蚁丘上，这倒帮了我们的忙，但挖蚁穴常常招致它们的痛咬。化石沉积所蕴含的谜团使我培养了一生的兴趣——埋藏学，该学科研究有机物残骸如何变成了化石。我们所探索的远古沉淀物中埋藏着植物和动物的化石，而那些植物和动物生存于十分不同的环境。我们发掘出树变成的炭、地面哺乳动物的骨骼，还有锋利的牙齿。这些残骸是如何混在一起、埋葬于相同的地方？为了找到答案，我进行了多年的有趣研究，但当时我还不懂得自己记笔记的益处，为此我常常后悔，希望自己能重新找寻到当时的想法——回忆的艰辛促使我成为忠诚的笔记记录者。

离开怀俄明后的3个月，我旅行至肯尼亚北部，在那里与一名同事和两名肯尼亚助手会合，一道去图尔卡纳湖（Lake Turkana）附近遥远、燥热的地域探险。这次探险是精彩绝伦的经历。我们在野外待了5个星期，远离任何城镇，而且所有的用水必须用拖车运。我学会了每天只用一杯水洗漱，因为我们必须尽可能把水省下来饮用和做饭。把拖车拖到最近的镇子取水需要一天的时间，因为要不断把轮子从干燥的河床中挖出来，我们的汽车也常常深陷那片酷热的沙土之中。我们的助手负责营地的大多数杂务，这样就不用我去做饭、获取补给和保养汽车。两个科学家能够彻底投入野外工作，而弄清楚那个地区的地质学是我的职责。那个地方富含化石，我们采集到许多保存完好的中新世脊椎动物化石，包括已经灭绝的猪、羚羊、食肉动物、河马和鳄鱼。我绘制了地层图，

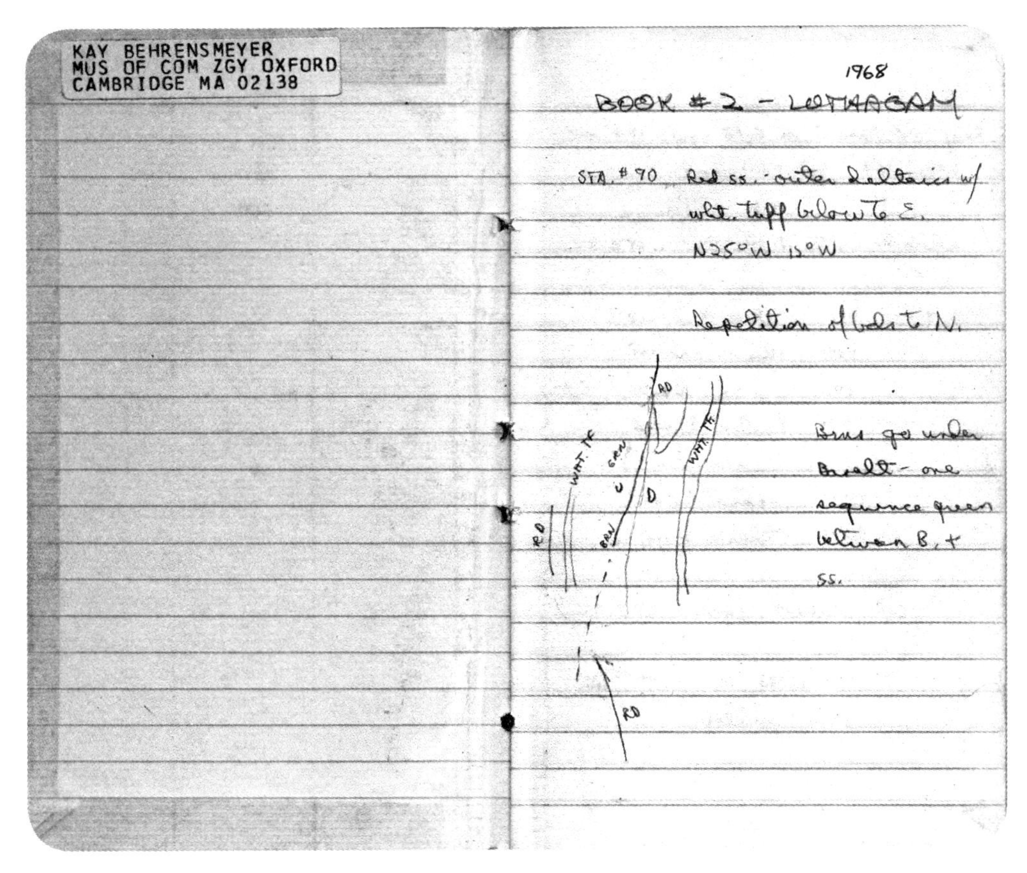

2号笔记本的第一页，是我最早的（1968）肯尼亚洛塔甘山野外笔记本之一，用的是在当地买来的学生练习本。其中的草图以平面图形式显示了地质学联系；一侧的断层用U（上边）标注，草图中另一面斜坡上的用D（下边）标出。草图中若有大概的比例尺就好了，这是我从记野外笔记中得到的诸多经验之一。

了解了那些独特残骸的地质学年代。当时，那个地点——洛塔甘山（Lothagam Hill）——是东非该年代唯一已知的化石源头，时间是700万~400万年前。对于古人类学家来说这很有趣，因为那里发现了令人不解的颌骨碎片和一些牙齿，它们代表了一种原始人类，也许与现代人属于同一个谱系。

在洛塔甘，我记录了自己的笔记，它们中有许多至今仍包含有用的信息，但它们不连续，留下了大量的想象空间。我希望当时自己选择的是清楚、连续的格式，以及更结实的笔记本并每天都记录信息。那时我用的笔记本购于内罗毕，原本是适用于学生的——它们不适合野外使用和长期保存，现在已经散架了。目前，我要确保所选的本子封面颜色鲜艳以便于寻找，且大小符合我的腰包以方便使用。我一般用铅笔画草图，用黑色圆珠笔写每天的日志条目，这样很容易区分。如果需要修正，我会轻轻钩掉原来的内容并写下新的。这样会保留所钩掉的笔迹，以免我第一次写的是正确的！

第一页和封面写上自己的姓名和联系方式，以及项目名、地点（洲、国家）和年份，这样会方便后来的其他读者。在笔记本前几页，我会描述野外工作的整体目标，并列出团队中的所有成员、来访者、当地联系人、附近的地标和城镇。做一份日历也很有用，可以用它计划活动和达成在野外的目标。当使用符号或代码省略书写时，我总是确保笔记本中有明确的说明。如果多年后我都不可能记起它们代表什么，那么别人就更不可能弄懂它们的秘密含义了。

我每天都记一些笔记，即使没发生什么情况。漏掉一天会使未来的读者纳闷是我遗漏了重要内容还是只是忘记写上一句“一切正常”。我已养成评价每天成果并将其记录下来的习惯，如果进展缓慢，我会重新查看研究目标并记录关于进度的想法，计划接下来几天、几个星期的工作。至于每天的条目，我总是记下日期、地点、主要活动或事件、天气状况，以及所涉及的其他人。日期、月份和年份是最主要的纽带，能将某个时间点与他人的记录、我自己填写的数据表、照片，以及最重要的——所采集的标本——联系起来。我从不会忘记加入日期，甚至每一页上都写上了日期，以防是对单个页面扫描或拍照。

尽管我的日常活动都有记录（我去了哪里、做了什么、与谁一起），但应把收集策略和规则刻意记录下来。当时，这对于野外团队来说看似是常识，因此常常没有人愿费一遍事把它们写下来。几年后，几乎没有队员会记得那天大家达成一致的是收集猪的牙齿和颌骨且仅限于猪，还是收集所看到的所有骨骼化石（甚至包括鱼和龟的碎片）。结果是，我们无法一直确保收集是否存在偏好，缺少了此类信息，那么感兴趣的动物（如巨猪）的相对丰富就毫无用处了。

采集偏好的问题已困扰了几代的古生物学家。当然古生物学家通常选的都是“优质标本”或是把最有兴趣的物种作为项目目标（如早期的人类——这样的发现有助于争取到未来研究的资金！）。这很好，但若没有书面的收集协议，那么未来几代的科学家将不会清楚如何对待标本中明显过剩或缺乏的特定生物。在肯尼亚，有几年猪牙齿化石曾是采集的目标，因为研究者发现它们的形态是随时间稳定变化的，这样它们就成了沉积物年代的很好指示器。如果你绘制了肯尼亚国家博物馆猪与其他哺乳动物对比的编目记录，那么你会发现猪的记录在20世纪70年代出现了奇怪的峰值。这一现象会令人费解，除非有人记得那条收集所有保存质量好的猪牙的说明。因为具有此类知识的人会消失或遗忘，所以为了使数据和收集物能长久有用，野外研究者最好保留此类“明显”或“心照不宣”的协议的书面记录。

我发现对笔记本各页编号更容易相互参照之前的工作。如果我在一年结束之前用光了笔记本，我就会粘上额外的页数，以免同一年被分割到两本笔记本中，如果某一年必须用两个笔记本，我会在第一本末尾处清楚标明还有第二本。

如果你使用GPS，一定要记录下导航页面中显示的地理数据（根据你在地球的位置而各不相同）。没有相应数据，GPS数据在未来的用途就会受影响，因为不同的数据可能使位置坐标和距离产生几百米的偏差。为了以备查看，我还会记录下仪器的设置和其他类型的野外设备，如指南针的磁偏角。

当我试图从多个笔记本、岩石和化石标本和几千张野外照片中定位和拼起相关的信息片段时，我就会发现若是它们与从职业生涯早期持续下来的笔记有更强的联系该有多好。但好的一面是，我现在发现如何通过编制笔记本信息的目录并在多重关联的数据表格中对其加以组织，以此重新建立那些联系，比起单靠笔记本，借助此类表格可实现更多的相互参照。

切勿丢失自己的野外记录！

最糟糕的莫过于丢失含有得之不易的重要数据的唯一一套野外笔记本。这种厄运从未降临到我的头上，但我认识的几位研究者就曾有此类遭遇，结果导致了悲剧性的信息缺失，相应的项目和学位都几乎因此搞砸。

如果你的考虑超出了在研究队伍中的主要职责，那么除了预防笔记本丢失之外，还有其他方法可防止丢失信息。我在肯尼亚洛塔甘项目的最早笔记本都专注于地质学目标，遵循的是我在蒙大拿野外营地学会的程序。事实证明，我

LOWER JURASSIC

KAYENTA FM.

UPPER TRIASSIC

CHINLE FM.

2007 — 2009 -

A. K. BEHRENSMEYER

DEPT. OF PALEOBIOLOGY

P.O. BOX 37012

NHB, MRC 121

SMITHSONIAN INSTITUTION

WASHINGTON, DC 20013-7012

NOTE: WP = GPS WAYPOINT

NAD 27 CONUS DATUM

我最近一本笔记本的封面，上面记录了有关这本笔记本内容的重要信息和GPS数据，以及完整的地址，以防丢失后好能送还给我。

应该包括工作的更多方面，尤其是化石发现。一名同事负责所采集化石标本的野外编目，他编写了所有的每日条目。后来，该编目不见了，其他研究者问我是否能帮上忙。要是我记录了关于化石的更多信息——尤其是把标本编号与发现地点联系起来——那么这种备份就能使我们恢复那些重要的信息。那本编目至今仍下落不明，而那次探险所得的重要标本留下了许多未解的谜题。这件事教会我：更综合的笔记，以及创建多份记录和存档复本，这些都值得花时间去做。对于看似多余的信息，过多总是好过不足。

在离开任何野外地点之前，我都会把自己当时的野外工作与其他研究者的相互参照，影印、扫描或拍摄我的笔记本，并留一份复本给东道主博物馆或值得信赖的同事。我的原始野外笔记本总是携带于随身行囊中。如果我把某个野外笔记本从办公室带到野外，那么存档的复本就要留在家中。

带上相机，创建视觉记录

我为拍立得相机的绝迹而痛心不已，虽然这也许只是暂时的，因为它在我多年来的野外工作中起到了重要作用。无论你为描述某个化石的发现地点写下了多少字，都比不过在笔记本中贴上一张拍摄于该地点、加了注释的真实照片。

我在巴基斯坦进行古生物学工作时，探险队在那里搜寻大面积被侵蚀的土地，寻找化石并记录上升的喜马拉雅山脉散落的沉积层，最基本的工作是要能够识别出几百个地点中的每一个，再加上我测量地层的地方。我的野外笔记本贴满了展示我们工作地点的拍立得照片。除了笔记本条目，我们使用了“位置卡”，即为每块化石发现地点填写的卡片。不会褪色的黑白照片被附到每个卡上，并注明拍摄于野外，以表明发现化石的地点（包括照片的方向、日期、时间和位置编号）。该项目为巴基斯坦留下了一大箱子的位置卡，我的研究机构保留了一套复本。通过位置卡和在地形图或航拍照片上标注的位置，之前从未去过该地的人也会找到那里，看到化石是在哪里收集的。现在我们已拥有超过 1600 个此类地点，因此系统化的规则是绝对有必要的。即使今天有了 GPS，也有必要拍摄能显示化石采集地点的照片，一旦 GPS 读数出错，这些图像则能提供备份。

这张照片拍摄于到亚利桑那州中部卡岩塔组（Kayenta Formation）的探险，在那里我记录富含化石沉积物的地质学情况，以重建北美最早哺乳动物的古生态学，那些哺乳动物生活于约2亿年前。照片中部偏左的纤细黑人显示了这片广袤区域的比例。

15

But it was a very good day. The surface bones on the Upper Blue are mostly yellow-cream colored and very well preserved. Some are bright turquoise, one has black inside, yellow outside. The ostracods are mostly white but one turned up that is black — buried with both shells and organics inside?

Jerry Stevens arrived. We talked about the Sand Sea system — rivers could have been blocked by dunes, forming large areas of rapid sedimentation, periodic wetlands. Also perhaps there were floating veg. mats.

Dilophosaurus (theropod? – top predator) neck vertebra documented on my section above the GSQ. Tim says they were allosaur sized, but ate mainly small things,

此页摘自我2007年的野外笔记本，显示了运用带注释的拍立得照片来理解亚利桑那州卡岩塔组的古生态学。

为了在野外打印照片，我们携带了小型打印机和数码相机（希望它们能在艰苦的野外条件下正常工作），以弥补拍立得相机逝去。带触摸屏的数字野外笔记本也有助于解决现场记录问题。虽然此类设备通常比老式傻瓜照相机更娇贵，但是，在强烈的阳光下很难读取计算机屏幕，而且总要担心电池充电问题。

不管是什么技术，借助照相机和带注释的图片你可以在笔记本添加化石照片。通过照片中的现场、野外地点、特殊地理特征和其他视觉信息，后来人可以理解与地层、挖掘网格和植被类型相关的野外标本或其他物体的空间关系。图片也是提高植物、动物和栖息地描述效果的重要工具，我通常用胶带或胶水把图片粘贴在野外笔记中。在以后更正式地展示野外带注释照片所传递的信息时，用高分辨率的数码图像也是不错的办法。

未来，即时照片打印可能要求野外工作者携带打印机和数码相机、打印纸和电池，并使其避热、避尘、避光、避雨。这也许会使许多人决定在营地打印，

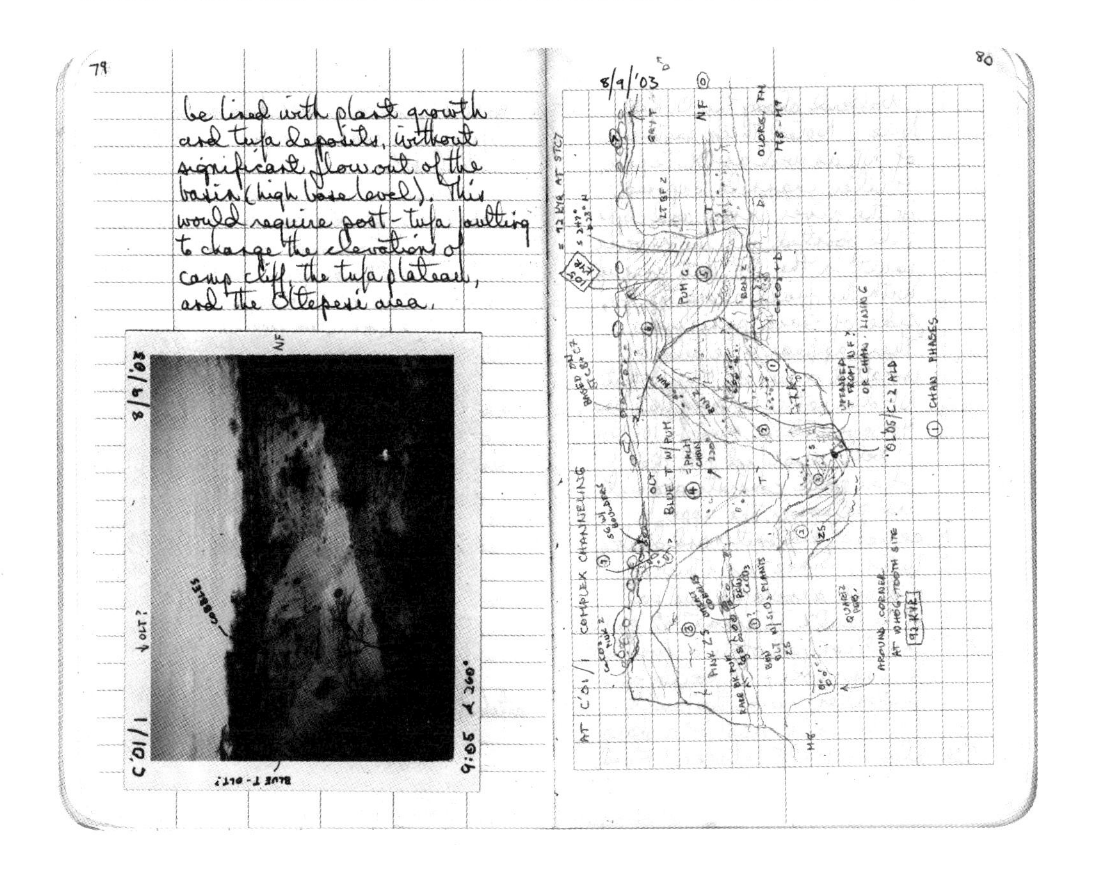

一个典型的笔记条目，来自肯尼亚奥拉戈萨烈，2003年，图中绘出了更新世火山岩通道沉积物的复杂地质关系（右侧页），拍立得相机显示的是同一个区域，但只有通过仔细的观察和描绘才能发现此类露头的细节。

然后凭记忆添加注释，否则他们得重返现场。然而，不管是对于你自己，还是对于从未见过那个地方或研究对象的人，我还是相信在野外“实时”标注的照片才是保存持久、准确记录的最佳方式。我不太确定数字打印是否能很好地存档，因此我渴望新一代拍立得相机的出现。

通过草图和图表学习

照片很强大，但把你所见描绘下来是学习空间模式和关系的更有力途径。无论你的专业领域是什么，诸如流程图、食物网或时间线的图表都是把所研究问题概念化的有价值的方法。化石发现中的许多记录都涉及记录与标本相关的岩石地层，因此有必要绘制地层的横断面图，以显示产生化石的那一层或多层，如有可能，还要包括露头处的侧面图。

在生物学或生态学中，草图可能具有同等重要的价值，草图能展现采样地点的地理特征、栖息地的植被结构、陷阱的位置或其他采样设备，等等。即使你不精通绘画，你画出的草图也比文字包含更大的信息量。不管你绘画天赋如何，都要加上比例尺（最好为公制），如果是粗略估计，也要标出北方，或上下，或指向已知地点的方向，这样 50 年后的人才能确定你的方向，理解实物所涉及图表的尺寸。此外还要为图表添加标记，以方便自己记住它们的含义。草图可以稍后重新画，或是与照片或谷歌地球一起使用，以创建更具展示效果的地图或透视图。

结束语思考

我们一生中都得到过鼓励，把自己的想法和情感写在个人日志或日记中。野外笔记本就是采用硬性科学标准的特殊日志，同时也记录着我们作为科学家独特的个人体验。我近来没有具体数过，但到目前为止我的职业生涯已至少制造了 40 个笔记本，它们来自四大洲、许多不同国家和野外地点。就像我在野外挖掘的岩石地层一样，我仍挖掘那些笔记本，一页一页抽丝剥茧般地寻找信息。令人欣慰的是，在我退休时它们就会成为史密斯森协会永久档案的一部分。

我无法想象那一排排供人访问的计算机文件，它们能够带领我或其他未知的未来读者重返在野外的美好岁月，去接触那些仍鲜活地存在于那些特殊日志手写页面中的事实、同事、令人兴奋的事和领悟。

6

言语及处与未尽之意

凯伦·L. 克莱默（KAREN L. KRAMER）

人类是复杂的。作为一名研究传统社会人类的人类学家，我试图了解人类经验的方方面面，我们作为生物是如何演进的？社会是如何构筑的？又是如何行使职能的？我曾生活于墨西哥、南美洲和马达加斯加的传统社会，并与那里的人们结下了不解之缘，他们的生活方式与我的有着天壤之别，但我与他们密切地生活在一起，而他们也是我的研究对象。我的野外笔记包括地图、数据表、笔记本和日志，它们从不同角度接近着这一体验，并尝试研究人类行为定性与定量的各个方面。人种志学研究与针对其他物种的行为学研究有着显著区别，因为我们能与研究对象交谈、问他们问题。这一点有着巨大的价值，但许多人类行为是无法言说的，因此我们还要观察、计数和测量。多年来，我制订出一种多层面的野外笔记记录方式，通过该方式我可以记录所研究人口的事实、观点和观察。研究问题常常从这些记录浮现出来，这是我做笔记时始料未及的。但在描述我自己的流程和经验之前，我将简要谈一下人类学研究的基本挑战如何塑造了我的记录方式。

特定背景下的人类学

人类学是建立在对狩猎者 - 采集者、农耕者和牧民的研究之上的，那些人生存于新、旧世界的小规模社会。当几百年前探险家、博物学家和地图制作者开始把世界抛上军事和宗教征服的车轮之上时，他们就记录下在那些传统社会所遇到的人，以及其栖息地周围的地理、植物和动物。在过去的几个世纪里，那些人种志学的记录和野外笔记已变得更为严格、更专注，同时期的生物学记录也经历了类似的转变。早期的人种志学叙述都是趣闻逸事，穿插在探险家和博物学家记述之中。对异域文化的着迷催生了辞藻华丽的描述，其目的常常是骇人听闻或取悦读者。随着人类学在19世纪后半叶成为独立学科，描述变得更具探索性、更详细，强调了不同社会在历史和文化上的唯一性。进化论的思想把焦点转向了环境和适应性变异之间的关系。直到20世纪中期，主要的描述对象一直是环境与人类在生物和文化上的变异之间的联系。但当在世界不同地方工作的人类学家开始比较各自的人种志学笔记时，他们发现有必要明确更严格的野外方法，以进行有意义的跨文化比较。从20世纪60年代开始，借鉴自生物学——特别是灵长类动物学——的观察法实质上影响着人种志学的信息采集工作。

在追求更系统化方法的潮流涌动的同时，人类学家传统上研究的人口却在急剧减少，因为他们的生活方式已越来越多地融入外来文化。通过雇佣劳动、经验成熟的永久居留地和随着食物生产、市场食品、生产工艺、疫苗接种、卫生保健和避孕的引入，那些群体已被淹没于金钱经济中。许多人类学家开始带着新的兴趣和研究问题，在城市背景下研究这些人群。但是，对于心怀进化疑问的人类学家，传统社会能持续为人类生物上和行为上的变异范围提供重要见解，而这是营养充足、生育率低、死亡率低的现代人口所无法呈现的。

人类学家和生物学家有许多共同的野外方法和分析方法，也面临着野外研究所共有的艰苦。但他们两者也有不同之处，并影响着他们的记录性质和野外笔记。在人类研究中，因为研究者和研究对象能使用语言交流，所以人类学家不但可以依赖观察，也可以通过访谈法收集数据。虽然与研究对象就过去事件展开口头交流和交谈有诸多好处，但它也带来了偏见和欺骗等新因素，使研究者不得不做额外的记录。

定量和定性的数据收集的手段

从本质上而言，今天人类学家用于收集数据和做野外笔记的众多方法可归为定性或定量。定性观察能提供许多描述性细节、个人印象、背景信息和带有煽动性的逸事，这些可以启发研究的方向，为研究对象赋予生机。定量数据收集涉及的是同一变量集中的系统化、反复的观察。定量观察汇集起来，就能使研究者不但考虑事物之间的差异，还会注意这种不同的方式。这些梯度差别构成了比较分析的基础。虽然定量方法解释人类文化时的草率特性时不时招致怀疑，但如果我们试图从最基本的层面做出比较表述，那么我们首先就必须能够比较不同种类的苹果并比较它们与不同种类的橙子有何关联。

指导我野外方法论的是我对人类生活史和人口统计学的兴趣。因为我的问题在本质上都是比较的、定量的，所以我的研究依赖于定量数据。但如果我过于专注于系统化数据收集，那么我就会很容易忽略所研究的人，虽然我试图了解他们的生活。单靠定性或定量手段解决不了问题。相反，我认为有必要制订用于获取特定研究问题相关信息的记录策略。为了平衡这两种观点，我的野外笔记涵盖了多种格式，包括手绘地图、数据表和几种类型的日志。

开始

我研究的是三种截然不同的传统社会——玛雅人（Maya），一群来自墨西哥的农学家；雅鲁罗人（Pumé ），生活在委内瑞拉南美洲的大草原的狩猎者 - 采集者；塔纳拉人（Tanala）——马达加斯加高地的农耕者。我的研究兴趣侧重于影响人口学进程的行为和生物因素。我的第一个长期人种志学项目是玛雅野外工作，其目的是收集时间分配和人口统计学数据。令我感兴趣的是合作养育孩子和很高的生育存活率，这一点在人类生活史上也很有特色。要处理这一问题，就要记录玛雅母亲的生育史和母亲与孩子是如何共处的。然而，我野外工作的第一步却与研究没什么关系。

作为突然来访的陌生人，立即询问孩子出生、死亡的情况肯定不是什么成功的研究策略，也不能提出要整天跟在村民身后，记录他们的行为。虽然玛雅人以好客闻名，也许能答应这样的请求，但我们会因此感到别扭，而这也会为为期一年的驻扎开一个令人不舒服的头。准确捕捉人们如何分配时间不但取决

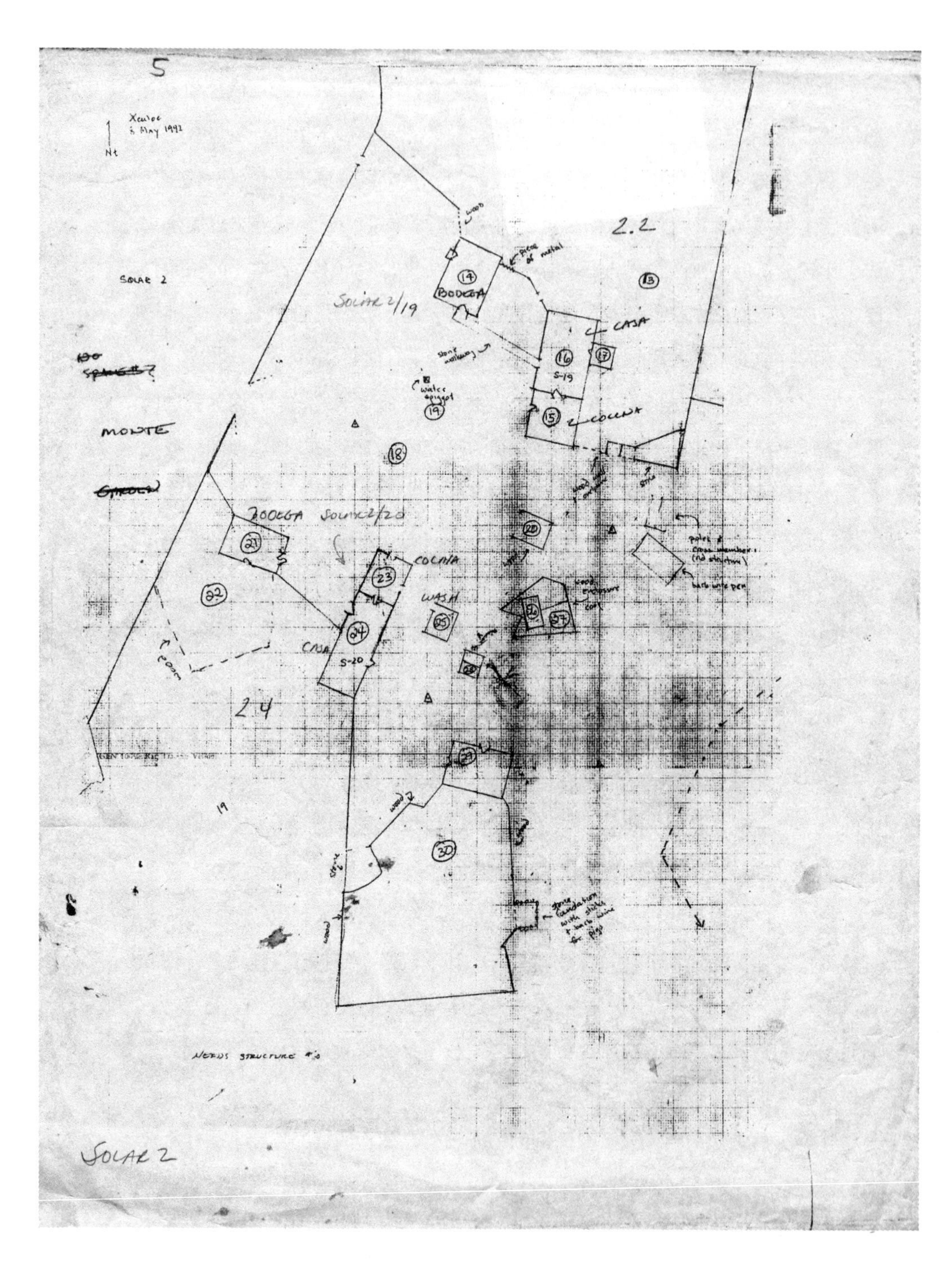

墨西哥尤卡坦（Yucatán）某个玛雅村庄的地图。创建地图有助于了解村庄的空间组织和居民间的关系，是与村民培养关系的一种途径。

于系统化数据收集，参与者以放松、正常的方式进行每天的活动也很重要。正如灵长类学家使研究对象习惯于有他们在场一样，人类学家必须首先与他们所处的团体建立融洽、信任的关系。

我发现有一个步骤能帮助我融入他们的社会，那就是给村庄绘制地图。像所有地方的人一样，玛雅人也对所处世界的鸟瞰图产生了兴趣。建立详细的村庄住户地图耗时几个月，但借此机会我和野外工作伙伴得以在村庄周围走动，逐渐熟悉村民。一个村庄的空间组织恰当地反映了该群体的社会和家族组织。通过绘制村庄地图，我能确定谁住在同一座房子，谁住在谁的隔壁，哪些家庭在相同的菜园中劳作。同时，我也了解了他们的亲族纽带、食物分享以及婚嫁与血统模式。村民对此也很感兴趣，常常主动帮忙，也因此逐渐习惯了我们的存在，我们的出现没有一下子干扰他们的日常生活。

我们在雨季开始绘制地图，那个季节在尤卡坦异常闷热、潮湿。村民们看着我们在正午的酷热中汗流浃背，在泥泞中艰苦跋涉，一心一意为绘制地图而努力。我们对仪器的着迷以及为他们提供的便利成了村民的娱乐方式，他们的准确判断使他们能在一天中比较凉快的时段安排工作。为了生活得舒服些，我很早就学会了自我解嘲，我们不仅在研究他们，他们也在研究我们。经常是拿自己开涮的幽默成了培养友谊、融入社会的媒介。

询问和观察人们做什么

许多动物研究关心的是个体如何分配时间和能量以满足各种身体和繁殖的需要。因为时间可以系统地、重复地记录，因此它就是一种很有用的度量单位，可用于比较各年龄组、性别、人口和物种的使用差异。人类学家使用观察法和访谈法来估计时间预算，每种方法都各有千秋。

在玛雅研究的早期，我进行了家庭访谈。就像绘制地图一样，这种方法可以使你了解人们的名字和年龄，建立村庄普查，再就人们如何利用时间提几个问题，这样我就能先完善时间分配方式，然后再开始收集行为观察。我问过的一个问题是“你花多少时间在田里？”访谈开始后的几个星期，我注意到女人一份来自某个玛雅村庄的"数据采样"数据表，该表用于记录村民在设定的时间间隔的行为（通常每10~15分钟）。

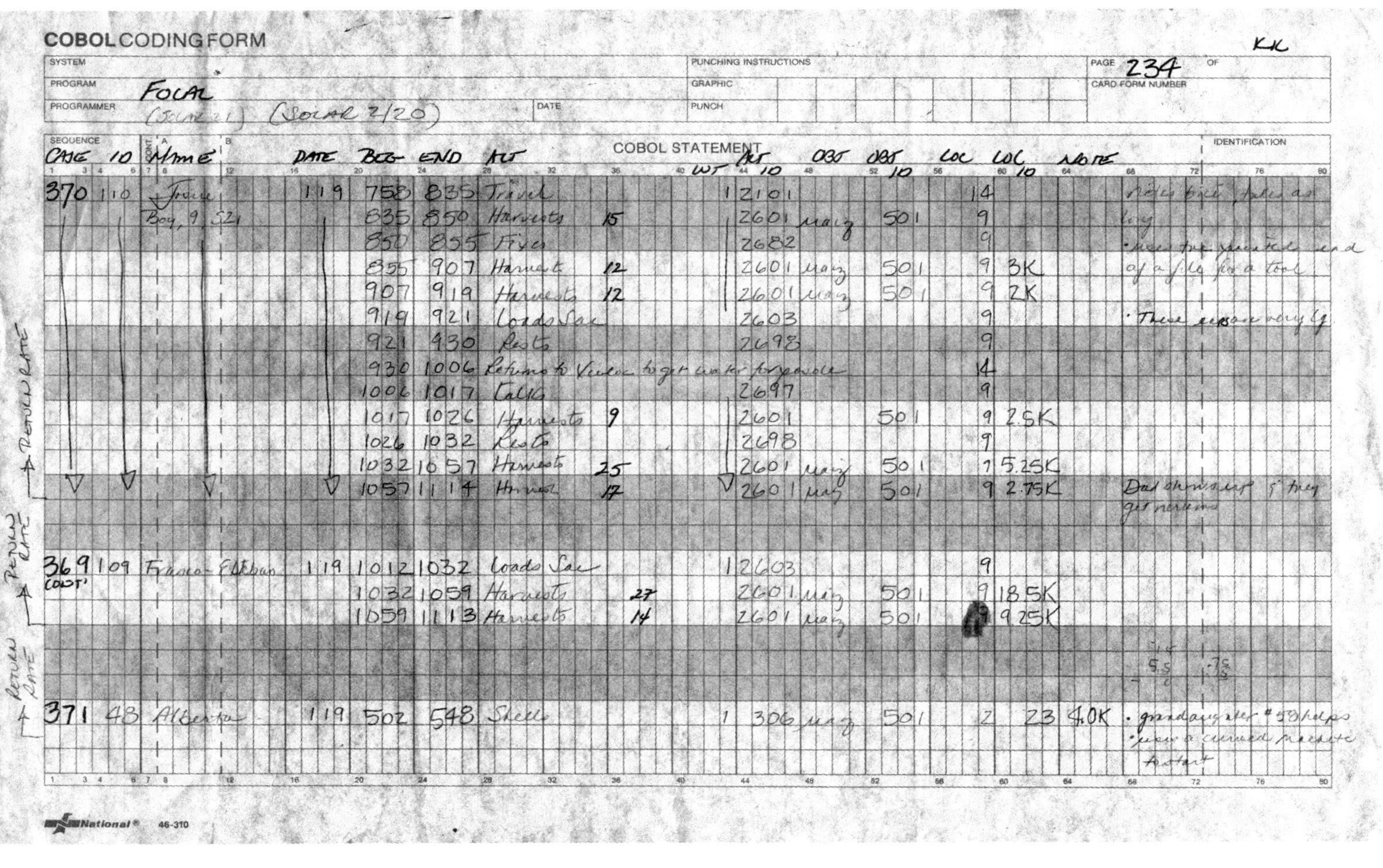

COBOL CODING FORM　　KK

SYSTEM　PUNCHING INSTRUCTIONS　PAGE 234 OF

PROGRAM FOCAL　GRAPHIC　CARD FORM NUMBER

PROGRAMMER (SOLAR 2/20)　DATE　PUNCH

CASE	10	NAME	DATE	BEG	END	ACT		WT	ACT 10	OBJ	OBJ 10	LOC	LOC 10	NOTE
370	110	[illegible]	119	758	835	Travel		1	2101			14		[illegible]
		Boy, 9, S21		835	850	Harvests	15		2601	maiz	501	9		
				850	855	Fixes			2682			9		
				855	907	Harvests	12		2601	maiz	501	9	3K	[illegible]
				907	919	Harvests	12		2601	maiz	501	9	2K	
				919	921	Loads Sac			2603			9		[illegible]
				921	930	Rests			2698			9		
				930	1006	[illegible]						14		
				1006	1017	Talks			2697			9		
				1017	1026	Harvests	9		2601		501	9	2.5K	
				1026	1032	Rests			2698			9		
				1032	1057	Harvests	25		2601	maiz	501	7	5.25K	
				1057	1114	Harvests	17		2601	maiz	501	9	2.75K	[illegible]
369 CONT'	109	[illegible]	119	1012	1032	Loads Sac		1	2603			9		
				1032	1059	Harvests	27		2601	maiz	501	9	18.5K	
				1059	1113	Harvests	14		2601	maiz	501	9	9.25K	
371	48	Alberta	119	502	548	Shells		1	306	maiz	501	2	23	4.0K [illegible]

National® 46-310

“重点追踪”数据表包括在设定的时间段内对单个玛雅村民的连续观察。

的回答模式总是相同的：不花时间。但每天早晨我都看到妇女到镇子外的田里去。后来，时间分配研究发现妇女每天把一定比例的时间用于在田间耕种。如果我仅靠问妇女问题，而不去观察她们如何利用时间，那么所揭示的妇女劳动该是另一番景象。

访谈和回忆数据需要参与者准确记得他们之前的活动，还需要研究对象所回答问题符合采访者的原意——某一个问题可能因语言、文化标准和个体感知方面的差异而被加剧。例如，一天下午野外工作快结束时，我正在记录行为观察，一位母亲转向我——一个胳膊抱着孩子，另一只手照看着炉子，对我说“我已经干完了今天的活儿，如果你想回家就回家吧。”她耐心地扇着炉子烧水，好给她 3 个最小的孩子洗澡，此外她还要为家人准备豆类和玉米薄饼晚饭，晚上照顾自己的 6 个孩子。但按她的想法，当天的工作已经结束了——这与美国母亲在结束一天工作时可能说的话大相径庭。我说我想多待一会儿，并问她是不是没把给孩子洗澡、喂他们吃饭当成工作。她看着我，为我们观念上的问题和差异而疑惑不解。

对于不同的文化和个体，关于什么是工作的看法相去甚远。不管是通过访谈还是在日记中自我陈述，回忆法都可能令人生疑，因为它不但要解释记忆错误，还有说清楚参与者所报告内容时存在的个体差异。例如，如果你问孩子上周有多少时间用在学校，那么他们是否要算入上学时间，做作业时间，午餐时间，休息时间？每个孩子都会以相同的方式回答问题吗？

有一个办法能在人们做什么和他们认为自己做什么之间架起一座桥梁，那就是直接观察他们的活动。行为观察法最初用于记录灵长类的行为，这种方法记录研究对象身处同伴中的活动，而不是通过访谈或回忆来重建。数据采样（scan sample）和重点追踪（focal follow）是常用的行为观察法。在数据采样过程中，随机选取的个体按一定时间间隔排列，通常是 10~15 分钟，观察者即时记录参与者的行为。重复观察之后，即可以准确估计出个体用于各种活动的时间比例——他们把多少时间分配给田间工作、家务、照顾孩子、娱乐、社交，等等。

通过记录个体活动的连续序列，重点追踪有效弥补了数据采样的不足。在重点追踪过程中，要在几个小时内对每个对象进行观察，每个活动变化都要有记录，并有起始时间。重点追踪能获取多种信息，如返回率、活动的持续时间和周期、分享、个体间的合作，以及食物消耗。

虽然行为观察法比访谈或回忆更准确地反映个体分配时间的方式，但它们也难免带有研究者的偏见和主观看法。例如，在大多数传统社会中，孩子会帮助照看更小的弟弟妹妹。但实际情况常常是，孩子会一边和其他孩子玩一边留意着弟弟妹妹。这到底是玩还是照顾小孩？这一问题的系统编码方式直接影响孩子在特定社会中成为重要其他看管人的程度。我强烈地意识到玛雅人就存在此问题，那里的母亲平均有七八个孩子，小孩子常常要照顾他们更小的弟弟妹妹。因为我不知道未来如何利用玩耍时间的数据，而且还要为如何对这一常见活动分类而长篇大论，所以我的解决办法是在编码系统中保留这种不确定性。

我组织行为代码以涵盖几个层面的信息。正如上面例子中的情况，如果一个孩子在外面和朋友玩，同时还要照看她两岁大的妹妹，那么该活动的编码是675：600 指非经济性活动，70 指玩耍，5 指玩的同时照顾孩子。这样所有活动都得到了代码。嵌套式的分类层级既保留了未来研究所需的详细信息，也兼具归并、分解活动以进行分析的灵活性。这种嵌套信息的方法可应用于很多种编码和分类方案。

行为观察是一种理想的方法，它可以在多个个体中收集到很大的准确数据样本。该方法的缺点是，从研究者的角度来说，它比访谈法需要更多的时间。行为观察虽然没有消除偏见，却有把参与者筛选条件降至最低的好处，而那些条件是研究者不得不解释清楚的。家庭访谈确实揭示了有关玛雅人理解性别分工的有趣观点。按照文化标准，玛雅妇女不认为自己是田间劳动者。如果我仅通过访谈或行为观察收集数据，就不会意识到这一观点。

野外笔记与计算机

现在，野外研究者有许多新型记录工具和技术可供选择。虽然野外地点经常没有电，但现在轻便、易携带的廉价太阳能电池板解决了所有靠电池供电设备的问题。关于如何记野外笔记，每个研究者都有自己的偏好。出于某些原因，我认为纸张和铅笔兼具连贯性和灵活性的优点。

编码表可促使研究者系统地记录所有变量。纸质表格使我可以很容易改正错误和草草记下各种叙述性的观察和笔记。尽管在研究现场我们有可通过太阳能电池板充电的计算机和手持数据记录器，但我发现在调整和更正时需要在数据库和菜单间不断滚屏，这么做令人心烦，也浪费时间。这种分心的情况会使我注意力涣散，无法感知微妙的社交互动和反映人们行为的信号。虽然我们已经习以为常，但那些技术准备能引起研究对象的好奇。数字设备绝对能干扰正常的活动流。任何一件设备都能引来大量的旁观者，毫无必要地把注意力吸引到数据记录程序本身。书写却不那么显眼。

不过，每天结束时把编码表输入计算机数据库还是很有价值的。此过程能捕捉到之前的记录问题和编码不一致，同时进行每日核对，看有没有错误。如果错误几个月后才发现，而当时的情境已记不清，那么修正问题就要困难得多，而且很容易导致数据丢失。如果所去的城镇没有复印机，那么手动创建一套备份能让你高枕无忧。

叙述性野外笔记

除了每天系统化的数据收集，我还记有三种日志，以记录特定事件的发生时间、方法论决策方面的想法和每日生活的描述。虽然当时我对它们的用途没有什么预期，但从长远看，在以后我要用数据说明论点时，是这些叙述帮我把众多的论点组织到一起的。

在一本笔记中，我记录了村庄事件——包括农业周期，宗教节日，政治会议，学校何时上课、何时放假，何时以汽油驱动的水泵出故障，何时商人来到村庄，以及何时医疗队来访。当时，我记录这些事件一是为了它们的叙述性价值，二是为了消遣。从那以后，它们就成了必不可少的指南，帮我在影响时间分配决策的特殊情况下做决定。

我还有另一个笔记本记录编码定义，解释某时我为什么用一种方法对某事编码，而没有用另一种，以及为什么我做出特定的野外取样和方法论方面的决

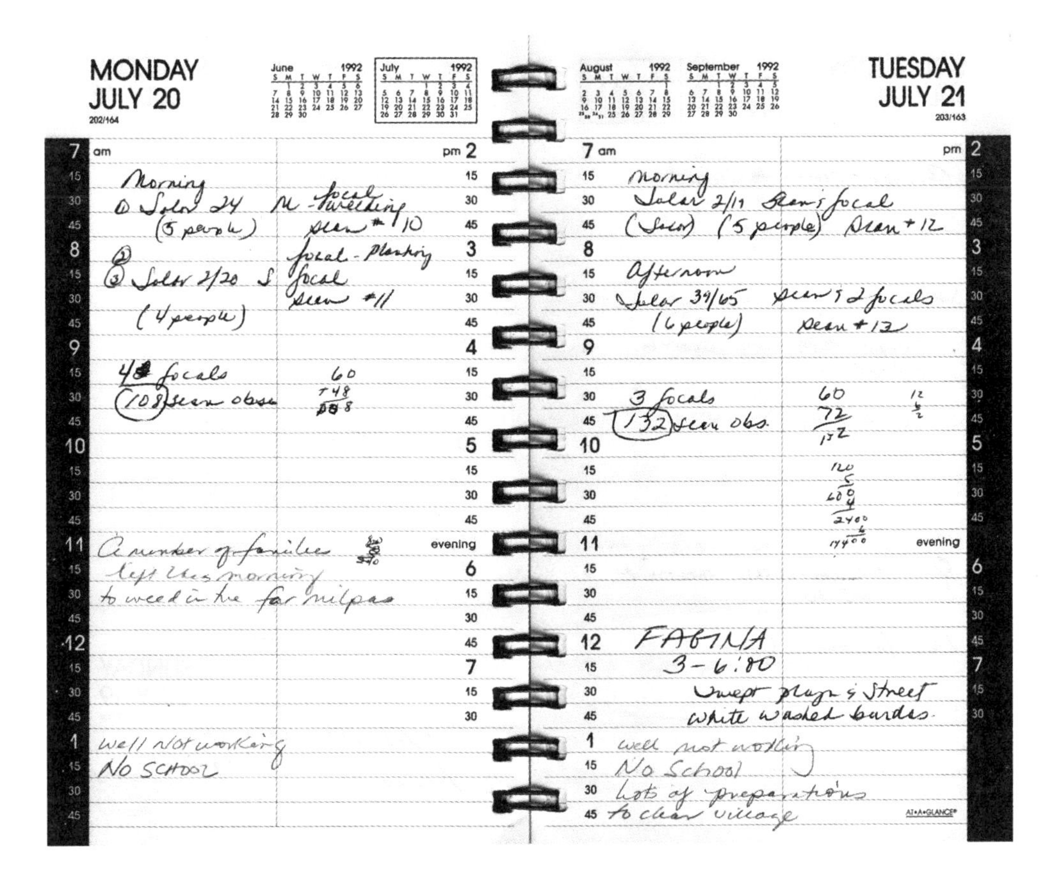

这个日历笔记本按时间顺序记录了玛雅村庄的活动和事件。

定。那时候，这些细节看起来永远不会被遗忘，但它们毫无例外地都被淡忘了。看似一团琐事的笔记，后来却成为重现偏见、验证数据收集不一致和进行适当调整的关键。

还有一套日志是为自己记的。描述我周围玛雅世界的日常生活是一种宝贵的方式，以此可以领会什么是优雅的人类体验，并在情况偏离我的文化参照系时保持标准。我经常被问道，在那么偏僻的地方生活最怀念什么，我的答案很少符合人们的预期——电影、淋浴、睡在床上。我很享受简朴的野外生活。但是，我没料到自己那么怀念用母语交谈，而晚上的书写帮我填补了这种空虚。

我早期的一则日志条目：

今天在镇上买必需品时，我找到了一本关于最早的玛雅人种学的书，它由兰达主教（Bishop Landa）写于16世纪。书中有一幅地图，标出了白人接触玛雅人早期各个玛雅政体的边界。Xculoc（我所工作村庄）附

6/26

Many of the little boys have wrist rockets, which they use to kill insects birds lizards (the latter I've heard them tell, but have not seen)

I saw an incredible slice of reproductive history today. A ([illegible]) woman said she was 76 & had a 13 yr. old son. This I doubted until V. said she also has a 50 yr. old child. 11 children over a 40 yr. period what a life. She is also a sister of those bearing the sons who die in pre-adolescence. She has had 3 sons, 1 brother, who died. Her youngest is 13 & my guess doesn't have long to live. He has a horrible deep cough. V. says "their muscles go soft". This kid can't walk. Still this woman doesn't look 76, 65 at best. She agile & very ambulatory. At 76 she's one of the oldest ♀ we've interviewed, she doesn't seem it. When I get the age of the oldest child from ego. I'll check again. Can a ♀ 63 get pregnant? V says there's a woman 70+ in Bolenchen w/ a baby? I thought only the bible had such stories....

日志范例，显示如何以叙述方式记录玛雅村庄的活动和个人观察。

103

TUESDAY
6/30

Three days in Tiuil was too long. They get unused to us & I get unused to them. Seems surreal that first morning when you're barely awake walking outside.

Spent a long morning in the fields, observing two different women weeding. Saw for the first time the gourds that many use as canteens (Chuu) [sketch] V. couldn't think of the Spanish word.

Walked past a field which had fertilizer under the 3 weeks old plants. It's supposed to make the corn grow faster. Two types of corn of being grown this year

1. Hibride de blanco
2. Hibride de amarillo

de blanco bears fruit sooner

V. pointed out some insect to me, looks like a small fat grasshopper, that is considered a major blight ~ every 5-6 yrs. It's been 5 yrs since the last time. Insecticides can diminish their effect.

Again the tractor is supposed to show up tomorrow.

Thinking about return rates some more. It seems like there's little point in getting several samples from one person for each of these tasks. 1. Because

近的小国用许多村民常见的姓做了标注——Canul Pat。我兴奋地把这份地图拿给 Vitaliano 看，他的家人帮助我很多。“看这幅地图是 1579 年，这里是你的姓，就在 Xculoc 那里。你的家族住在这里几百年了。”他也很兴奋，倒不是因为我给他看地图，而是因为州长许诺明天来村庄。后来我想，他的家族在这里生活几百年了，但相应的证据没有带来多么大的震动，不像我们发现自己短暂历史的纽带时那样。

第二天的条目：

村子里一阵喧闹。一大队拿扫帚的妇女彻底打扫了村庄。当我结束上午的野外工作回来时，村路边的石墙已被刷得干干净净，这在当地就等于铺上了红地毯。州长的随行人员来了，男人和女人都到广场集合，男人一边，女人一边，裹着长围巾，穿着自己最好的民族服装（huipils）和最好的鞋子。州长发表了长篇大论的演讲，说明年村庄将通电，安装新的水泵，因为旧的已经坏了。

虽然这两件事都没兑现，但他的演讲提醒我忽略了什么事。近来我开始住在村子里，却没怎么关注那台坏了的水泵。从那以后我才留意那台烧汽油的水泵是否正常工作。那时候，这不过是我记在村庄事件日志中的一则条目，而我专注的是高出生率和孩子的时间分配问题，但后来我开始注意能量消耗开支及其对生育结果的影响。烧汽油的水泵安装后，妇女就不必从 50 米深的井中提水了。这项技术大大节省了妇女的时间和能量预算，而且与家庭规模的扩大有着相互关联。水井的工作时间能反映出妇女劳作的艰苦程度。我有时间分配数据，可以重建妇女的每日能量消耗，但如果我未留意到水井何时工作，我就不可能找到这层联系。我真料想不到，这些在当时看似无关的细节日后却为我指明了新的研究方向。

新挑战

若干年后，我开始了对雅鲁罗人的研究项目，那是一群南美洲的狩猎者－采集者，他们的生活方式与玛雅人截然不同。我研究的目的是收集他们的比较人口统计学数据。我在研究玛雅人时学到的很多有关野外的方法都还适用，但也存在着许多新挑战。

与玛雅人一样，若要在雅鲁罗人中创建普查、生育史和出生率与死亡率概况，首先得弄清楚个体的准确年龄。在保留重要记录、用日历标注时间流逝的社会里，这相对简单。然而在大多数小规模社会，出生和死亡是不被记录的，因此有必要使用回忆法和访谈法记录个体年龄。雅鲁罗人的情况使之难上加难，他们不但不保留重要记录，也没有历法体系，名字的使用方法也与我们的不同。但是，通过运用几种方法我们还是能够建立大多数人的准确年龄，其中的一种方法还是偶然发现的。

我的丈夫自 20 世纪 90 年代起就一直研究雅鲁罗人。20 年前他初次走入营地时，发生的第一件事就是村子里的长者要思考如何使我丈夫融入他们的家族系统，最后决定让村子里的祭司做我丈夫的兄长。一旦关系确定下来，与其他群体成员的关联性自然水到渠成。许多年后我开始在那个村庄生活时，我的身份是祭司的弟媳妇。在这种文化中，这些纽带是随时确立的，因为少了它们，日常之事就无法进行了。谁与谁分享食物，如何排列住所，谁参与打猎和捕鱼，以及仪式中谁坐在谁的旁边，所有的一切都遵循着家族逻辑。融入家族系统才能确立群体成员间的共同社会责任和经济责任，并赋予他们彼此称呼的方法。雅鲁罗人称呼彼此时使用的是家族术语，而不是姓名。这种情况在许多小规模社会中很普遍。只有群体成员有几百人、家族术语不足以区分个体时，才会使用姓名。通过用家族关系称呼其他村民，我们学会了专门用于称呼老人和小孩的术语。这些术语为我们提供了必要的切入点，使我们能够确立出生顺序、生育史和相对年龄。

人类学家要住在所研究的社会中，而那些地方通常都非常遥远，那里的人熟悉自己的环境，有在严酷条件下生存的熟练技巧。相比之下，我们人类学家则是无知的，不知道如何独立生存——如何找到食物、水、柴火或掩蔽处。他们成功地生活在属于他们的世界里，而我们则希望他们能乐于解释，是什么策略引发了我们观察到的行为。这种工作会很艰难的，因为从他们的角度，我们的问题是显而易见的，是幼稚的。如果我们试图解释清楚，那么得到的答复就像我们不想用又长又复杂的答案回答小孩子时的一样。

例如，当雅鲁罗人发现巢中的鹰或其他猛禽时，他们会向它们射箭，然后爬上树把蛋扔出来。他们从不把鹰或鹰蛋当食物。我丈夫当时研究的是雅鲁罗人生存策略，他认为他们那么做是为了减少与猛禽的竞争，以获取小型猎物，如蜥蜴、犰狳和兔子，那些猎物是雅鲁罗人食物的重要部分。正如问“你为什么那么做？”时常有的情况，回答很简单“因为我们应该那样做”。成年人知道为什么。因为只有小孩才会问这样的问题，所以答复也符合应对小孩的特点。他与雅鲁罗人一起生活了两年才得到真正的答案。那次他正与一对夫妻去打猎兼采集树根，这时他们遇到了一个鹰巢。丈夫爬到树上，把蛋扔下地。妻子转身说，“我们之所以这么做，是因为鹰人飞走了，告诉鹿人我们要猎取它们。”这才是对鹰–鹿行为的准确描述。当雅鲁罗人在附近时，鹰会发出警告。鹿的视力很差，但听力很敏锐。鹿一听到鹰的报警就会逃走。这种带有自然主义意味的解释表明他们对动物行为及其对狩猎战术影响的理解，真可谓“踏破铁鞋无觅处，得来全不费工夫”。

关于做笔记

很难预测数据需要满足的所有要求或你未来可能问的问题。我对准备到野外之人的建议是尽可能以不同方式记录你所能记录的一切。虽然你很容易假定你能记住观察，以后再来，或能再次看到，但鉴于野外工作存在的变数，这些可能都不会发生。人种志学的世界正随着自然世界迅速地变迁着。即使这些变化同样吸引人，但许多现象在改变或变得现代化之前能被记录下来的机会很小。已经有了某个谜题足以提出论点的所有信息，却缺少当时忽略记录的关键观察，这多么令人扼腕叹息。以各种方法记录野外体验还有一个不太崇高的理由。如果你生活在蛮荒之乡，没有任何娱乐，也没有人说你的语言，那么自娱自乐——管它是叙述、绘画、拍照，还是绘制地图——是很好的伴侣和消遣。而与研究的联系常常是后来才建立的。

虽说重复性观察是科学的食粮，但它们也可能掩盖联系、束缚想象。若要理解我们所收集的科学数据，我们还要对有关内部关系的线索保持警觉，而那些关系常常不包括在初始的研究问题之内。自然而然的叙述会产生关联，通过记录事件、想法、推测和逸闻趣事以及量化数据，我们能保持在野外的好奇心。某个地方流传的故事，如果故事够精彩，你就会时不时地提起。关于玛格丽特·米德（Margaret Mead）的下流传说，猎头野蛮人的恐怖故事，对平原印第安人的铺张描写，以及远超常规的浪漫叙述，正是这些启迪我成为人类学家。重要联系往往是偶然发现的，超出了我们研究日程的限制。我们记录野外笔记的方式能开启意外之门，也能将其关闭。

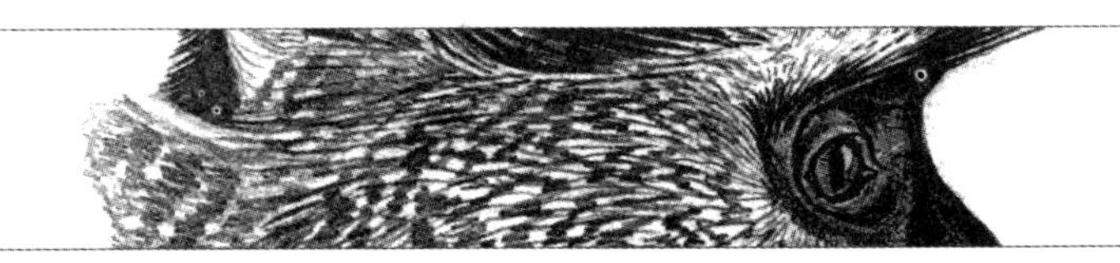

7

旁观者之眼

乔纳森·金登（JONATHAN KINGDON）

最谦逊的野外记录始终是一种翻译过程。无论记录的是什么，动物行为也好，植物结果也好，黎明显露也好：所有一切都必须经由人类感知处理并翻译为文字、数字、图画、照片，或任何用于告知他人的其他交流惯例或设备。那些惯例的历史可能不长且具有高度技术性，或是能把我们带回历史或史前，但在个体层面，我们中的每个人都从导师、同辈或诸如书籍的媒介学会了数据记录的技术和惯例。

我们中的许多人是在学校或大学学会了进行系统化的野外观察，但就我个人而言，我的“野外笔记”开始得很早。因为家附近没有学校，而我的母亲是一位训练有素的艺术家、教师，所以我从她那里学到的第一堂课不是读写，而是直接描绘生活。我记得大约 5 岁时母亲就让我坐在那里，用铅笔和纸画院子中的金合欢树，而她则埋头于自己的写生簿。

过了一会儿她来看我的作品。“棒极了！但你没注意到树干向上长时是如何变窄的吗？看一看枝条怎样向旁边伸展，不像那边的夹竹桃，夹竹桃的枝条全都以很陡的角度向上伸。不要把那个擦掉，再画一个，跟第一个比一比。”许久以后我才发现，我母亲对我下达的观察、准确记录和比较事物的指令正是科学的探索的本质。那些体验像游戏一样没有什么重要意义，就这样匆匆而过：20 世纪 40 年代维多利亚湖畔日复一日的生活中平凡而又惬意的细节。这种学习顺序（先学写生，然后才是读写，数学留到了后面，更正式的课程）也许带来了意料之外的收获：在我感知周围世界的过程中，在我的交际手段中，视觉形象优先于言语结构和文字。

遭到大象破坏的金合欢树，肯尼亚安布塞利（Amboseli）。

在英国一所寄宿学校念完普通中学后，我到牛津大学的美术学院——由约翰·罗斯金（John Ruskin）创立——接受真正的古典艺术教育。在那里，在珀西·霍顿（Percy Horton）和劳伦斯·汤因比（Lawrence Toynbee）——两者都是一流的美术家，都钟情于艺术——的指导和熏陶下，我不但提升、丰富了表现技法，而且拓展了自己的文化视野，我开始清楚所有的形象——我自己的和历史上的——都必须反映艺术家所热衷的事情及其时间和场所的价值。

艺术学院位于大学的阿斯麻林博物馆，走过一段楼梯和走廊就是版画室。那里真是一座宝库，我得以（事实上是被鼓励）研究、复制，甚至触摸文艺复兴时期达·芬奇、皮萨内洛和其他人的伟大画作。我又到伦敦的皇家艺术学院接受不算太严格的训练和体验，并徜徉于维多利亚和阿尔伯特博物馆、自然博物馆、大英博物馆和其他伦敦博物馆。

我把绘画用于辅助科学观察开始于汇集一本“进化地图”的想法，后来容量翻番，变成了东非哺乳动物目录。那是 1960 年左右，当时我是东非大学的

年轻讲师，常常到奥杜瓦伊峡谷野餐，去塞伦盖蒂草原（后来成为“禁猎区”）度周末，爬山，探索东非湖泊和海岸及岛屿。

我想组织一个能让我走遍东非（其他人眼中的“野外”，我却把那里当作故乡）的项目——可以发展和展现我对哺乳动物业已丰富的经验。我对化石和采掘也很着迷，希望把精力直接投入到研究项目中，而且我清楚该项目所必须具备的唯一令人满意的条件——论述哺乳动物的演化，包括人类。

该项目的广阔背景是一个刚刚摆脱殖民主义和“二战”阴影的大陆。非洲殖民地正在成为独立国家，新的国家公园宣布成立，因为大批游客开始取代少量有钱的打猎者，殖民时期那些打猎者独占了“大猎物”的乐趣。除了游客，精力充沛、充满好奇的年轻教师也来了，有些来自和平队（Peace Corps）。我遇到过第一代来到东非探索的外国科学家：富布赖特项目（Fulbright Program）中的美国研究者，京都大学的日本灵长类学家，以及年轻的英国或欧洲科学家，大多数都在攻读博士学位。我很幸运位列其中。我在坎帕拉和内罗毕的同事包

比较年幼疣猪和红河猪（Potamochoerus porcus）正面图的素描。

括 L. S. B. 李基（L. S. B. Leakey）和许多其他当地热情的博物学家。但我应该强调的是，除了那些先驱无与伦比的努力，世界上并没有研究最丰富的哺乳动物类的连贯项目，甚至没有最基本的野外指导。

对我来说这就是行动召唤，但更大的动力来自我孩子般、仍不满足的好奇心，我渴望了解动物形状的“含义”或“形态”。什么“塑造了”动物？虽然我知道那不是什么神的计划，像中东先知在星光闪烁的沙漠夜空下捏造的那样，但我想通过自己的努力和我有优势的工具——绘画，实现自己理解这一塑造过程的目标。我读过达尔文对哺乳动物的四肢和脚趾演变为手、蹄、翅膀和鳍状肢的解释，但我还知道许多更令人兴奋的解释和可能性隐藏在动物那多种多样的生物学细微问题中。而且，一份热带故乡哺乳动物的演化名录能为这样探索提供学术上合理的手段。作为东非大学的讲师，我有具备研究材料、获得必要许可的便利条件。

于是，我挑选了东非四个说英语、斯瓦希里语的国家作为整个大陆的缩影，而我的研究以典型的达尔文进化论生物学步骤开始——比较相关物种的形态。我尝试了行为学、生态学、解剖学和生物地理学，因为正如我最后在书中前言里解释的那样，“它们也许能提升我们对进化的巨大及壮丽的了解”。[32] 我继续指出：

> （我们）知道物种间即使最细微的外观差异通常都与各物种所适应的生活方式中的功能差别有关。在考虑那些形态差异的过程中，绘画在我看来以其独有的方式成为恰当的思想表达方式，就像数学公式或表格一样……形态对比带来疑问，而绘画也是对形态无言的发问；铅笔试图从复杂的整体中剥离出某种眼睛和头脑捕捉到的有限的连贯模式。探索中的铅笔就像解剖刀，尝试着把可能不会立即发现、隐藏在镜头中模糊世界里的有关结构展现出来。[33]

持续10多年的野外工作带我走遍了东非，从乌干达北部的基特古姆（Kitgum）到坦桑尼亚南部的内瓦拉（Newala），从中非的布福姆比拉（Bufumbira）到肯尼亚海岸的奇瓦义（Kiwayu）。在10年高强度的研究中，我驾驶着一辆路虎车，行程超过15万英里。那辆车配有绞盘，后面用卡槽固定了4个箱子。一个箱子装寝具，一个装食物和炊具，其他两个装绘画、做笔记的设备以及设陷阱和解剖用的物品。我在跑步日志中记录探险，并有选择地制订所见动物的名录，几乎都是当前我感兴趣的哺乳动物。如果收集了标本，就加以保存并在标签上记录常规的测量信息。

我有意不带相机，因为我想我可能会过于依赖相机，反而使我的观察变得迟钝。尽管这是自愿的野外限制，我后来还是使用了胶卷、录像机和定格照来分析步态或细节，它们转瞬即逝，有时是非常快的行为序列。从我早期研究以来，录像机和自动捕捉相机一直是我研究哺乳动物最有用的工具，它们揭开了哺乳动物生物学许多方面的奥秘，那些在20世纪60年代是无法想象的。简单的轮廓图可以直接描摹自照片或定格照以说明各种各样的结构或行为，但此类工作室里的工作适应不了野外工作的条件。初步或探索的描绘稿可以用铅笔画，但出版商倾向于黑白分明的线描图。根据成品所需的比例或细节，0.05~0.2 型号的针管笔（最理想的是防水且耐光）加上 90 克的光滑描图纸能使描绘满足大多数目的。

摄影和电子显示器可能有巨大的功效，但与传统科学相比，眼睛所看到的一切更需要与美术教育相关的术语来分析。具体地说，在我研究哺乳动物视觉沟通的演进过程中，我发现了视觉分析技术，而且在对实物写生时更有效。有关视觉沟通的文献经常包括量化，即展示全部技能的次数，而且通过这种方法可以揭示大量有用信息，反映视觉通道对具体有机体生物学的作用。尽管如此，对视觉现象的任何深入分析都能使我们有意识地注意到，“在旁观者眼中”，许多视觉现象都通过自然选择演化了。我将在描述对长尾猴（Cercopithecus、Allochrocebus、Chlorocebus、Miopithecus 等）甩头信号的研究时继续讨论这一真理。感兴趣的领域越来越广，时间越来越宝贵，所以现在我更愿意带数码相机到野外去，我算不上担心那样会影响自己观察技能的纯粹主义者。

在 20 世纪五六十年代，我的主要工具是写生簿或一沓优质白纸，一把削笔刀和一支 B 铅笔。B 铅笔能保持尖利，能记录每个色调和最细小的细节，且不必更换铅笔。为了使笔记颜色丰富，我准备了一个布卷，上面有很多笔槽，装得下全套的水彩铅笔。有了这些铅笔，就能又快又容易地完成彩色笔记，但只要它们不是马上交付，我就会用彩笔为图画填上颜色。我的旅行常常止步于大象制造出的泥塘、狂暴的洪水，或是我的车陷入沙子、烂泥或深水中，在潮湿季节和还没有公路时尤其如此。绞盘很有用，能帮我自救，而且在我利用当时盛行的地方政府“猎物控制”或“收获计划”时，绞盘还能帮我剥下大型动物的皮、操控它们的躯体。

要克服的其他障碍并不少，有时村子里的保安团成员会来挑衅，但我懂得斯瓦希里语和地方习俗，所以通常能缓和他们的暴躁情绪，而且我在新地点展开工作之前都尽量向地方政府介绍自己。孩子和猎人总是很好奇，他们有时会带来小猎物让我看。有时我会向他们指出那个动物的某个机能细节或是其生物学的某个方面，让他们吃上一惊；有时他们的知识或故事也令我惊讶。我通常喜欢睡在车身结实、轴距长的路虎车中，以躲避觅食的行军蚁、蝎子、小偷或夜晚被拉索绊倒的大型动物，在某些地方它们使露营变成了危险之事。成群的昆虫，尤其是蚊子、被汗味吸引的蜂类和苍蝇（舌蝇、青蝇、胃蝇与马蝇，以及普通的家蝇）常常使画画很难完成，我画画时它们会咬我或是干扰我的纸、手或脸，塞住了我的眼睛、鼻孔或嘴。柠檬香茅（Lemon grass）或其他驱虫剂很有用，但我发现需要量很大才能驱赶走那些更为坚决的无脊椎动物！当我被叫去看死亡动物的尸体时，尤其是炎热季节里已死了一段时间时，恶臭引来无数的苍蝇和成群的秃鹫，而在这种情况下进行解剖需要一个强壮的胃。我的一幅已解剖犀牛头的画作就是在这样臭气熏天的条件下完成的。在那次解剖过程中，我坚强的马萨伊人助手却呕吐起来！

当然，我把铅笔比作解剖刀是在表达自己对解剖学的兴趣，但我认为解剖更多的是一种“揭露隐藏”的肉体比喻，而这正是我着手哺乳动物研究的主要动机。项目初期有人给我送来一个南非穿山甲胚胎，我发现绘画中出现的准确

黑犀牛头解剖图。

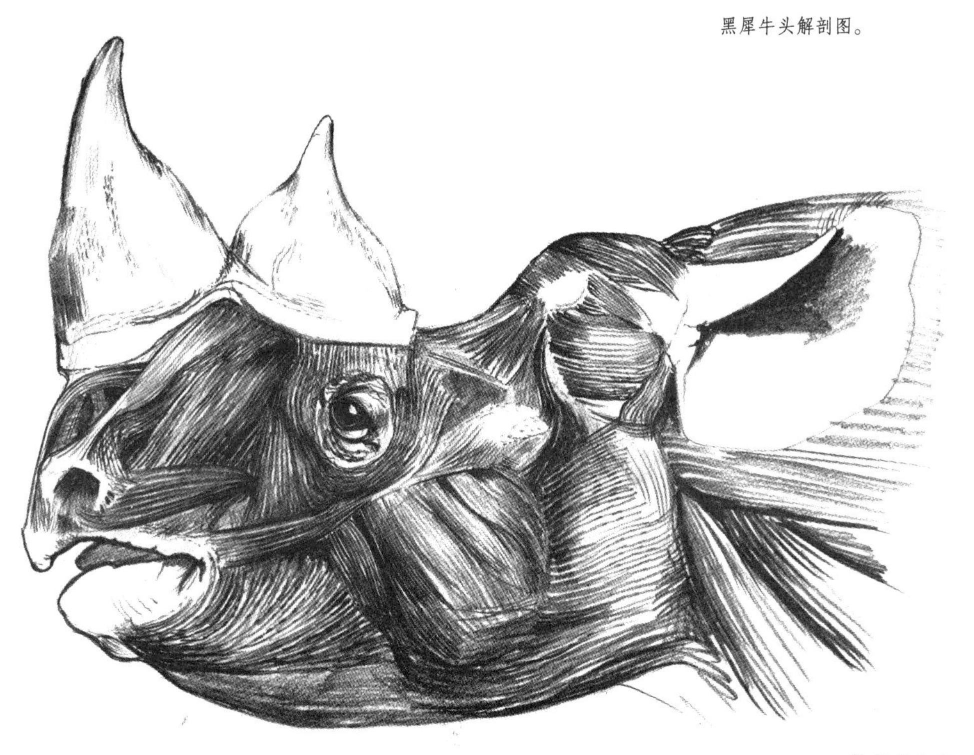

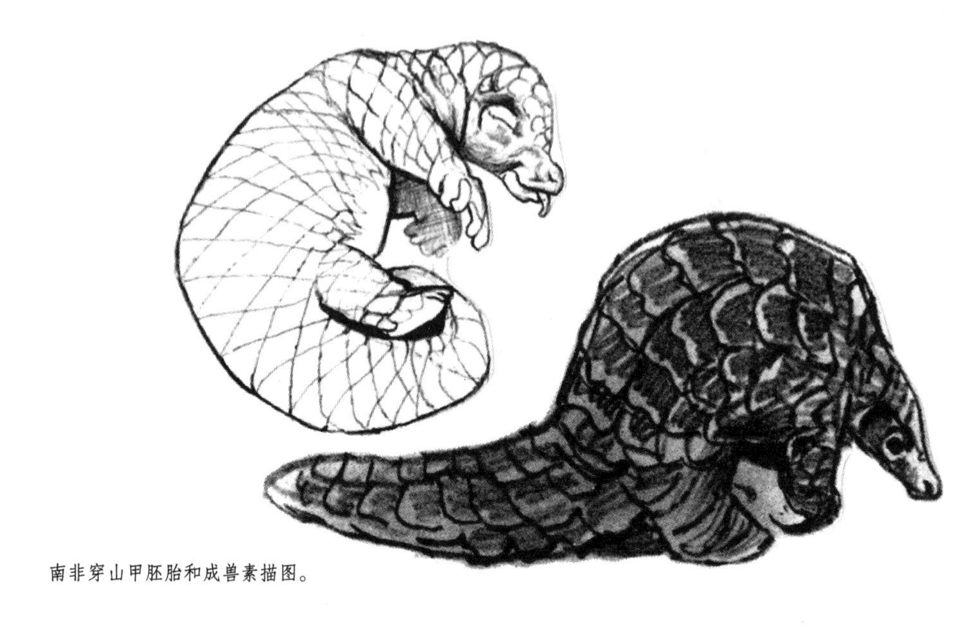

南非穿山甲胚胎和成兽素描图。

树穿山甲解剖图。

几何线条远不及有鳞甲的成年穿山甲那么清楚。在为一只剥了皮的树穿山甲所画的画中，我发现了隐藏在它鳞甲和皮肤下面的大量机能细节：耳廓的软骨残留；尾巴末端有柔软、指尖状结构；强有力的爪、脚趾、肌腱和肌肉；以及增大的皮下肌肉（上面嵌着肋部鳞甲，起保护穿山甲腹部的作用）。

那时候，我比较了对另一只穿山甲（巨型品种）的解剖，对这三种知之甚少的穿山甲画了许多张画之后，我得出有关骨盆结构与运动差异——四足、两足和树栖——关系的结论，我后来发表了这一结论，而这一问题之前尚未被注意到或讨论过。

在数码摄影时代，再强调缓慢、原始和不精确的手工绘画技术显得有些顽固、守旧。摄影教给我们的用线框住观察对象边缘不过是鬼把戏。这样的轮廓很少出现在照片，或者在本质上，就此而言，但是……但是？当代对人类大脑的研究显示，它不会像中立的相机那样处理图像。大脑发现边缘并建立结构，

河马解剖和行为草图。

至少在部分上基于之前的经验——可能包括过去所接触的人工制品，如“绘画”，以及之前有关自然对象的知识。视觉神经生物学是一门刚具雏形的学科，但它证实了视觉结构的复杂性，并整合于认知发展。这暗示出，即使与所谓的照片客观性搭不上什么关系的轮廓素描，也可能会更有选择地向他人传递信息，其作用有时甚至超过了照片。例如，通过扫一眼几幅河马速写，我就能领会它们的性别差异，它们那巨型四足动物适用于两栖生活的独特结构，以及咬和用张大的下颌撞击的动作组合，这有点像鹿角的撞击。

如果大脑在主动寻找轮廓方面与相机有所不同，那就强烈暗示出，“轮廓图”（只是为了获得一种视觉表达方式）本身就能代表更符合大脑找寻内容的人工制品，它胜过照片所代表的光线反射形成的图。野外观察不仅要筛选与问题相关的数据，还要不断把感知翻译为某种媒介，使其不同于传入最初观察者时的原始形式。

因此绘画就代表了有别于摄影的翻译方式。考虑到有关大脑过程视觉输入的最新研究，而且绘画又是一个心理过程，所以没有必要为绘画在实际视觉体验的混乱中提高关联度的功效再做解释。正因为视觉体验极其丰富，所以绘画也不可避免地成为多元化的技能。学习辨别什么有意义、什么不相关是野外研究必不可少的一部分，而这种辨别也是绘画所必需的。

我们有理由说所有的绘画都带有文化和心理上的根源。我们意识到，达·芬奇、葛饰北斋或毕加索的一幅画需要文化知识才能充分解读，但即使没有翻译，所有看到他们画的人都会有所理解，甚至视觉上的文盲也不例外。比起C、A、T这三个字母，任何上述大师所画的一只猫更容易使人联想到猫科动物，因为英语在本质上靠的是谓语。同样，比如要按重量区分家猫与虎的话，我们的图表或柱状图等人工制品会采用阿拉伯数字的惯例。即使科学的术语和步骤也带有一定的文化根源！

此外，与绘画行为唯一关联的心理活动即是一种“塑造”行为，而看画则是主动的重塑过程。记录和阐释所看到的事物不仅涉及不同的认知媒介，而且所出现的“笔记”往往能比笨拙的语言更快速地记录。

就我个人而言，我着手应用绘画技巧且找到了多种图像方式，以此表达自己对非洲故乡纷繁进化进程的探索。而且，把欧洲教育抛到身后，重返东非之后，我就断定进化生物学是表现我所处时代和文化的最令人兴奋、最真实的方式，而且在智力上也最具挑战性。于是我把自然选择作为主要研究方向，站在谨慎的达尔文主义者的角度，投身于那些能通过密切观察和描绘人类和其他哺乳动物来学习的领域。

我很快得到了一种经验，那就是在确定许多动物的外观时，观察者的眼睛一直是主要的选择者。任何需要在自己群体间区别敌我视觉导向的动物，都必须以外观为基础来判断、选择、被选择、发信号或逃走。狞猫就是很好的例子，这种不引人注意的动物运用头和黑簇毛耳朵的细小动作向同类发送信息。它耳尖最微小的抽动能传递情绪、地位和意图，这与帆船桅杆上的旗帜相似。

狞猫耳朵或头部的信号系统设计复杂，而握住铅笔的手指几乎跟不上它们飘忽不定的迅捷身影。尽管如此，我仍相信比起费力写就的描述或量化的频率记录，绘画是探索此类视觉摩斯码的更明确途径。毫无疑问，未来的学生会使用新的图像来源来进一步分析，但在画速写时，我感觉到观察和告知有这种有趣行为存在就足够了。随着分子科学家最近发现狞猫不是北部猞猁的近亲，后者有独立演化出的类似耳朵簇毛，簇毛耳尖所引发的兴趣也越来越大。这方面的研究汇聚了其他猫类、灵长类、松鼠和某些羚羊物种，这样就增强了我们的认识，即其余与其他动物用于交流的耳尖活动具有功能的相似性。

艺术家和具有科学头脑的人不是试图从自然混沌中提升意义或信息“形式”的唯一动物。为了生存，每种依靠视觉的捕食者，不管是猫、鹰，还是虎鱼，都必须不断“洞穿”猎物的伪装。因为依靠视觉的捕食者经常选择猎物中最容易看到的个体，而被捕食动物的伪装变得越来越好，其进化角度解释是，不容易被发现和捉到的幸存者及其后代得以延续下来。因此捕食者的敏锐视觉成为识别猎物外观的主要手段。所以隐藏本色的行为在捕食者和被捕食者身上都有所体现。而且，因为每个被捕食者都生活在容易被看见，或逃走时会被看见的环境中，它的外观选择将与该环境中的某些细节产生直接联系。我们将其结果称为“伪装”，但那实际上是外表的显著表现，不过正在被转换为其他手段。事实上，捕食者选择把环境中的某些方面“描绘”或“塑造”到生存下来的被

狞猫用耳朵和
头发布信号的速写。

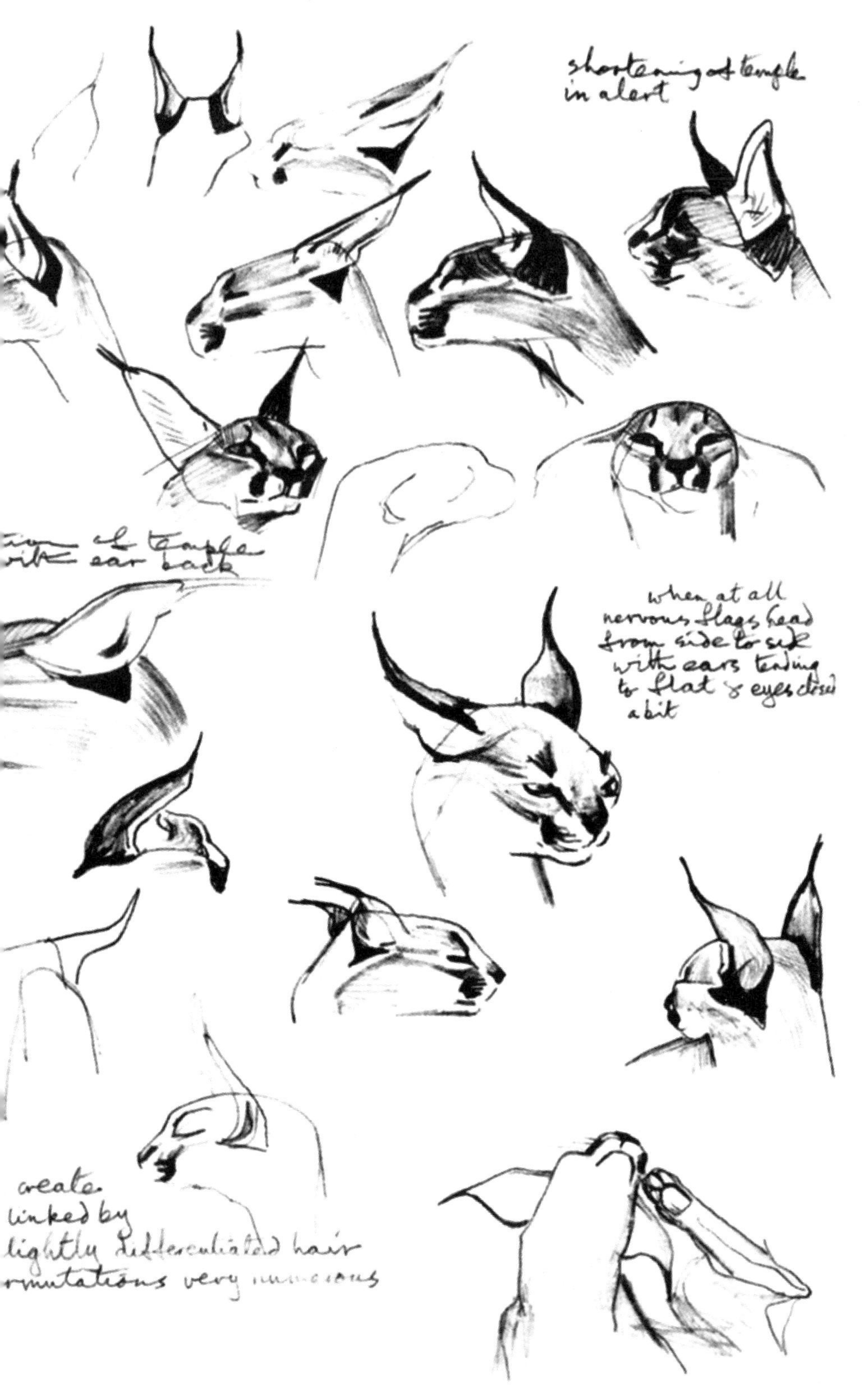
shortening of temple
in alert
when at all
nervous flags head
from side to side
with ears tending
to flat & eyes closed
a bit

象尖鼠素描。

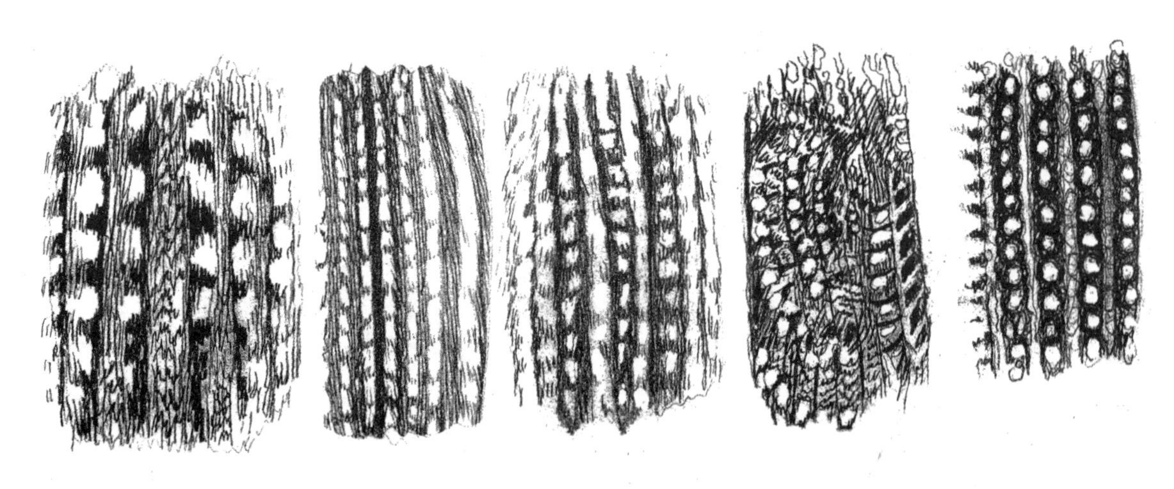

神秘图案的草图（从左至右）：象尖鼠（Rhynchocyon cirnei reichardi）；非洲草鼠（Lemniscomys macculus）；美国地松鼠（Spermophilus tridecemlineatus）；非洲夜鹰（Caprimulgus pectoralis）；长尾蜥（Cnemidophorus sp.）。

捕食者身上。毛发、羽毛或角质成了缩微风景画的媒介。

研究伪装如何把动物隐藏起来与把它从背景中剥离出来恰恰相反，但对于善于分析的观察者而言，这也是一种颇具吸引力的研究，其魅力不亚于所描绘的对象和进化的任何其他表现。也许还不仅如此，因为绘画不过是表面的色调刻画，而动物的毛皮有数不清的、不同色调的毛发。捕食者和被捕食者身上都能发现伪装，而伪装至少可分为明显的两类。第一类通常是规模很小（最常见于节肢动物和海洋生物），具有与动物或植物直接背景完全相符的图案。第二类一般规模较大，由抽象图案构成，那些图案模仿洒落在不平地面的光线排列或植物生长的混乱，并对色调有限的相对比例、排列和形状进行了均化。

按照定义，均化并没有什么特别，所以我们会有趣地发现不同种类的动物有着类似的图案，那些图案一般是半线性的暗“线条”上有浅色“斑点”，两者之间是中间色调，总的色调平均为三种或更多。就此而言，仅仅忠实地记录象尖鼠，即象鼩的皮毛图案是不够的。我使用了最简单“潦草”之画来探索这一点以及啮齿类动物、鸟和蜥蜴身上捕食者选择图案的其他例子。这样类似画地毯的成果几乎与表现哺乳动物的面部表情或轮廓没什么不同，它们都需要用手来表现，都需要好奇心和留心观察的眼睛。

长久以来绘画辅助着解剖学和图解，但我希望自己对哺乳动物的研究把绘画再推进一步：我的“无言的发问形式”必须记录下各种活动，如进食、交尾、排泄、争斗和向同伴传递信息。通过观察和描绘此类重要活动，我逐渐清楚明白地表达出对“外形”的理解，从而促成了“用达尔文的视角”绘画。然而，我用超然的科学精神收集、测量和解读进化产物的能力与我的个人欣赏并不相符，我认为哺乳动物像我一样生存着，在追求生活的过程中充满了“精彩时刻”。这一点充分地体现在我的挣扎中，我努力把动物行为学或“行为”的短暂时光与更为持久的形态“固件”相结合。对我来说，绘画就是架起这座桥梁的必不可少的媒介和辅助工具。

认为形态以某种方式约束或支配行为，就等于颠覆进化的事实。它确实模糊了我们对于自然选择本身机会主义本质的领会。相反，这是达尔文进化论中最为深刻的洞察之一，即在特定地点、生命短暂的限制下，个体和各种动物都在探索着所有生存的可能性，作为这一点的结果，形态渐变地出现了。在进化的漫长过程中，看起来在很大程度上是个体行为中微小的自然选择驱动、塑造了形态，而不是其他方式。那些行为与环境和时间相适应的个体生存的可能性最大。被利用的此类行为都是身体和生理上的很小差异，而这些差异又进一步增强了行为的效力。我们知道，此类身体改变能逐渐重新组织喙、耳朵、肢体的形状，甚至是整个身体的比例。物种就出现在此过程中。绘画帮助我提升了定义某个物种的结构细节，而且还能用作我书中的插图。此外，绘画过程也是做出更多动物生物学和进化发现的密不可分的一部分。

在上一段中我使用了“探索可能性”来比喻自然选择的动态结果，但当哺乳动物的进化谱系在追寻食物或避难所的过程中消失时，那么“探索”就变成了身体的。在非洲最古老的哺乳动物中，非洲兽总目（Afrotheres，包括土豚、大象、海牛和树蹄兔）涵盖了许多品种的金鼹（golden mole）。乍看之下，或是在照片中，金鼹就像会动的粪块，尽管它们的皮毛有着金属光泽，它们的名字正源于此。

详细察看，就会发现它前头有一个皮质铲形鼻子，极小的爪子使它们走起来像划船，腹部一直拖着地。此类“不成形”的动物带来了再现的问题。然而，尽管它全身裹着毛皮“方披巾”，它的进化程度却不亚于大象或土豚。更深入的研究揭示出，“探索”和因探索或挖掘行为而演变出的外形之间是密切关联的。于是擅于挖掘的金鼹强化了自己的鼻子，那个部位变成楔形，能深入泥土。然后是武装了弯曲利爪的趾头前移填补了鼻子造成的空缺，强壮的头骨向前推，爪子向下、向后扯，这样就能做出强有力的挖掘动作。研究时，我画了两幅简化的解剖图以说明这一动作，而且我还为手心中的小小尸体画了速写。在我看来，它毫无生气的外形下包含着那个小小挖掘者的快活以及自然选择的抽象力量，这种力量塑造了它古老世系的存在。对于我，那张简单的速写在某种程度上概括了探索和挖掘的行为如何选择了我们不恰当地称为“流线型”的头骨和身体形状，而文字描述则做不到这一点。

关于绘画潜力引出具有独创性的惊人结果的另一个例子是1966年对灵长类肖像画的尝试。在那之前的很长时间里，科学家注意到灵长类鼻口部的长度

金鼹素描。

正在挖掘的金鼹的“X光”素描和两幅解剖图。

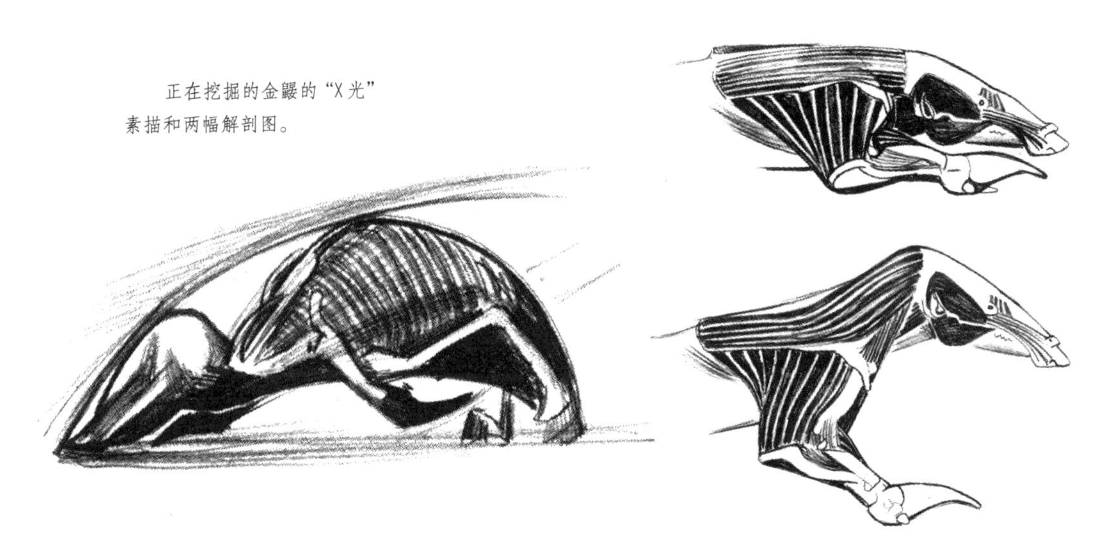

存在着差异，并十分合理地假定：生活在开阔地域、鼻口部长的地栖狒狒进化自生活在树上的、鼻口部短的森林祖先。随着时间的推移，这种概括摇身变为正统学说，狒狒祖先像人类祖先一样“从树上降到地面”，并逐渐代表或暗示灵长类的进程。任何颠覆观点都好像会扰乱人心，我对此一直感到如鲠在喉，觉得有责任反驳被某些权威奉为指南的观点。通过描绘短吻白眉猴，尤其是树栖白眉猴的面部，并将其头骨与其他灵长类进行比较，我发现白眉猴的面部骨灰颊白眉猴的侧面图和头骨图。

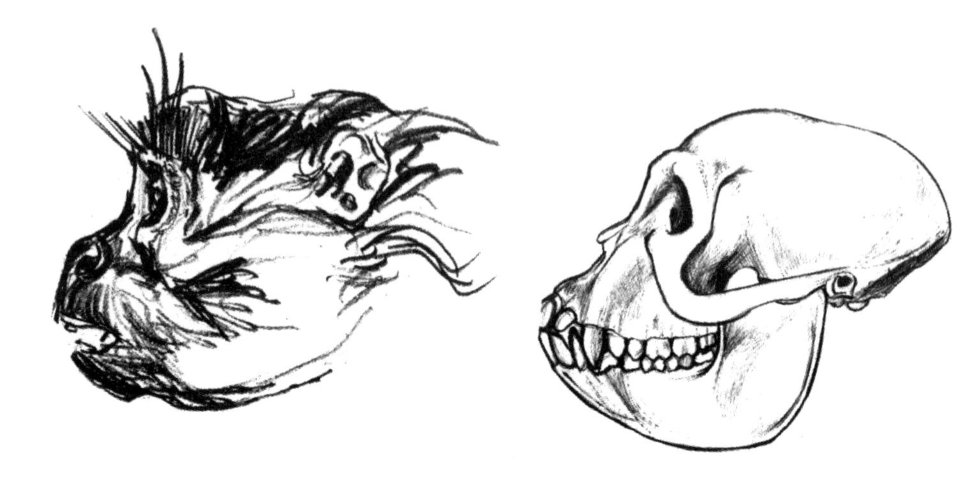

骼被“拉伸”成奇怪的歪曲褶皱形状，而这只能由它们祖先的鼻口部向后移动来解释。

而且，这些像狒狒的猴子没有什么是“原始的”，它们的习性和栖息地更符合进化上的“返回”森林，而不是一开始就是树栖。与伸长的鼻口部有关的雄性分等级行为中有许多在再次树栖时就废弃了，这一观点符合我的论证，即头盖骨证据表明雄性白眉猴鼻口部在大小和长度上有二次的“缩回”。对我来说，白眉猴的褶皱骨骼和“扣紧的”面颊说明了，随变化的环境而改变的行为如何进一步导致形态变化。

白眉猴是衍生的观点仍有人怀疑，但重要的是，据我所知，还没有任何批评者尝试着坐下来画一画白眉猴的头骨和面部，更不用说将该结果与10多种相关灵长类进行比较了！为了探索白眉猴头骨是如何被重新塑造的，我改进了一位老艺术家的技法，把一个对称的网格放到轮廓图上（即长鼻口部的猴子头骨），然后把网格交会点绘制到另一份轮廓图上（即白眉猴头骨）。由此产生的网格线正符合白眉猴扣紧颧骨的轮廓，这种头骨组件重塑与通常在鲸和蝙蝠身上发现的并无二致。

坐标的使用出现于20世纪60年代，那时我在乌干达的马克里尔医学院（Makerere Medical School）带领学生画猿和人类的解剖图。这一举措得到了马

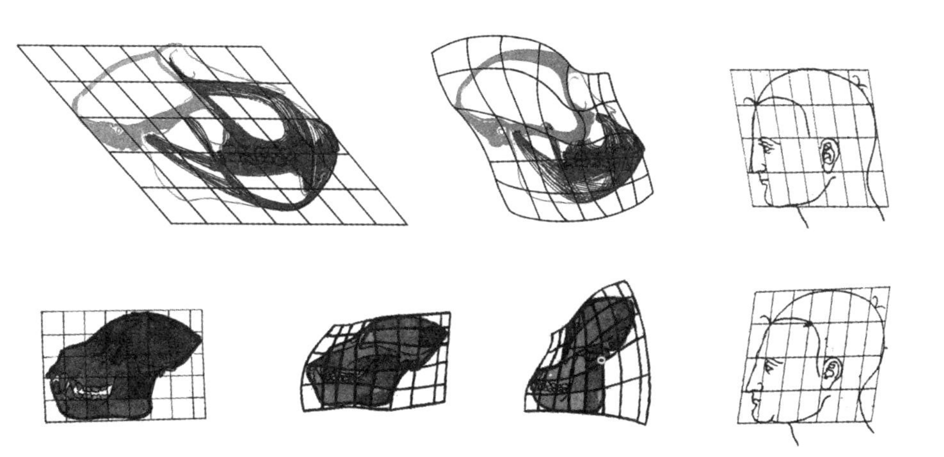

加在头骨上的“笛卡尔坐标”。第一行，左边和中间：长面猴（Papio anubis）和灰颊猴说明了白眉猴头骨进化回缩的假说。第二行：猴子化石：埃及猿（Aegyptopithecus）、非洲古猿（Afropithecus）、西洼古猿（Sivapithecus）。最右侧，坐标系中的两张人脸，取自阿尔布雷特·丢勒的素描簿，1514年。

克里尔大学（Makerere University）同事的鼓励和帮助，尤其是艾伦·沃克（Alan Walker，现在宾夕法尼亚州立大学），他本人就是一名有造诣的艺术家，此外还有克利福德·乔利（Clifford Jolly，现在纽约大学）。这两个人在各自范围广泛、严谨专注的进化进程研究领域有着深远影响。艾伦有一种惊人的能力，他能将活着的灵长类或其化石的细部结构与它们所适应的行为细微差别关联起来，而克利福德进行的则是把行为和社会组织与形态联系起来的野外研究。

我们向马克里尔学生介绍了达西·汤普森（D'Arcy Wentworth Thompson）的《生长和形态》（*On Growth and Form*，1942）和他的笛卡尔坐标，那种视觉技术可用于把一种形态与另一种进行比较（复制于阿尔布雷特·丢勒1514年的素描簿）。我利用这些坐标说明白眉猴的头骨演变。

艾伦和我还指出了直立与臀肌相对大小和方向的关联，我们注意到这些优美的膨胀是保持、平衡人类直立的主要因素。我根据人类和猿的尸体画了这一特征区域的解剖图，猿的臀肌看起来发育不良，但睾丸很发达（对于雌性，就是外阴周围的生殖突）。

这一切引发了许多疑问和推测，有些很滑稽，有些很可笑，但在对比的过程中，我发现自己一次次返回到一个尚未解决的老问题：什么样的行为和生态黑猩猩（左）和智人（右）腿部肌肉和臀肌。

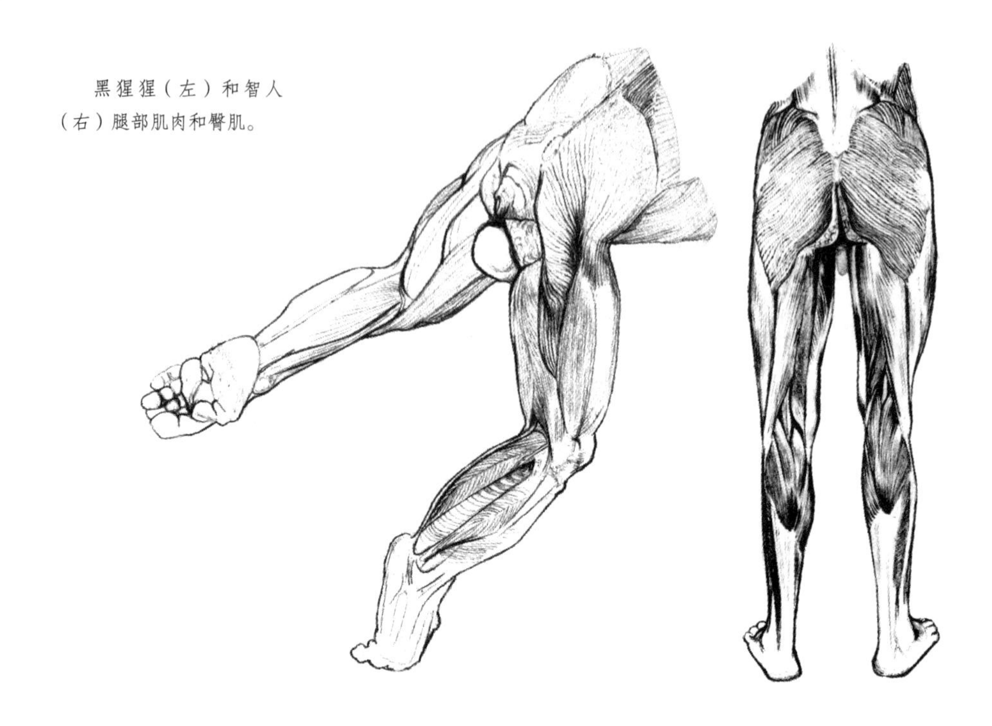

环境促成了从四条腿到两条腿的转变？

通过研究乌干达觅食的猿和猴子，以及后来观察生态学学生野外研究组（主要是英国的）在坦桑尼亚东部森林的地上采集的微动物群，我证实了这一点：一定是把双手用作多功能的食物采集工具驱使了猿与人的分化。接下来我广泛地重新检视了人类解剖学，做了更多的对比（还是运用笛卡尔坐标），画了更多的画，这些工作最后产生了我的新书《卑微的起源》（*Lowly Origin*）。同样，探索式地描绘骨骼和肌肉也是酝酿过程的重要组成部分。通过发展克利福·乔利有关“蹲姿进食”作用那最具影响的观点，我最终综合出更为激进的理论创新，并被很直接地冠以“用屁股挪出的假说”。

在乌干达观察和描绘灵长类是一个起点，它促使我尝试分析猴子看似用于彼此沟通的图案和颜色。在研究视觉信号如何被利用、如何演变的难题中，我发现自己徜徉在艺术和科学之间无人涉足的领域。毕竟，人类作为灵长类使用丰富的视觉信号，其中的某些还被贴上了艺术的标签。至于历史上的艺术家，他们一直试图分析我们的表现能力和视觉带给我们的诸多疑问。

为探索有关“蹲姿进食”的姿势、比例和解剖细节而画的蒙太奇式画，既有现存的猿猴，也有假说中的远古人类。

自童年起我就很熟悉引发我探寻的红尾猴，它们富于表现力的红色尾巴和好像理过发型、面具般的脸一直吸引着我。1967年的一张速写反映了它们变化多端的形态，但仍无法捕捉到它们敏捷的动作，尤其是头部的，它们的头有时摇晃得很快，起初我还以为是为了驱赶顽固的苍蝇!

为了使自己熟悉它们面部图案的细节，我对照捉到的猴子画了详细的正面像和侧面像。这需要让异常活跃的动物保持静止，我把Cernilan药物注射到它尾巴里，以使描绘对象暂时平静下来。一名在乌干达西部调查黄热病传染病学的同事也为我提供灵长类尸体，我开始将红尾猴与更广泛的物种进行比较，为此我必须参考取自刚果盆地、尼日尔三角洲或塞拉利昂腹地偏远地区的博物馆兽皮。

我很快发现，红尾猴属于关联密切的异域种物种集合——髭长尾猴种

红尾长尾猴速写。

群——分布于非洲赤道附近的森林里。虽然它们的大小、行为、体形和颜色很相似，但各物种间的面部差异很大，程度超过了与其他猴子的比较。为什么在这个特征上所有猴子都有着最醒目的“面具”且各不相同，而其他特征却相对不鲜明且一致呢？

像任何进化问题一样，一开始我必须找出可能的选择对象。所选的复杂、精细的“面具”一定要属于同一物种，而且背景至少要从社会组织的两个极端开始，即起到凝聚作用或相反的驱散作用的行为。[34] 在猴子中，这一点倾向于演绎为对立的情况，要么抚慰，要么攻击。对于长尾猴，攻击行为调和了驱散

莫洛尼氏性情温和的猴子的侧面图。大白鼻长尾猴[C.(nictitans)moloneyi](上)，髭长尾猴[C.(cephus)ascanius shmidti](下)。

作用（主要是这样，但雄性也有例外）。由于涉及面部，攻击者会正面盯着、做鬼脸，并试图咬或追击对手。相对地，抚慰者会明显避免眼神接触，害羞地看着下面、上面或旁边，装作看其他事物或地方，以免正视对方。[35]这就是线索！当近距离观察它们时（最终还对它们摄了像），我发现看似驱赶苍蝇的摇动动

So a side panel makes
sense when head turning is ritualised

髭长尾猴的
速写，带评注。

♀ puts head down
when shy &
submissive

In this posture the
animal is very
inconspicuous

♀ seen presenting her cheek for grooming
a juvenile

Impact of
moustachio
varies alo[illegible]
as there is much
individual variati[illegible]
in the shape & extent of white &
intensity of blue (very pale whitey
in some cases & variation in the
black bristly area. Nose-sniffing in cephus
same as in other spp of Cercopithec[illegible]
possibly more frequent in all certainly in [illegible]

Note that such
a tiny structure as a nostril
is difficult to
advertise

The white marks are aligned with t[illegible]
nostril slits & may serve to
advertise them so cephus could
be a ritualised nose-sniffer

cephus

The ears are bare blue conchae
(but duller than face)
The yellow cheeks are separ[illegible]
Chest [illegible] with blue
as is scrotum BUT all lost
to distant view by grey fur

temporal streak
Black links eyes & ear movements

yellow flush
blue zone
yell flush

mouth

Low black
lower cheek
mark ends
at same point
where yellow
zone ends
i.e. point
where
frontal aug[illegible]
loses sig[illegible]
value

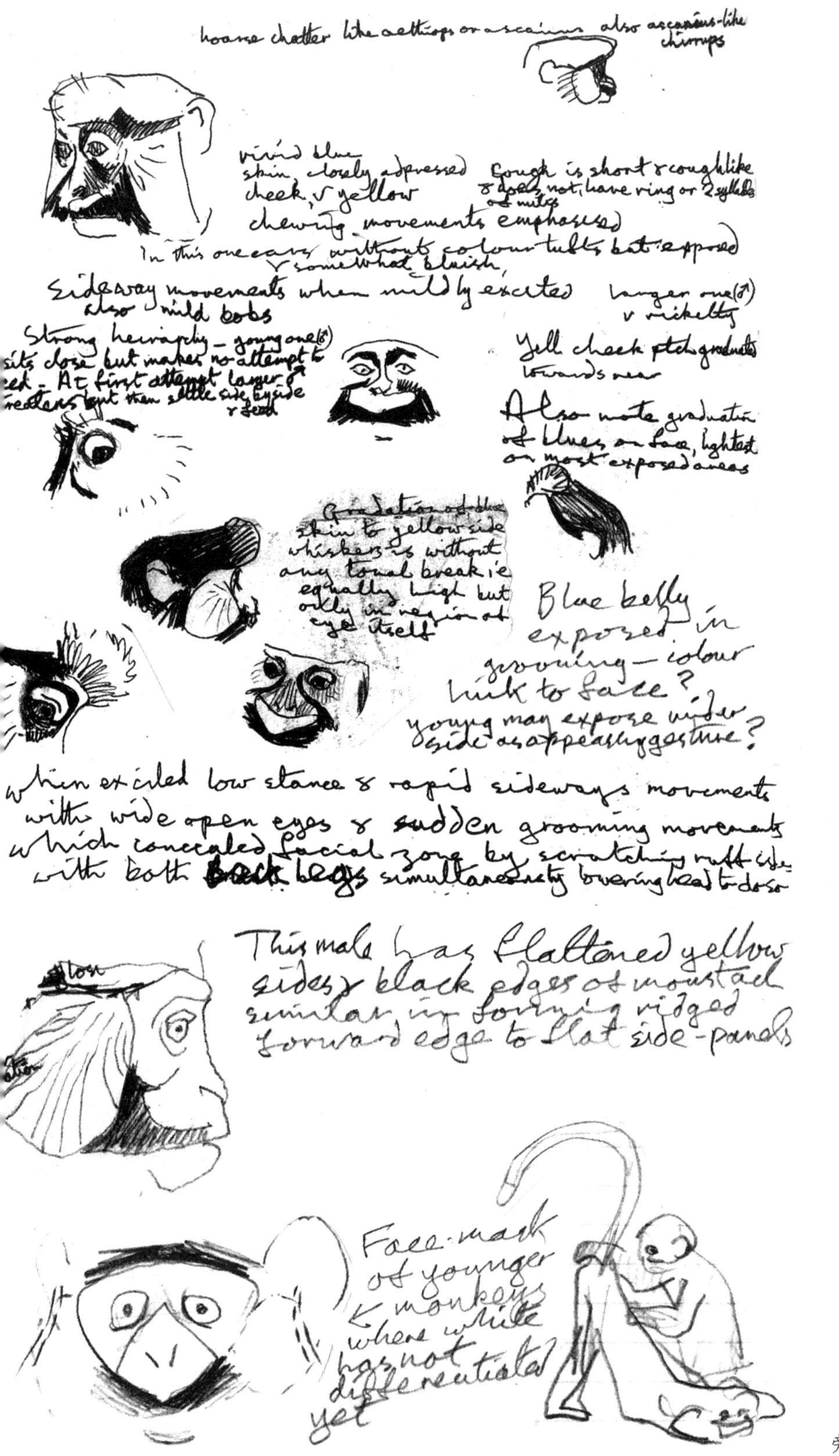
hoarse chatter like aethiops or ascanius also ascanius-like chirrups
vivid blue
skin, closely adpressed
cheek, v yellow
chewing movements emphasised
Sideway movements when mildly excited
also mild bobs
Strong heirarchy
Yell cheek patch graduates towards near
Also note graduation of blues on face, lightest on most exposed areas
Blue belly exposed in grooming — colour link to face?
young may expose under side as appeasing gesture?
when excited low stance & rapid sideways movements
with wide open eyes & sudden grooming movements
which concealed facial zone by scratching ruff side
with both back legs simultaneously lowering head to do so
This male has flattened yellow
sides & black edges of moustach
similar in forming ridged
forward edge to flat side-panels
Face-mask of younger monkeys where white has not differentiated yet

作实际是非常快速的眼光回避。我分析把注意力转移到吸引人的“标志”可能起到了社交作用，因为调和的行为更有利于凝聚。我继续探讨这些标志的进化起点在于一种需要，即使观察者的注意力移开被观察者的眼睛！

这种标志的准确设计很重要，不亚于它消除信号发出者面部表情中潜在的模棱两可的能力。关于此类不同“面具”的进化问题，最合理的解释是由于气候的变化，在面部图案分化的早期阶段，这种进化维持了干旱、孤立区域的种群数量，此后选择偏爱了更具“分散力”的面部标志。这一点是通过更多的几何图案和更强烈的任意颜色和色调对比来实现的。

使用这种高度仪式化的摇头动作的还包括试图接近雌性的雄性。这是面部图案选择的另一条线索——成功繁殖的附属物！雌性大多时候是分散在枝丫间的，它们反复无常而且有无数的逃跑路线，在这种情况下，最重要的是潜在的追求者要能接近它们。对于地栖猴子，“展现”生殖器是最常见的接触邀请和最清晰的姿势，但在枝叶繁茂的树上，相对红尾长尾猴的快速生活而言这有些不太实用。事实上，红尾长尾猴用于宣传转移眼神的标志或类似面具的图案代表了一种进化过渡，即主要调和信号从身体的后部变到了前部。重要的是，红尾长尾猴有着不太引人注意的生殖器。

同样，上述研究显示了图画如何清楚解释了信号转移的视觉意义，其效果比文字更好。对这项研究进行录像时，我做了一个栩栩如生的猴子模型，脸没有颜色。摄像机跟拍我抓着模型的生殖器，于是我拧断它浅蓝色的阴囊，并把它立刻安到面部，这样它类似面具的结构就非常像蓝面髭猴——红尾猴的近亲。于是，可能用了几百万年来演变且需要长篇大论来描述的进化发展，就被这种快速、粗野却吸引眼球的方式象征性地呈现在电视上！在这项研究的过程中，我所做的带注释的素描和图表有助于阐明：如何通过直接观察那些猴子的行为和形态汇集证据，了解它们那独特“化装舞会”的进化进程。那些绘画的“模特”有森林中的野生猴子、捕捉到的猴子和博物馆的标本，但不管画得多么精细、多么粗略，这些画基本上是一种翻译——把“野外”翻译成多层面的，本质上具有实验性、试验性的进化生物学语言。

绘画能提醒我们，双手是思想和实验的代言人。非洲和欧洲的伟大洞穴壁画在证实这一道理上丝毫不输于达·芬奇的素描簿。摄影有着了不起的未来，尤其是在富于想象力的科学家手中，但无论摄影积聚多少辅助魔法，它都无法与最广义的“绘画”竞争。双手的探索始终会有用武之地，仅有一块赭石或一根炭条也无妨。它也许不能为所有人利用，但它的简便性最适合野外生物学家。因此可以说绘画有着美好的未来，正如它有着值得尊敬的历史。它的表达具有超越时空的潜能，而它的实用功效却在于能体现一个人的思想、他所遇到的有何含义、他要去探索什么。

DATA FORM for head & body movements & expressions

Cercopithecus species? ascanius race? white nosed

Locality. Raimpont Date. 7th Aug 10.15-11.45

TIME	
ACTOR (sex & status)	♀
DIRECTEE (" & ")	
ACTIVITY Threat, sex, play, neutral etc	
BODY orient: TOWARDS / LATERAL / AWAY	
BODY posture: still / in motion	
TAIL positn. ↑↓← / " movet ✓–x	
GENIT. display ✓–x	
HEAD orient.: Level / up 1 / down 7 / side	
HEAD movements: UP 13 / DOWN 16 / SIDE 15 / CIRC. or DIAG.	
FEATURES: eye flicker 13 / brow " 45 / mouth open 8 / mouth closed 12 / ears move 11	
SPEED Fast Slow	
Repetition (no. of times)	
VOICE?	
Other Data: licking lips / champing 5 / open mouth 4 / wipes her nose	

显示红尾长尾猴（Cercopithecus ascanius）行为计数的数据表。

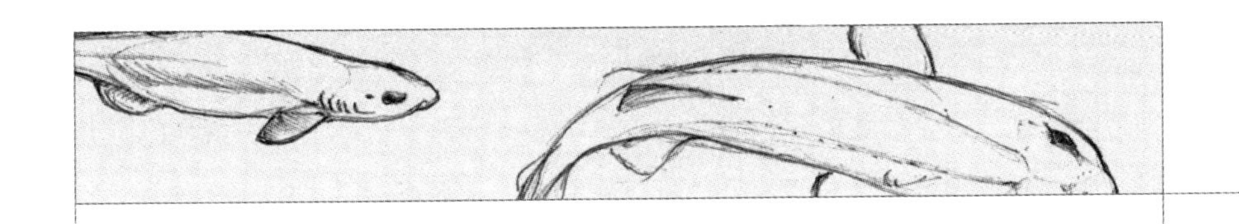

8

为什么画素描?

詹妮·凯勒(JENNY KELLER)

如果你声称要用文字从肢体姿势的各个方面展现人类的外形,请打消这种念头,因为你描述得越细致,读者就越困惑,认知对所描述之物就偏离得越远。因此,有必要既描绘又描述。

——达·芬奇

我的另一项工作是收集所有种类的动物,许多海洋动物只是简要地描述、粗略地解剖;但由于不会画、没有足够的解剖知识,我航海期间的一大堆手稿结果几乎毫无用处。

——达尔文,《自传》

从达·芬奇到达尔文,绘画作为科学调查和沟通的方式有着悠久、卓越的历史。在本章中,我希望能阐释清楚这种技艺仍与科学家和博物学家密切相关。尽管技术创新已提供了强大的新型信息记录工具,所有野外科学家还是能从了解如何进行形象思维中获益,并能利用简单的绘画技术增强他们记录大自然的能力。

为了观察而绘画

为什么你的野外笔记应该包括绘画?首先,绘画使你对观察对象看得更仔细。作为一种观察工具,绘画需要你注意每个细节——即使是表面上不重要的细节。在创造一个形象的过程中（无论技法多么娴熟），纸上的线条和色调会对已观察到的内容和尚未观察到的提供实时反馈。举个例子，如果目前忘记了画哺乳动物的脚趾，那么只要扫一眼你画面上没脚趾的动物，你就能把注意力准确转向所忽略的特征。绘画这一行为将迫使你观察所画对象的每一个部分。

是的，有些人会考虑，“好吧，听起来不错，但我不知道如何画”。对于这样的读者，我的主张是为了做有价值的视觉笔记，一个人不必擅长绘画。任何人只要愿意下一定的功夫学会一些基本技法，那他就能画出信息丰富的素描。事实上，有些十分有效的“绘画”和彩色记录技法根本不需要训练。对于有兴趣试验的人，我稍后将在本章中探讨一些此类技法。

因为绘画能提高观察力，所以画画的过程也会揭露出研究者意想不到的层面。我曾与已故的著名海洋生物学家肯·诺里斯（Ken Norris）一道工作，他让我做一小段夏威夷长吻飞旋海豚（spinner dolphin）在空中旋转、飞溅入水的动画。当时这一过程都是手工完成的，我在视频屏幕前花了许多小时数帧数，以便捕捉到合适的姿势和时机。做完后我才知道自己从未这么清楚海豚飞旋和入水的每个阶段的时长。一天与肯闲谈时，我发现海豚入水和激起泡沫阶段的持续时间是其他动作时间的 10 倍。我只是抱怨要画那么多无聊的气泡，但令我惊讶的是，他对此很兴奋。显然，这一点增加了定量证据，能更好地支持他关于泡沫痕迹在海豚交流中重要性的理论。在科学例证以及科学本身中，你不知道什么最后是重要的。

在野外画的素描还能记录宝贵的信息——有时甚至比摄影更可靠。虽然相机在捕捉飞逝的事件和复杂细节方面无可替代（而且我到野外时总要带上一部），但它们无法面面俱到。照片上的色彩通常（有时是戏剧性的）不准确，比例常常也是扭曲的，而且可能无法准确记录生物的关键特征（或根本捕捉不到）。此外，使用相机会带来错误的安全感，尤其是数码屏幕的快速查看功能使我们感觉相片与对象丝毫不差。只有到后来我们才会发现，某些至关重要的部分漏掉了，例如没有照叶片的背面，或所有照片上都没有动物的尾巴。

另外，在页面画的简单图像能提供绝佳的记录观察（并评估其完整性）的框架。基本形状、箭头、圆圈、彩色的点和文字笔记能有效记录重要野外标志。

一根线条就可以描绘蜂鸟俯冲的弧线，或鸟降落时中轴线角度。页面中一系列带编号的虚线甚至能画出捕食者和猎物在草原上奔跑的路线图，若要语言描述则显得笨拙。在描绘捕食的被囊动物时，它们透明身体的细微变化是相机无法捕捉的，但素描能清楚地表现出来。

做野外笔记时画素描的最后一条理由是，自己可以形象地想象出研究的出版阶段。即使你准备聘请专业的艺术家，但如果你头脑中事先有清晰的概念，那么插图的结果会更好。当然，那些精心绘制的图画还能协助文字表述传递你工作的专业精神、意义和兴趣。我们注意到，科学家及外行翻阅文章时通常是看标题和图片。如果你仍不信服插图在你工作中的重要意义，请留意一下科学出版界专业人士的建议。斯科特·I. 蒙哥马利（Scott I. Montgomery）在他名为《芝加哥传播科学指南》（*The Chicago Guide to Communicating Science*）的书中说道：

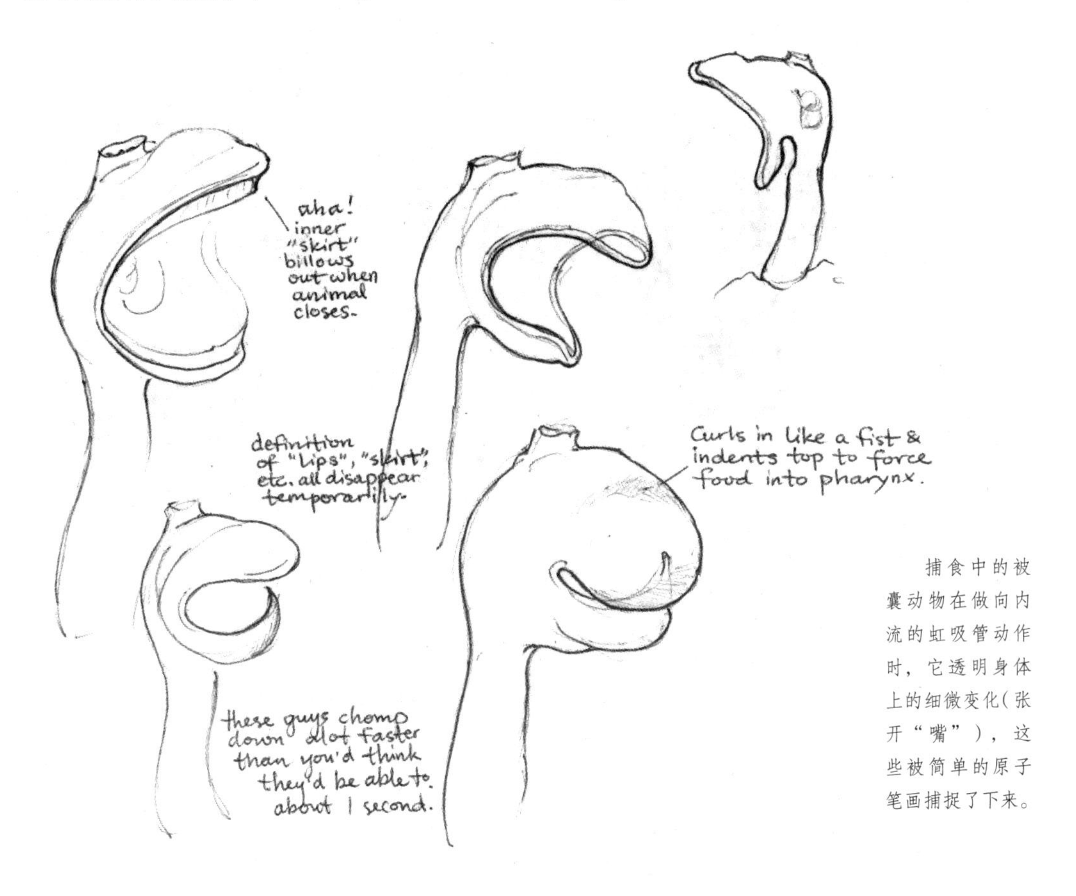

捕食中的被囊动物在做向内流的虹吸管动作时，它透明身体上的细微变化（张开“嘴”），这些被简单的原子笔画捕捉了下来。

“科学的视觉维度本身就是一种语言，一种图示的修辞学，如果你同意的话。我这么说的意思是，图形往往不单单是文字的女仆。它们不仅仅是出于重申数据或减少行文的需要，而是在提供一种阅读和阐释的‘文本’。”[36]《科学美国人》（*Scientific American*）的高级艺术指导爱德华·贝尔（Edward Bell）告诉我，他和他的同事非常鼓励投稿的科学家和作者在寄文章时附上插图的草图：“对于艺术家，出自作者之手的素描是最有价值的资料。即使它们真的很简略、很粗糙。”[37]《科学美国人》（*Scientific American*）的助理艺术指导露西·雷丁-依坎达（Lucy Reading-Ikanda）补充道：“我们最大的问题是，科学家对他们实际要呈现的没有清晰的概念。因为艺术是人们最早开始追求的，所以它也是最先被‘读到的’。它能讲述故事（原文中强调）。”[38]

工作的时候也是考虑如何将其描绘出来的时间。当你在野外观察研究对象时，要留意有助于阐述你观点的视觉信息。即使你不会画，至少也要把想法记下来，特定的主题配什么样的插图，为与插图画家最后的头脑风暴做好准备。一次与一位脊椎动物学家合作论文时，对于我自己和那位科学家来说，显然即使有最粗略的野外素描也能使我们的工作更容易、结果更准确。我的工作是为扁盘动物画插图，那种动物很小（直径约1毫米）、很细，是纤毛动物，它们不断变化着自己的外形。在那位科学家的野外笔记中，她为它们呈现的不同形状做了简要描述：扁平、拱起、波浪形、杯状。这些字眼不足以描述出那种动物的形态，它们基本上就像小薄煎饼。但作为插图画家，我需要了解更多。“你的意思是像薯片那样起伏，还是像洗衣板？杯状是像隐形眼镜，还是像盛麦片的碗，或水母气球般鼓起的圆顶？”我的问题很好笑，却很真实——一幅插图只能显示特定的形状，而不是共性。一条线一旦画好，它就确定了具体的边，而不是其他的边。我清楚自己要重返画桌，把那些线条摆在什么地方，而且我请那个曾观察到真实、活生生动物的人来决定那些线条应该怎么摆。那位科学家重新参阅了自己的笔记，试图寻找进一步的线索，却叹了一口气：“唉，我真希望能多提供些信息给你。”最后，我们为插图中的动物选择了适中的位置，舒了一口气。同时，我们发现文字描述实际传递的信息何其少，要是笔记本的空白处能有一些波浪线、拱形和椭圆形，那么工作该多容易。

每次讨论为出版而画的科学插图时，所画对象的形象总会再次浮现在脑海。科学家可能会说："好吧，身处野外时在笔记上添几幅素描可能会很方便，但我最终发表的作品为什么一定要用插图呢？我肯定用照片。"原因是，科学插图能起到特殊的作用，而照片却不能。一幅好的插图能描绘照片难以呈现的或很少见证的事件。它可以把所有重要的信息纳入一张简单的图画或呈现对象的特殊视角——切开、分解、变得半透明，等等。在优秀插图中，你能根据单独个体的照片创建出有代表性的"一般"或"典型"样本，或是只强调对象最重要的信息，而忽略分散注意力的其他部分。一幅有效的插图能追溯历史，展现已灭绝的物种和过去的场景，或是描绘未来或尚不存在的现象。

试想一下，我们没有人见过恐龙、海底地形或太阳剖面的照片，这些要归功于插图。同样，我们将几乎不可能观察生存在自然栖息地中的 10 多种不同水生物种，并把那些完美的生物一次都呈现出来——但这样的情景很容易在插图中实现。插图可以清理干净杂乱的解剖现场，描绘皮肤下面的肌肉，或是使考古挖掘的各个层面奇迹般地飘浮在空中。就算新型电子设备配备的操作手册也包括插图，因为它能更容易地展现重要功能，而照片的阴影和细节很容易分散注意力。因为没有人了解你的研究方式，所以要提前构想如何呈现你的结果，这么做会为你带来回报的。

把笔记带到野外

我在野外做笔记和绘画——对我来说"在野外"只意味着有真实的、可能是活的标本——以了解和记录研究对象的比例、关键特征、颜色甚至行为等信息。我推荐使用简单便携的材料。我最喜欢活页写生簿，里面可放入素描纸、摹图纸、水彩纸、网格纸、防水纸——实际上任何纸都可以。在野外我爱用自动铅笔，因为它不用削。黑色原子笔是很不错的工具，可以画带阴影的素描：压力的变化会产生从明到暗的惊人效果，而且墨水也不像铅笔那么容易弄脏。最后，再加上一支极细尖的油性毡尖笔和某种类型的颜料，我的基本素描工具就齐了。

为了熟悉研究对象，我在出发之前要查阅参考资料。查看物种介绍和照片（如果有的话）有助于我在头脑中勾画出那种生物的形象。这一过程还能使我关注信息中存在的缺失，提醒我寻找具体的特征和提出疑问。例如，在四条腿动物的照片中，脚通常被草遮盖了。看到真实动物时，我一定要认真地看一下脚！

我在研究活的动物时，通常一开始要画一系列的速写而且是都画在一张纸上。当对象改变位置时——它当然总是在动——我会放弃第一幅素描，画下一幅。就这样继续画下去，整张纸画满了大多未完成的草图，直到它恢复了之前画过的姿势。这时，我就尽可能地在未完成的素描上添加细节或进行精细化刻画。与此同时，我还会快速记下笔记，以帮助解释我的观察和看起来重要的部分。箭头、图表、比例尺、更改的痕迹、问号和感叹号常散见于我的视觉笔记。一返回工作室，这些潦草的画面就成了我画成稿的最珍贵、最可信赖的资源。它们也许不完整，也不详细，但看着它们我就能回忆起自己所观察的对象。我的素描——或许更重要的是画它们时的深入观察——还帮助我理解和解读其他视觉参考，如照片。

观察了整体形态和重要特征后，我会做关于颜色的笔记。我觉得没有什么能替代亲自、现场的颜色观察。对于采集的标本，通常生物死亡后颜色会很快发生变化。经过防腐处理后，这一过程会加速，具体取决于所采用的方式，而且这会随时间的推移而愈演愈烈。正如上文提到的，照片往往不能准确复制色彩。因此，身临现场提供了准确观察和描绘色调的最佳机会。

有几种办法可用于收集色彩笔记。彩色铅笔是很好的入门工具：它们使用方便，易于携带，有明亮、自然的色调，可能完全符合你的描绘对象。彩色铅笔还能多层涂抹，这样你就可以用一种颜色修改另一种。但为你提个醒：不要买杂货店办公用品区的便宜货，那样你会费力不讨好。高品质的牌子有更高的颜料浓度，它们的颜色更容易地接近你的观察对象，而且那些牌子可以单支或成套购买，你可以根据自己的需要挑选。好的彩色铅笔是物有所值的。

就我个人，我一般在彩色素描中使用水彩，因为一小套颜料甚至比彩色铅笔更便携，用起来也更快。水彩需要花点时间来熟悉，经过练习，你就可以准确配出所需的颜色，然后一笔就能扫一大片画面。画水彩时我会带上一支水彩

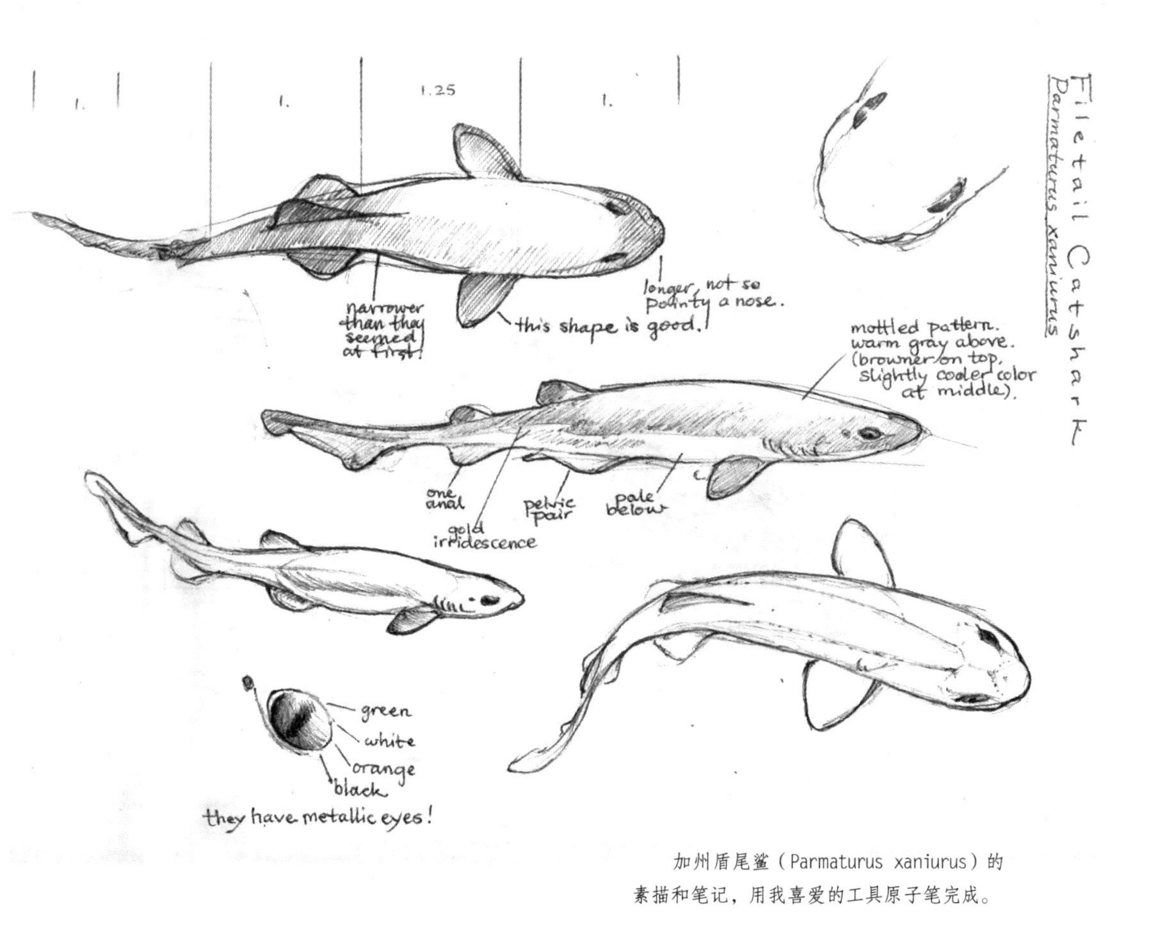

加州盾尾鲨（Parmaturus xaniurus）的素描和笔记，用我喜爱的工具原子笔完成。

画笔，一种设计巧妙的画笔，中空的塑料柄中可蓄水。水直接从画笔作用于干颜料，然后到调色板上混合，接下来就可以在纸上画了。洗笔只需要一块布或纸巾就行了。

在野外记录色彩的第三种方法——该方法根本不需要艺术训练——是使用标准商用配色系统。例如，潘通色彩指南（The Pantone Color Guide），它是一本活页手册，里面是几百张带编号的打孔色卡。可以拿着那些色卡与标本比对，如果找到了匹配的颜色，就可以把那种颜色的色卡打一个孔，再把打下来的“块”直接粘到笔记本上。书面笔记配上这样的色卡块集合就能准确描述对象的颜色了。此外，这些彩色描述可以准确传递给拥有同样色卡的任何人，哪怕远隔千山万水。（示例：图 3）

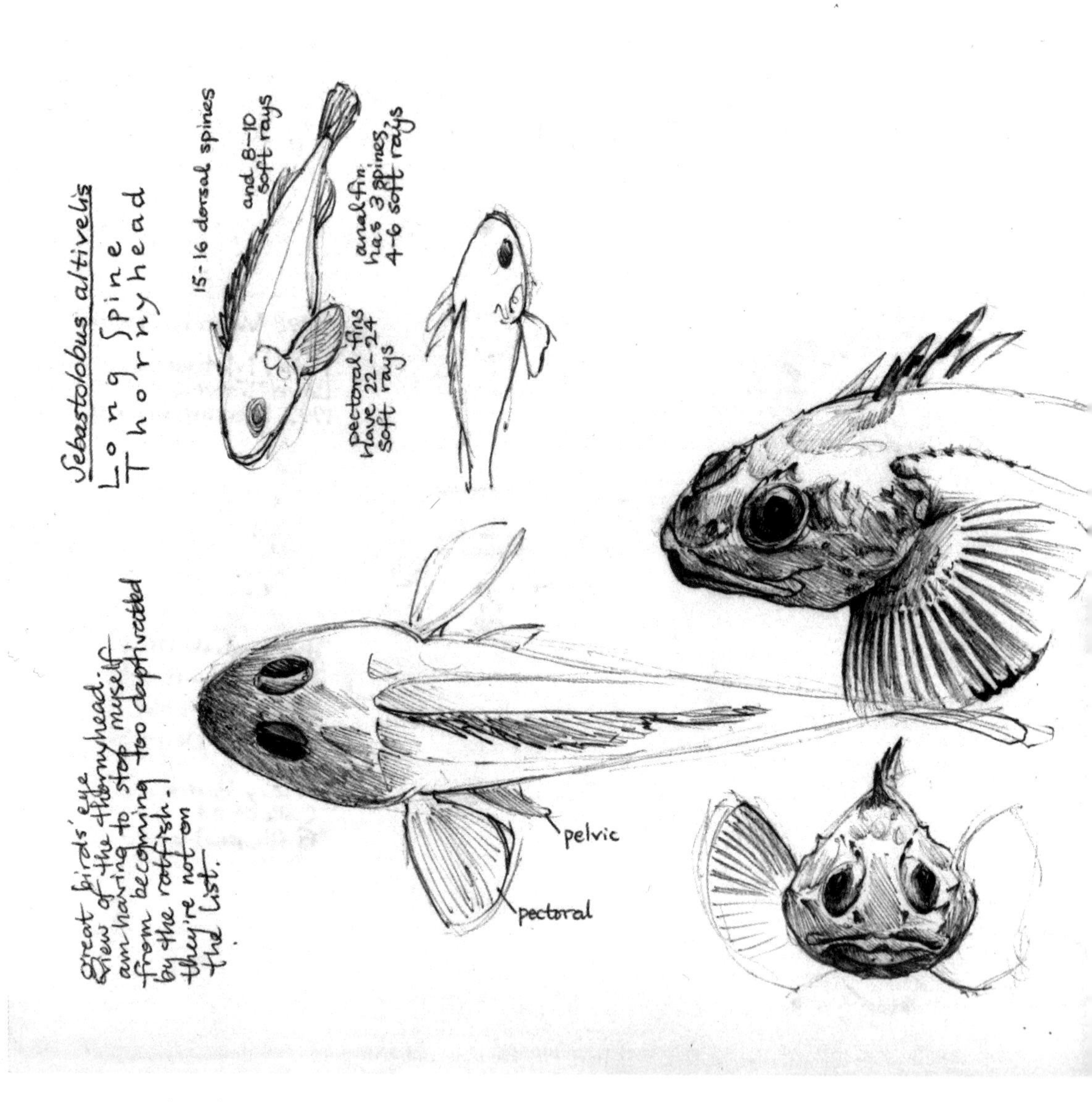

关于长脊鲉鲉（Sebastolobus altivelis）的这些素描显示出，一支标准黑色原子笔能表现出的色调范围。

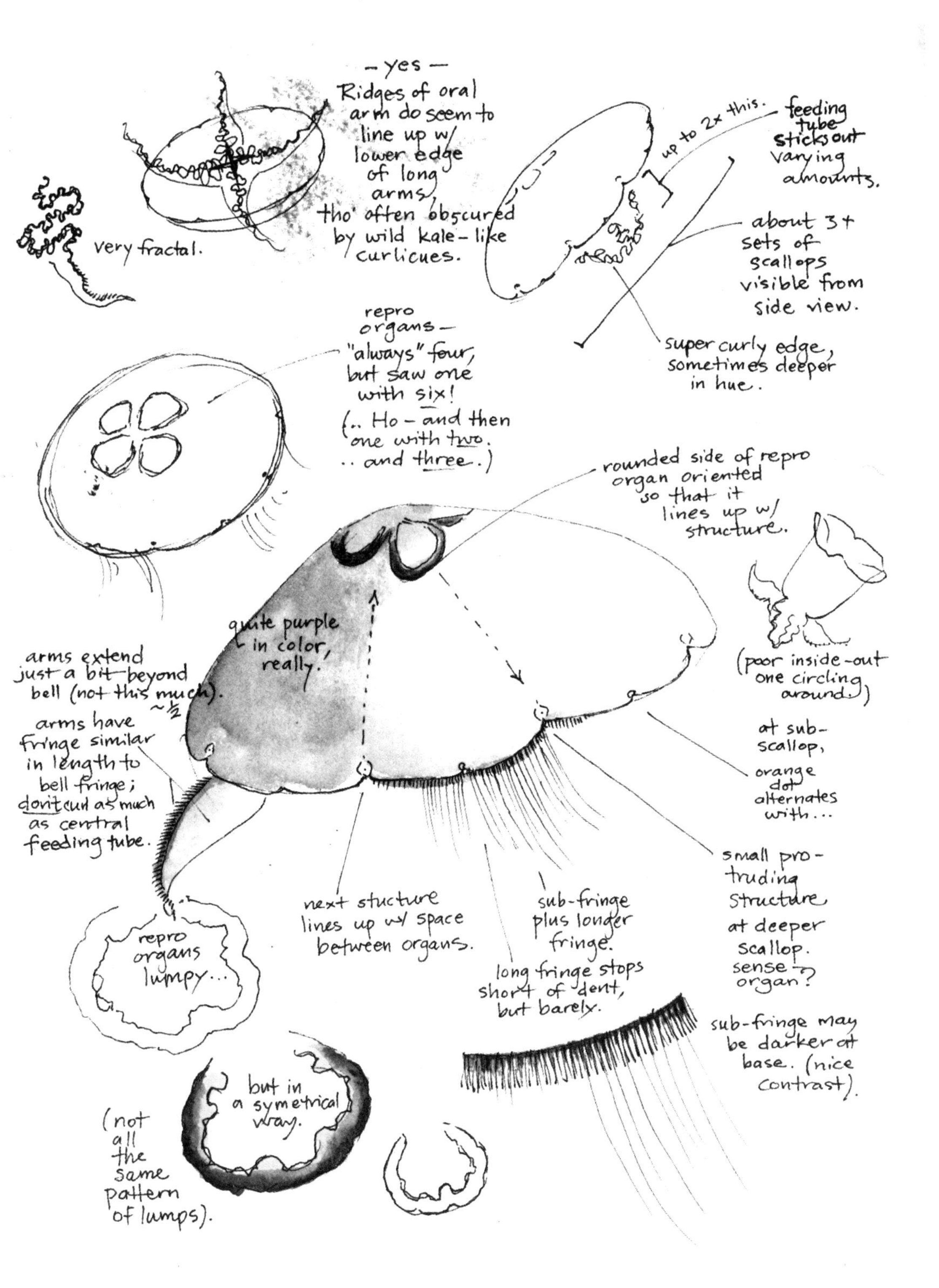

这些海月水母（Aurelia sp.）素描随附的笔记提供了其他信息，而且能唤起对画中重要细节的关注。

一点点绘画指导

我们中的大多数人都有机会看艺术家一边观察、一边绘画。他观察目标，然后在空白的纸上，无中生有般地产生出准确代表三维形态的线条和平面上的阴影。尤其是画得很好的时候，这一切就好像是魔法。但艺术家工作时他头脑中所发生的并不神秘。与你处理复杂任务的方式一样：你把问题分解为更小、更容易操控的部分。对于绘画，这意味着用各种方法揣度和测量（借助工具或用眼）目标，以确定每个标志的走向。这些测量技法是任何人都能学会的。（示例：图 4、5、6）

大多数艺术家都是先看目标的大框，然后将其分解为越来越小的细节。准确画出基本轮廓通常是最难的部分。如果这一步做得好，那么更小的细节也会顺利就位，就像拼图一样。下面是一些形象化技法，它们会辅助你观察对象，就像艺术家构思准确轮廓时那样。

为了画这块腕足类动物化石，先要观察它的整体比例。拿起铅笔对准所画对象并用大拇指做标尺得出高度、宽度比。在心里记下这一比例。在纸上，用这一比例确立几个点，表明大体比例。注意，你不必画成实物大小，你只需画出准确的比例，即高度与宽度比正确。所有此类前期的记号要画得轻，这样以后就不用擦了。

接下来，尝试观察对象的基本形状。再次使用铅笔作为形象化工具，以帮助曲线边缘简化为直线和角，这样就能画出大概的几何形状。画出这些线条，使基本形状符合之前标出的点。

用另一种方法利用铅笔协助观察是否对齐——彼此水平或垂直在一条线上的特征。关于选取哪些特征可以灵活决定——只要位置固定、容易观察就是好特征。在画上标出几个点来表明对齐的位置。

现在聚焦于目标周围的负向空间来细化轮廓。你需要做的就是盯着（确实要盯着，且时间要长一点）目标周围的空间，直到你把那些空间本身看成形状。你甚至要一边观察一边尝试向自己描述那些形状："这个像很长的直角三角形，不过缺了一块。"一旦你清楚地看到负向空间的形状，就在纸上的正确位置画

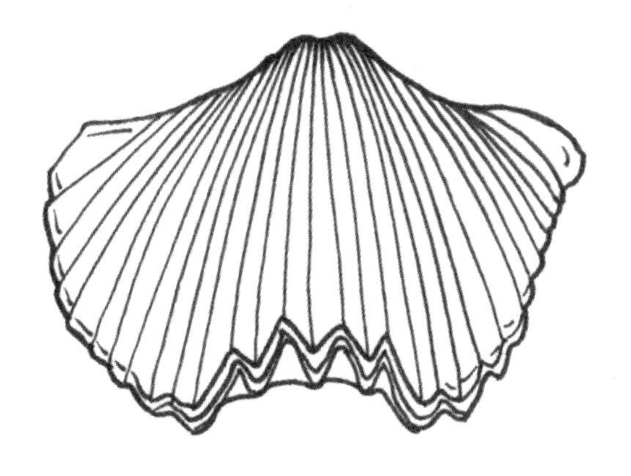

用作绘画指南示范的腕足类动物化石标本。

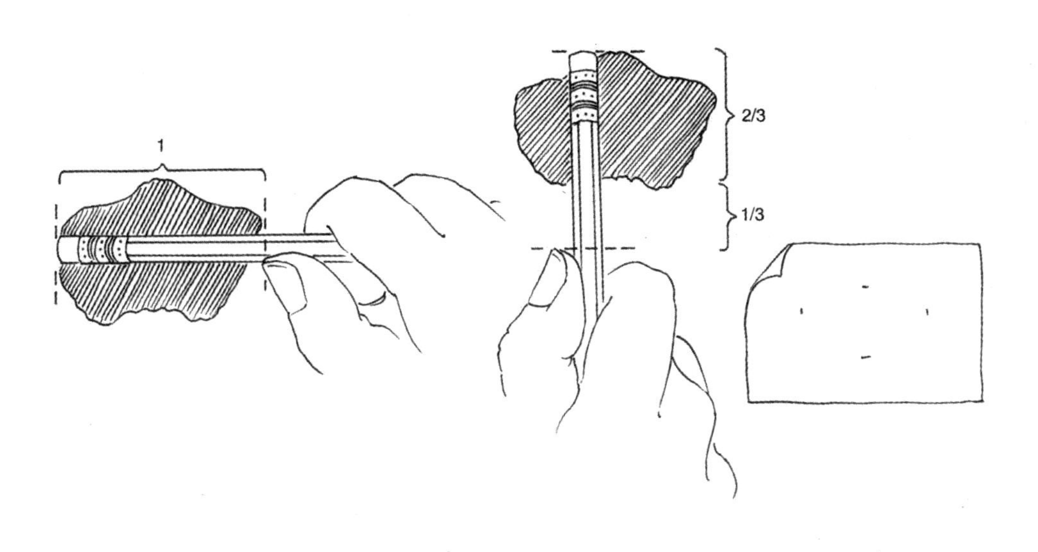

步骤 1. 比例。用铅笔和大拇指比较标本的高度和宽度，以此确定相对比例。在纸上画点，估计出这一比例。

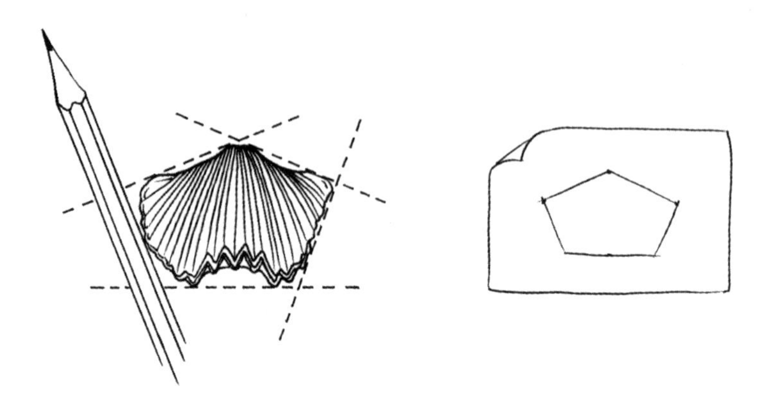

步骤 2. 基本形状。用铅笔辅助在视觉上简化复杂的轮廓，并想象标本简化成一个基本形状。把直线转移到纸上，使其符合步骤 1 中画的点。

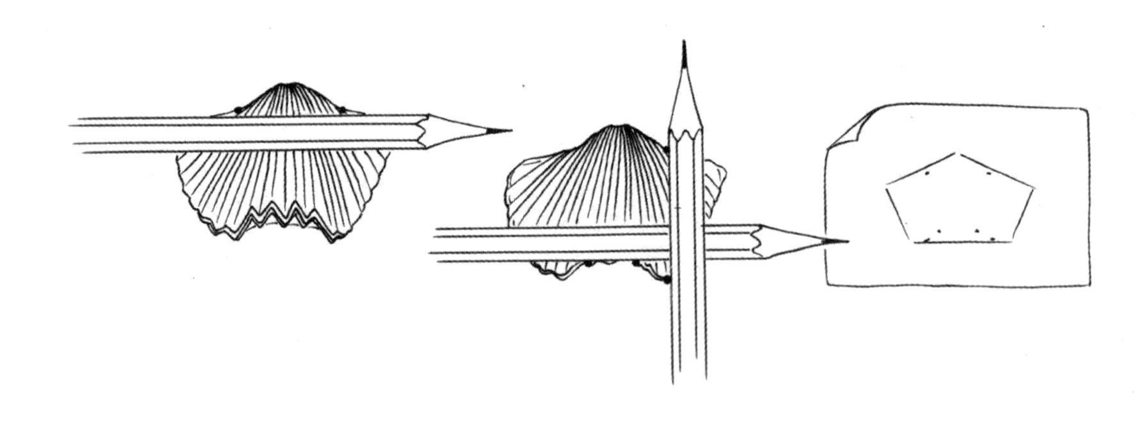

步骤 3. 对齐。用铅笔确定标本明显部位是否对齐，并在雏形图上标出。

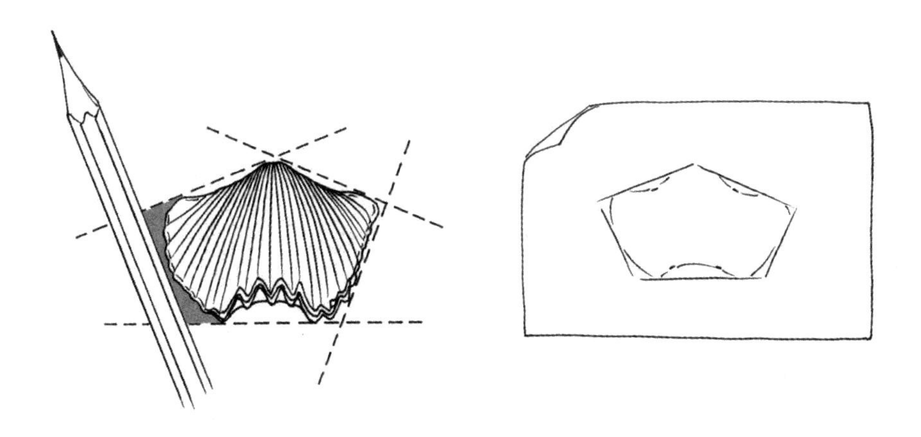

步骤 4. 负向空间。盯住目标周围的空间，以确定每个空间的形状和大小。将这些空间画入画中。

出它的轮廓。当然，这么做的同时你也是在画毗邻正向形状——目标——的边缘。

顺便说一下，利用负向空间法观察目标的理由是，这样你能在形式上获得全新的视角。这就像画眼睛时，通过画虹膜（你知道是个圆）周围白色区域的形状来画它一样。如果你准确复制了白色的形状——并将它们方向正确地组合起来——你就会发现，从我们的视角看，放松的眼睛里的虹膜圈有一部分是被上眼皮遮住的。观察和描绘负向空间有助于我们放下自己的知见，去关注我们实际看到的。这是优秀的艺术（以及科学）观察的基础之一。

最后，擦掉所有无关的标记，仔细刻画轮廓的细小部分。

如果想知道如何完成腕足类动物的内部细节，其实方法是相同的。不要试

腕足类动物化石的基本轮廓。运用目前介绍的指导，专注于标本更精细的轮廓并将其画出来。内部细节可通过重复上述方法来添加。

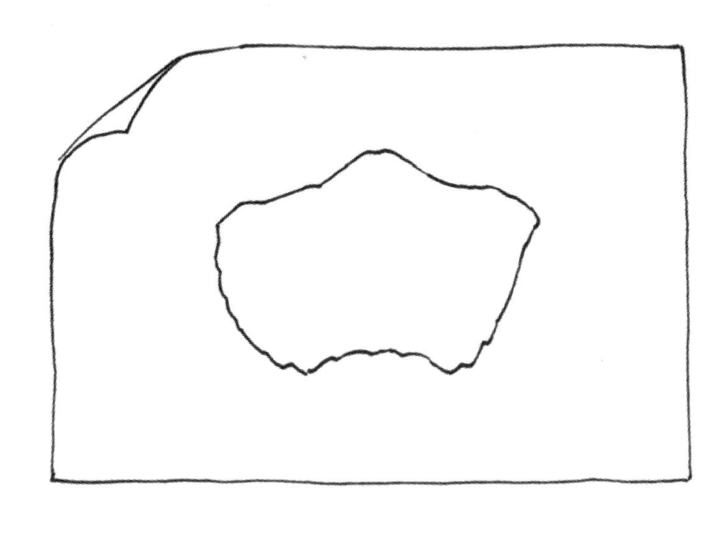

图一次画出所有的放射线（那样很可能产生歪斜的透视关系），要把任务分解为更好操控的各个部分。比如，画一条线将其一分为二。然后再画线把每一份再分成两半。记住要盯着每条线周围的负向空间，以便得到正确的角度和弧度——那时你要假想其他线都不存在，只剩下你正在画的线。继续用线来分割空间，直到每一份都呈现出来。

运用色彩

虽然调色的问题还不适合现在研究，但一些建议会帮助你入门。最重要的是，你要重视自己的直觉。如果你感觉一种颜色更偏黄绿色，而不是橙黄，那么很可能你是对的。选择铅笔或颜料中最接近的颜色，然后按需要调整。

不要同时把三原色（即柠檬黄、洋红和青色）混合到一起，除非你想要棕色的阴影。这听起来很容易，但有时做起来很棘手。例如，我们都知道红色和蓝色混合得到紫色。但是，如果你选择的红色带一点黄（如果它就是我们所说的“鲜红色”），那么这种混合就包含了三种原色，结果将得到偏棕的暗紫色。为了得到清晰、明亮的紫色，请用类似洋红的颜色与蓝色混合，不要让黄色掺进来。

尽管这看起来是好主意，但请不要用黑色画阴影。如果你想使某个颜色更暗，可以增加它的互补色——色轮上与它直对的颜色。这听起来很荒唐，但你若在绿色上添一抹红或棕红，你就能得到看起来很自然的阴影，或是在黄色区域加入少量淡紫色，这样就会有效地使那里变暗。

记住，总的来说，大自然中的色彩比直接来自铅笔或颜料管的颜色更柔和。尤其是各种绿色，它们比我们预想的更偏棕色。你要根据需要把色调变得柔和一些。（示例：图9）

绘画捷径

我建议把野外素描仅看作另一种收集信息的方法，而不是要努力画出漂亮的图画。如果素描画得很漂亮，那算一种偏得，但过于注意审美目标通常会干扰绘画的方式。当我不再关心画得是否漂亮时，我往往工作更快、更好。这样我也能随意采用一些节省时间的绘画捷径。

第一条捷径是画不必画完。你可以根据自己的需要记录信息，但不要画那些重复的形态、细节或色彩。例如，一株植物有代表性的花朵的前面与后面，或是两侧对称的动物画一半就足够了。（示例：图 10、11）在某些情况下，你甚至会放弃绘画形式本身。有时你不用为整个对象的画增添色彩，做一系列反映色调范围的颜色样本块就够了。

保持画面简略——也就是说，简单的线条画就能满足需要时，就没有必要画详细的、有阴影的画。在很多情况下，基本结构及其关系可以通过一张图表来展现，这样更快捷、更清楚。

出发前利用已经拥有的参考资料。例如，从十分好的照片描摹对象的轮廓，并在该页写下你见到实物时希望调查的问题——也许是照片上或现有描述中不清楚的特征。去野外时带着这张有注释的素描，并在此基础上记录新观察。

最后，考虑一下对象自身的成像可能性。菌类学家会立刻想到孢子印，即把蘑菇顶放到浅色和深色纸上，等孢子大量落下形成富有特色的图案。蘑菇异常配合这一过程，但通过劝诱不太情愿的对象也能留下图像。把一片叶子平压在纸上，描下边缘，这样就能快速得到它的轮廓图。手里拿着的目标可以通过阳光投在白纸上的影子来画它的透视轮廓。可能很难拍照的质地可以转到纸上，方法是用薄纸盖住目标，然后用蜡笔擦画表面。我曾通过擦画转过白桦树皮的图案、圆柱形陶器碎片上的雕刻纹饰，以及一座教堂石头地面上刻的文字，那座有 100 多年历史的教堂很昏暗。（示例：图 7、8、13）

你拿出蜡笔时可能会觉得自己有点傻，但实际上，与纯靠肉眼测量比例的素描相比，认真擦画或描摹出的画中掺杂的人的主观解读比较少，出错的可能性也小。

像科学家一样思考

如本章开头引用的，一些科学思考者把绘画的价值视为加深他们了解自然世界的手段。绘画曾一度被看作科学程序的重要组成部分，有时还是必不可少的。的确，在科学史上这样的例子比比皆是，那些画作对发现、展示新观念起到了重要作用。这绝不是巧合。一幅精确的绘画需要系统的方法、耐心的观察，对未预见到的可能性保持开放的胸怀，能够从各种视角看待同一主题，对令人兴奋的内容和平庸的部分都愿意给予关注，除了预先的设想之外还要有深思熟虑的布置。当然，所有这些也是进行科学研究的有用途径。在多年绘制插图的过程中，我见证了几十个科学专业人士带着惊喜发现，他们能学会画得很好，而且绘画对于他们的科学事业有着实际的功效。

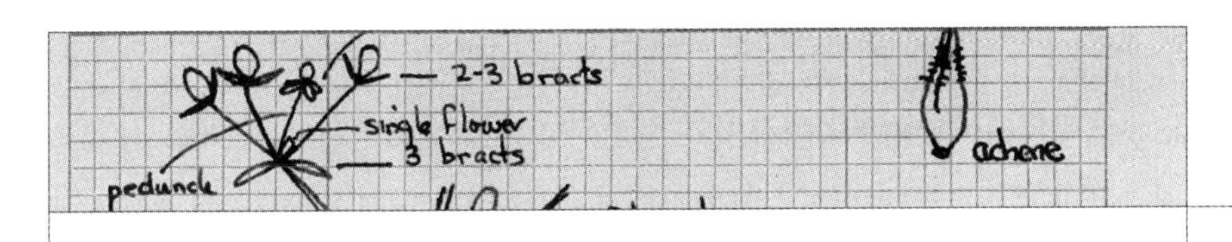

9

植物学野外笔记的演变与命运

詹姆斯·L. 瑞维尔（JAMES L. REVEAL）

植物学野外笔记是带有强烈个人烙印的产物。这些笔记中没有创建或维护笔记的模式、标准或要求。不用说，它们对未来的研究者和历史学家来说富于价值且很有用，但现在，它们在迅速地淡出精装手写的传统规范。

1958年，我在加利福尼亚索诺拉高中学习时开始记这样的笔记，当时是作为高级生物学课程的一部分，这种努力一直持续到今天——我现在正坐在康奈尔大学的一台电脑前为此工作着。我的经历可能在我那代植物学家中很典型。野外笔记是植物分类学的任何门类都必需的一部分，我的高中老师玛丽·朗（Mary Long）认为做笔记也是一种很好的实践。每个标本的采集地点和时间都记录在袖珍笔记本中。高中时我们不要求做单个标本的标签——我们只是把笔记本上的信息誊写到一张打字纸上，并把标本贴到这张纸上给她看。在那个年代，我们的加利福尼亚州植物指南是威利斯·L. 杰普森（Willis L. Jepson）出版于1935年的《加利福尼亚州高中植物志》（*A High School Flora of California*），这本书涵盖的主要是我所生活的丘陵地带和内华达山脉春季和初夏的植物。我现在仍保留着那时采集的标本——连认错的也没扔！

上了犹他州立大学，在亚瑟·H. 霍姆格伦（Arthur H. Holmgren）的指导下我的笔记变得更正式。霍姆格伦和我父亲在读犹他州立大学时就认识，那时我父亲研究林学，而亚瑟专攻植物学。1960年，我到犹他州立大学时，我父亲把我介绍给了霍姆格伦。霍姆格伦身形魁梧、体格健壮，这要归功于他在犹他州立大学所打的篮球。他为人友善和蔼，有一流老师的天赋。那时我还几乎意识不到他最终会指导我在犹他州立大学念完硕士。按照霍姆格伦的要求，野外笔记不仅要包括位置，还必须有细节，如植物的生态、海拔高度和习性。标签要随后打出来，与我们制作的50种不同标本一同上交。时至今日回头看那些袖珍笔记本，我发现它们只是最简单的条目，因为那时我相信自己回去准备标签时能记起所有的必要信息。虽然那些标本都进了山间标本陈列室（Intermountain Herbarium），我不确定自己简单的笔记是否能保证我做好标签。现在我害怕看那些标签，怕发现错误。

大学二年级末期是我本科学习的关键时期。那时我在学林学院的必修课分类学，我发现了一些奇特的东西，于是到标本室去比对。在那里我遇到了亚瑟·克龙奎斯特（Arthur Cronquist），他当时在西部为国家科学基金会（National Science Foundation）资助的山间植物（Intermountain Flora）计划采集植物。出于某种原因，克龙奎斯特让我学植物学专业。克龙奎斯特一而再再而三地建议，直到我同意改专业。克龙奎斯特当时已是纽约植物园享有很高国际声望的分类学家。他个子很高，声音洪亮，任何场合只要他在就能成为主导。后来，我得知他是在犹他州长大的，念的也是犹他州立大学。我父亲在抛硬币打赌上还赢了克龙奎斯特，因此得以研究禾本科植物，而他则不得不开始了研究向日葵科的漫长岁月。如果我知道这段掌故，在克龙奎斯特和我讨论专业问题时，我可能会要求也来一次抛硬币。事后想来，我很庆幸没有靠运气来做这么重要的决定。带着强烈的认同签字同意研究植物学后，我才清楚正确的野外笔记和积极采集植物的方法是多么重要。

1961年6月15日，我做了第一次“专业”采集：“编号189。远志（Polygala subspinosa）。犹他州，图埃勒（Tooele Co.），拉什谷（Rush Valley）。第21号区域西北角，T. 8S.，R. 3W.。”我的笔记表明，该植物发现于一条土路中间的沃土中，与现在的印度落芒草（Achnatherum hymenoides）有联系——那个年代叫“Oryzopsis hymenoides”。我写的海拔是“约5000英尺”；今天，借助基于计算机的地图，我看到那里更接近5200英尺。它是我采集的第一个野荞麦属（Eriogonum）标本。这一属占去我随后几年里的大部分时间，它被编号为“191”，是同一天采集的，位置是第29号区域贝尔峡谷（Bell Canyon）北部尚未命名的峡谷。1961年9月，我和诺埃尔·霍姆格伦（Noel Holmgren）（亚瑟的第二个儿子）到犹他州南部采集标本。那次旅行中我最后的编号达到“326”，那是点头荞麦（Eriogonum cernuum）的标本。看来我是注定要研究那一属了！

1964年的大部分时间里我都用带螺线的袖珍笔记本记录野外数据。那时跟随克龙奎斯特念研究生的诺埃尔建议我使用线订的利茨野外笔记本，这样要更正式些，而且他们工作的督察者也用那种笔记本。我的第一个条目记录于1964年8月31日，那是一种巨大的改进。

我和诺埃尔在那个位置（被称作“植物标本带”）共采集了35个单株标本，因为那种植物代表了最后证实是短茎荞麦（Eriogonum brevicaule）的新物种。出于某种原因，在野外笔记中我没有记录地名和海拔高度——这些数据是第5区，T. 7N.，RnW.，9400英尺。

那些野外笔记的格式很简单。右边的页面记有日期、位置数据、关联物种、滴定、对该植物的评注及在野外的识别。这些信息通常会用去几行。左边页面是最终的鉴别和要送到标本室的标本编号。我还不时加入染色体数，如果适合还会指出所采集的是否是类型标本。如果最终鉴别是由他人完成的，也要注明。

即使是今天，我仍在袖珍笔记本中记录那些初始信息。这种简单的笔记包括英里数、植物的习性和外观、当地环境，以及任何有助于制作标本标签的内容。多年前，在有GPS、笔记本电脑和绘制地图的软件之前，海拔是通过手持高度计来记录的，如果林业土地管理局（Forest Service or Bureau of Land Management）的地图上有城镇、山脉和地域数据，那么在美国西部至少可以记录那些信息。

这些笔记本也用于记录照片、旅行费用和可能有用的其他事项。现在看那些笔记本，里面的信息犹如速写一般，常常很简略、缺乏信息量。其目的只是做提示，方便我晚上在真正的野外笔记上做笔记。野外笔记本是一份永久记录，通过它任何人都会了解我在什么地方发现了什么。我用铅笔（首选）或墨水写笔记，并努力确保信息组织有序，便于誊写为标本标签。

在美国之外旅行时，我更愿意把野外笔记本用作日志，一般是记录完采集数据后再描述一下当天发生的事件。现在回头看那些评说，尤其在墨西哥和中国写下的，我发现里面有草图和很有帮助的评论，尽管里面有拼写和语法的错我的线订利茨野外笔记本中的第一个条目（1964年8月31日），与诺埃尔·霍姆格伦一起在犹他州博克斯埃尔德县（Box Elder County）采集标本时记录。

(35) Eriogonum chrysocephalum A. Gray
var. nanum Reveal, var. nov. type!
Eriogonum nanum Reveal, Phytologia 25: 194. 1973.

(22) Eriogonum hookeri S. Wats.
(= E. deflexum Torr. ssp. hookeri S. Stokes,
and E. deflexum var. gilvum S. Stokes)

(32) Eriogonum cernuum Nutt. var cernuum

Summer 1964—
Collected nearly a thousand numbers with
Noel H. Holmgren.

Utah, Box Elder Co., On talus slopes
and marble outcrops south of Willard
Peak toward Ben Lomand Peak, on the
ridge top and adjacent slopes.
AUG. 31, 1964
665 Eriogonum chrysocephalum A. Gray
var. nanum Reveal, var. nov. (1Type-cesd Isotype)
Associated with Castilleja, Artemisia,
and Pinus; common
J. L. Reveal & Noel H. Holmgren
Forming mats 1-2 ft. across; calyx-segment
whitish-yellow; involucre 5-lobed.

Utah, Box Elder Co. along Utah highway
70, 32 miles southwest of Rosette.
AUG. 24, 1964
666 Eriogonum hookeri S. Wats
On sandy soil; infrequent

Utah, Rich Co. September 1st 1964
1 mile east of Laketown
667 Eriogonum cernuum Nutt. var. cernuum
along roadside, associated w/ Bromus
tectorum L., locally common

误，偶尔我还是能发掘出某些重要的想法。这样的评论对未来人是否有用尚且不论，但它们的确有助于我日渐衰退的记忆。

写日志在过去很普遍。看一看美国西部植物学探索方面的重要历史人物，如托马斯·纳托尔（Thomas Nuttall）、大卫·道格拉斯（David Douglas）和约翰·C. 弗里蒙特（John C. Frémont），你就会发现他们经常把日志写得更像旅行见闻，而不是所做发现的简单记录。[39] 尽管如此，这些日志还是提供了有用的信息，即使现存标本上的标签几乎没什么内容。这些早期的采集者通常在野外笔记中记录他们所看到的植物，却不指明他们在什么地方采集了标本。这一点可以理解，因为 19 世纪前半叶西部的大多数地方还没有命名。比如，请看纳托尔和道格拉斯采集的标本，标签上往往只是写着“落基山脉”或“美国西北”。因此，他们的现存日志是找到更确切位置的唯一途径。道格拉斯的日志很出色。不幸的是一次独木舟翻船使他遗失了一本晚期的日志，因此只能靠不那么详细的信件了。如果纳托尔在去西部的旅行期间（1834—1836 年）曾写有日志，那就是已经丢失了，至少现在没有发现。幸好他是与约翰·柯克·汤森（John Kirk Townsend）一道旅行的，关于那次探险后者写有笔记和日志，从中可以得到一些 1834 年他与纳托尔去过那里的线索。[40] 弗里蒙特已出版的记述更为翔实，虽然常常可以据此准确确定他走过的路线，但他并没有连续提及自己在何处、何时进行的博物学采集。尽管 S. D. 麦凯尔维（S. D. McKelvey）汇总了早期植物学家在西部（1790—1850 年）的大量可用信息，但后来的博物学家远赴美国边远地区的信息仍是非常分散。[41]

早期博物学家在北美东北部所做的记录甚至更零散，他们在日志和信中很少做细节的笔记，完全不像他们在欧洲的同仁。[42] 那时，人们很少有条理地整理野外笔记或记录博物学方面的工作。但是，在植物标本室（尤其是伦敦自然史博物馆的），你能在植物标本标签上找到大量宝贵的信息，时间跨度从 17 世纪 80 年代一直到 18 世纪 50 年代。从现实意义考虑，作为标本记录的日志以及后来的野外笔记，它们的出现源自欧洲博物学家的切实需要，他们要把来自野外采集者的更多详细、准确的信息汇集到一起。

而现在我们处于个人计算机普及的年代，传统的野外笔记正在由计算机文

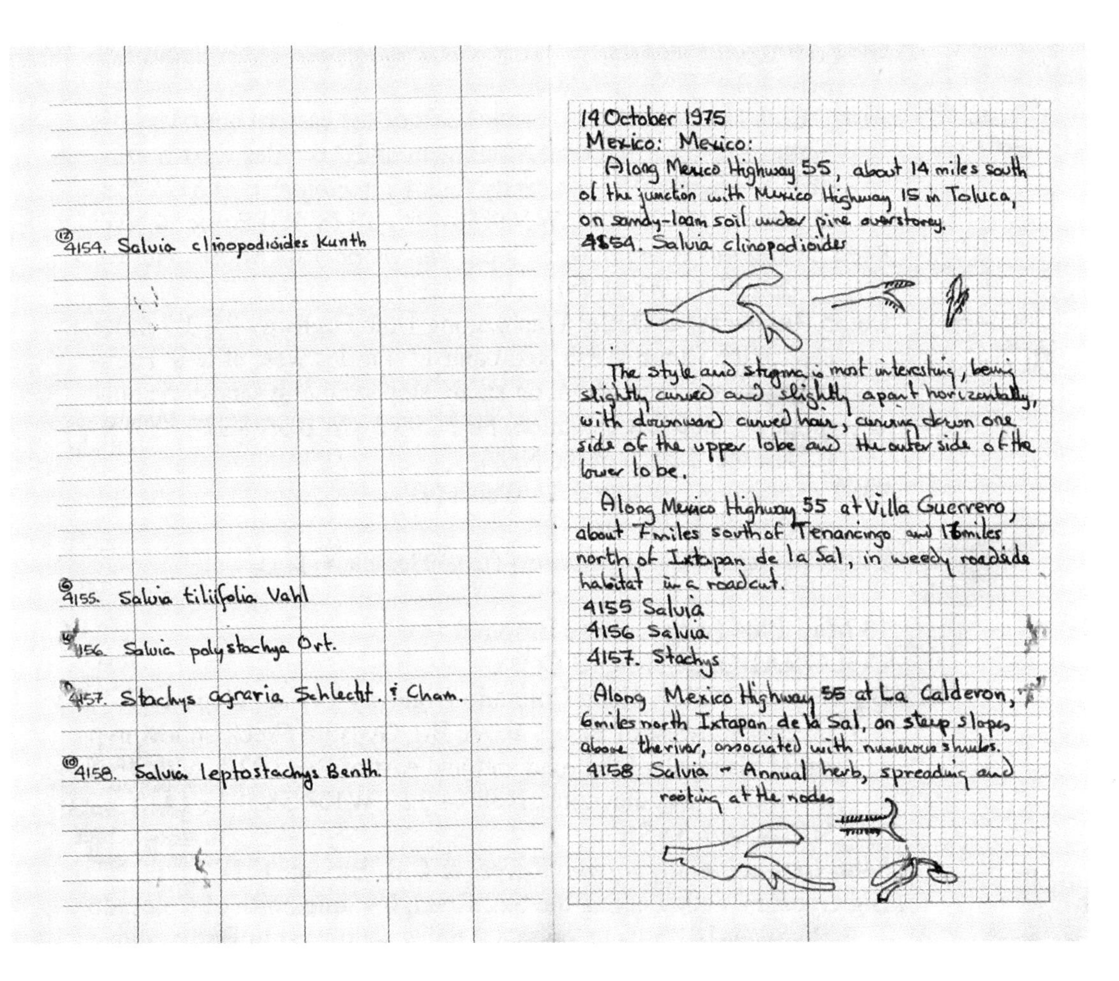
4154. Salvia clinopodioides Kunth

4155. Salvia tiliifolia Vahl

4156. Salvia polystachya Ort.

4157. Stachys agraria Schlecht. & Cham.

4158. Salvia leptostachys Benth.

14 October 1975
Mexico: Mexico:
Along Mexico Highway 55, about 14 miles south of the junction with Mexico Highway 15 in Toluca, on sandy-loam soil under pine overstorey.
4154. Salvia clinopodioides

The style and stigma is most interesting, being slightly curved and slightly apart horizontally, with downward curved hair, curving down one side of the upper lobe and the outer side of the lower lobe.

Along Mexico Highway 55 at Villa Guerrero, about 7 miles south of Tenancingo and 16 miles north of Ixtapan de la Sal, in weedy roadside habitat in a roadcut.
4155 Salvia
4156 Salvia
4157. Stachys

Along Mexico Highway 55 at La Calderon, 6 miles north Ixtapan de la Sal, on steep slopes above the river, associated with numerous shrubs.
4158. Salvia – Annual herb, spreading and rooting at the nodes

1975年10月14日在墨西哥采集时做的笔记和草图。

件所替代。通常，此类“野外笔记”毫无瑕疵——所有单词都拼写准确，位置数据精确到几英尺，而且所有信息都有相应的格式。1998年春天，我在有着橘黄色鲜艳封皮的签名野外笔记本上完成了最后一个用铅笔写的条目。此后，我开始用计算机做野外笔记。

啊，所有内容都井井有条。我不时会把文件打印出来，这样我就有了记录清样。我甚至可以按野外笔记本的大小（4.75英寸×7.25英寸）来双面打印，就像真正的笔记本那样。鉴于计算机和相关的软、硬件都容易出故障，那么打印出来的文件就再可靠不过了！

为了弥补这种新型“野外笔记”可能产生的问题，我改进了在野外做笔记的方式。位置信息作为GPS条目手写在笔记本上——稍后我将用软件计算距一页基于计算机的野外笔记示例，源自2004年5月在科罗拉多圣米格县（San Miguel County）的采集旅行。我在1998年从传统野外笔记本转型到基于计算机的野外笔记。

8482 *Astragalus mollissimus* Torr. var. *thompsonae* (S. Watson) Barneby (5)

Along Utah Highway 275, 1.1 miles east of the eastern boundary of Natural Bridges National Monument and 2.6 miles west-northwest of U.S. Highway 95, on sandy flats with *Juniperus* at 6725 feet elevation. N37°36′11″, W109°56′49″ - T37S, R18E, sec. 4 NW¼.

8483 *Astragalus coltonii* M. E. Jones var. *moabensis* M. E. Jones detr. S. L. Welsh (5)

Comb Ridge east of Butler Wash, along Utah Highway 95, 1.7 miles east of the Comb Wash Road and 12.4 miles west of U.S. Highway 191 at White Mesa, on sandy slopes among sandstone outcrops at 5200 feet elevation. N37°29′42″, W109°38′27″ - T38S, R21E, sec. 7 SE¼ of the NE¼.

8484 *Astragalus cottamii* S. L. Welsh (4) detr. S. L. Welsh

8485 *Phemeranthus brevifolius* (Torr.) Hershk. (1)

13 May 2004 (with C. Rose Broome)

COLORADO, San Miguel Co.:

Big Gypsum Valley, along Colorado Highway 141 at milepost 37, 7.2 miles southwest of Basin, above Big Gypsum Creek on low gypsum hills north of the road and just east of Road 23R, with *Atriplex* at 6400 feet elevation. N38°01′32″, W108°38′58″ - T44N, R16W, sec. 32 SE¼.

8486 *Cryptantha gypsophila* Reveal & C.R. Broome (27)

Big Gypsum Valley, along the S22 Road, 0.4 mile north of Colorado Highway 141, this junction 8.2 miles southwest of Basin, above Big Gypsum Creek on low gypsum hills east of the dirt road, with *Atriplex* and *Eriogonum* at 6300 feet elevation. N38°02′21″, W108°39′54″ - T44N, R16W, sec. 29 SW¼.

8487 *Euphorbia* (2)

8488 *Cryptantha gypsophila* Reveal & C.R. Broome (40) – Type collection

Big Gypsum Valley, along the S22 Road, 1.6 mile northwest of Colorado Highway 141, this junction 8.2 miles southwest of Basin, on low gypsum hills, with adjacent *Atriplex* and *Eriogonum* at 6270 feet elevation. N38°03′00″, W108°40′38″ - T44N, R16W, sec. 30 NENW¼.

8489 *Cryptantha gypsophila* Reveal & C.R. Broome (5)

8490 *Astragalus* (7)

Dry Creek Basin, along the 31U Road, 4 miles south of the U29 Road, 5 air miles southeast of Basin, on sandy soil at 7100 feet elevation. N38°00′48″, W108°28′37″ - T43N, R15W, sec. 1 SW¼.

to California Academy, where John Thomas brought it down to Stanford where I was, reviewing that collection. I called Mary that same day, Saturday, 26 July, and arranged to collect it today, Tuesday. It is a new genus, and Mary is greatly pleased to have it named for her.

5 bracts
2-3 bracts
single flower
3 bracts
peduncle
achene
5 bracts
peduncle
single, pedicellate flower
main branch axis

31 July 1975 – with John H. Thomas
CALIFORNIA: SAN MATEO CO.:
Jasper Ridge Biological Experimental Area, about 5 miles southwest of Palo Alto, on oak covered hillside south of San Francisquito Creek, on low, serpentine ridge at about 600' elevation.
3911. Eriogonum luteolum
Based on the observation made here, just outside Stanford University, it is clear that these plants are E. luteolum. The population has the two color phases of the flowers, but has narrower leaves

德氏蓼（Dedeckera eurekensis）花序的野外草图。下面的笔记记录了玛丽·德戴克尔（Mary DeDecker）对用她的名字为这个新属命名的反应。

离（路线里程和直线距离）。城镇、山脉、地域数据以及其他类型的坐标可通过图形定位器（Graphical Locater）来获得。[43] 出了美国，就必须利用地图、里程表读数和指南针来记录野外的准确信息。随后可以通过互联网的地图网站对所有这些数据进行核查。此外，数码相机也能配备 GPS 装置，这样就能把 GPS 信息自动存入图像文件。这也有助于记录准确的位置数据。把 GPS 数据和谷歌地球结合使用，你就能定位照片的拍摄位置。

然后根据那些实际的标签数据生成数字野外笔记，这样我就不必像过去那样写下任何一般的观察或感想。过去我是在野外笔记中描述我认为可能发现的新物种，但现在这些都写进了笔记本电脑里。这样我就能在野外测量几百个单个植物，但对此我倾向于严格要求——格式必须正确，内容拼写无误，描述顺序适合，甚至观察的构想都是以最后的发表为标准（而不是随机观察）。发现新东西时的心情——之前在手写的野外笔记中曾有记录——现在被略去，我头脑里的编辑好像说“不，心情不适合科学日志”。

写标本标签

在过去的 10 年里，利用计算机制作标本标签已有了长足的进步，而且未来毫无疑问会有更多的技术来完善标签制作。随着网络中的标本图像越来越多，此类数据再配上野外照片会产生更多、更好的标本鉴别信息。在康奈尔大学，通过汤普金斯县（Tompkins County）电子植物园，你可以在电子地图上精确定位任意的标本。[44] 这样，以后采集标本时对该物种及其种群拍摄的照片也可以在网上看到。

我在马里兰大学教植物分类学本科课程时，向学生提供了一份必做和选做的植物标签表。那些指导拿到今天仍很有用。每个标签必须至少包括植物采集的地域或国家位置，它的学名和科名，生态和栖息地数据，关于该植物的信息，采集者和采集编号，采集日期，以及标本的来源机构。这些信息的格式如下：在打印标签的顶部应该是该植物采集地的官方名称，底部是采集者的机构。科名应该打印在标题下方，紧接着的一行是学名，居中，斜体或带下划线。如果

7

PLANTS OF NEVADA

Polygonaceae

Eriogonum contiguum (Reveal) Reveal

Nye Co.: Ash Meadows, along Ash Meadows Road toward Point of the Rock Springs and the headquarters of the Ash Meadows National Wildlife Refuge north of the Bob Rudd Memorial Highway, south of Bell Vista Road on alkaline flats associated with *Atriplex*, at 2225 ft elev. 36°23′ 12″, 116°18′06″, NW ¼ of sec. 13, T.18S., R.50E.

DNA voucher for Elizabeth Kemptom (RSA).

James L. Reveal 8875 5 May 2008

L. H. Bailey Hortorium (BH), New York Botanical Garden (NY)
University of Maryland (MARY)

植物标本打印标签范例。

有同物种名，居中打印在下一行。

在标签的正文部分，用大写字母表明该植物发现于哪个县，县名后面带冒号。冒号后写发现该植物的位置，这样其他人也能找到该地点，带上一份普通道路图，他就能找到那个位置。避免诸如“我家附近”或“爷爷的谷仓前方”之类的表述。遥远未来的什么人可能会试图再次找到那个地点。提供城镇、山脉，度－分－秒或 UTM（通用横轴墨卡托投影）数据。若植物发现于山脉或其标本制作于山脉，就加上海拔数据。

尝试指明在那里能发现该植物，比如记录植物发现地点的土壤类型或岩石露头、出露，或是整体环境。你可以通过指明周围的植物来进一步说明。同样，有关该植物数量的整体描述也很有用，而且对于未来研究植物分布的人尤其重要。

接下来，提供该植物的描述性信息，未来它会不容易见到，甚至可能绝迹。有些分类学家加入了该植物的当地常见名，当然是在他们知道的情况下。观察往往是很有用的，能帮助未来的科学家更好地了解该植物。

如果标本是委派采集的，则应指明采集的内容和委派人。而且，标本采集涉及的所有人都应该有记录（在合理范围内）。大多数情况是，标签上记录2~5名其他采集者。但是，主要采集者排在最前面，后面附其采集编号。所有采集者都为自己的标本指定连续的标本编号，一生不重复。有些采集者对某一年第一个植物和第一个采集地点使用精心设计的编号，如20080001。大的数字可能会令人印象深刻，但此处简单为好。从“1”开始，依次累加。

标签上必须记录采集日期。不要使用08/09/08之类的格式，因为在美国这一般指2008年8月9日，但在欧洲它是2008年9月8日。

分类学界大量采用了日在前，然后是月份（如果是缩写，即前三个字母后面不加句点），最后是完整的年份（2008，而不是08）。

植物标本及其标签的归宿是世界各地的植物标本室，而原始野外笔记的命运就不那么确定了：[45] 有些被留给了可能不十分了解其价值的家人；有些去了植物标本室所在机构的图书馆，或是植物标本室的档案室；一些归档于植物学家所在的（或最后在的）机构。越来越多的野外笔记正在走入主要的植物学历史仓库，如卡内基梅隆大学的亨特植物文献研究所（Hunt Institute for Botanical Documentation），它们在那里得到管理和编目。这样的永久存档至少使个人的野外笔记变成了公共知识。

野外笔记的最后去处显然要凭植物学家来选择，但最重要的是，所有博物学家应该认识到，那些笔记是重要的历史记录，能为以后的研究者提供意义重大的信息。除了有时为了解决看似矛盾的地方而需要将标签信息与原始的野外笔记进行比较，对于试图了解特定区域环境变化的生态学家和生物地理学家，野外笔记往往是感兴趣信息的源头。从一本野外笔记可以更容易地汇集出某个地方采集的植物清单以及相关物种的信息，这要胜过在植物标本室里寻觅标本。而且，附带类似日志般评论的野外笔记对于历史学家很有意义，偶尔传记作家也需要它们。

在我们这个时代，博物学家如何记录野外笔记仍要看个人选择。回首自己45年做植物标本记录的岁月，我发现我个人离我记述的文字越来越远，对实际的采集经历变得越来越淡然，我更多的是专注于地点和时间的精确性。因为做记录的唯一目的就是提供事实。

我想我是我那个时代的产物——从小用纸笔，而非键盘和计算机屏幕——而这也塑造了我的视角。

也许后来人不会被计算机吓到，如果这么说合适的话，而他们的个性和情感将在数字时代展现出来。基于计算机的现代野外笔记的问题是，它缺乏有关作者个人的内容（而且不鼓励或容纳其他笔记，比如，“这是一个新物种吗？”“心皮部分很像……”“为什么是那个样子？”）。随着书信的衰败和野外笔记的净化，我们所失去的是有个性的风格。野外笔记就像被生命短暂的电子邮件所取代的书信。我担心随着计算机时代的深入，我们也会同样失去野外笔记一度提供的详细历史记录。不幸的是，植物学家的个性也将被抹去，因为野外笔记中此类沉思的倾诉对象往往是那些希望了解过去的人。

10

厌恶铅笔者的笔记

皮欧特·纳斯卡瑞基（PIOTR NASKRECKI）

虽然我不能说这是我发明的，但我可以确信地说我完善了这套水平文件系统，只要论文、书籍或任何其他对象没有关联，它们就能被叠放在一起，至少能达到一定的高度。这个系统也称作“地层式归档方法”，它基于模拟地层沉淀的简单原理，地质学家对此再熟悉不过了，具体是最老的记录堆积在最底部，上面的各层逐渐沉淀，越来越年轻。当然，像地质学一样，文档地层的剧烈运动常常会导致最年轻的各层消失于对手稿查阅、旧日程表（你从不知道自己何时需要它们）以及各种论文复本的过期请求之下，但它们中的大多数还是能在线找到。

有了这些高度演化的组织技巧，我在野外的笔记自然能在最长的时间里遵循逐渐累加的统一原则。也就是说我把自己的观察、测量或任何其他纸面上的数据以一种随机且随意的方式堆积在任何一张纸上，顺序不一定按观察完成的先后。这个系统有些作用，但有时我潦草记下温度和录音代码的那张纸在返回野外后就再也找不到了。当然我记得自己把它放在帐篷的什么地方，但这些回家后找不到的记录使跟踪鸣虫所用的时间变成了一种浪费。更糟的是，在进行有关螽斯和其他直翅类昆虫的动物调查时，我要快速写下所观察动物的名称和数量程度，那么一旦弄丢了笔记本，几天的观察成果也就付诸东流了。我偶尔会忘记写下采集地点的地理坐标，或是把昆虫放入贴标签的小瓶中（“T17”）却忘记记下有关该标本来源的相关细节。显然，情况很糟糕，我需要确定自己是否能继续做一名生物学家，或是必须记录自己行动的任何其他专家。

幸运的是，我在康涅狄格大学读博士的初期发生了两件不可思议的事，从现在看来是它们挽救了我的学术生涯。一个是便携式计算机的发明及迅速推广，笔记本电脑很小可以随身带到野外，而且价格不菲，迫使我总得留意它的踪迹。另一个是我意识到，对于构成一个观察事件的迥然不同的元素，我有能力在头脑中以某种三维形式使这些元素之间的关系形象化，从而使自己立刻掌握了关系型数据库设计的基本原理。有了这样电光石火般的预见，我决定回避纸质，从即刻起在笔记本电脑上以数字条目的形式保存自己的所有笔记。

在 20 世纪 90 年代中期，并没有许多生物学家可以利用的数据库管理软件，但巧的是我的论文导师罗伯特·K. 科尔韦尔博士（Dr. Robert K. Colwell）不但是一位杰出的生态学家，他还开发了最早针对生物学家的关系型数据库（Biota）。不幸的是，在实施的最初阶段，Biota 还未涵盖我研究螽斯的分类学、分类系统和行为所需的全部要素。于是我决定开发自己的数据库，就这样诞生了 Mantis。

平面数据存储（如在表单中）和关系存储系统有两个主要区别。在平面文件表单中，记录是简单的条目串（几列上的一行数字或文本字段）且彼此独立。这些记录可根据需要搜索和编辑格式，但很难创建数据的综合概览。例如，在某个标本的表单中，不可能同时显示属于物种 A 的全部信息（可能来自几个位置）和来自位置 X 的所有内容（可能属于几个物种）。在关系模型中，条目被合并到具有共同属性的逻辑分组，而标本则是根据分类或来源分组，这些组可以重叠或不重叠，但很容易根据许多独立的属性同时获得数据子集的概览。另一个区别是关系型数据库中的数据缺失冗余——你不必为每个记录重新输入诸如物种名称的信息；信息一旦输入数据库，你只需要引用它（链接它）。这样既可以减少数据输入过程中的人为错误，而且更容易把全局变化应用于数据集。例如，物种名称拼写的改变将自动反映在与其链接的所有标本中。Mantis 一开始是一套有大量脚本的模拟关系型数据库行为的平面文件，但它很快演变为冗余最少的完全关系型数据库管理软件。

有这样一套简单、集中的系统管理我所有的行为观察、分类学信息、参考、测量照片和录音，我的生活真的改变了。我对螽斯所了解的几乎所有内容，每个我曾观察过的标本，我去过的每个地方的坐标，以及我测量过的每个温度，所有这些都存储在我的数据库中。我能随时访问它们，而且无论走到哪里都能带着它们。Mantis已经成为我大脑的延伸，一个从不会遗忘的额外记忆存储空间，因此我认为它也是我那些主要记忆错误的理由。为什么我应该在快速浏览时努力记住圆翅鸣螽属（Cyphoderris）求偶行为的那篇论文的作者？但现在我不能打退堂鼓了，作为一名分类学家和野外生物学家，我所做的每一件事都围绕着我的数据库展开，并最终实现这一虚拟书架的无限扩展。

在我讲述自己的笔记记录细节之前有必要做一项声明。下面描述的是我对Mantis的使用，这个数据库管理软件由我开发，任何感兴趣的人可以自由使用，但不能出于商业目的。目前有许多很棒的数据库管理软件可供生物学家使用，如果你希望将类似的模式应用于自己的笔记管理，我强烈建议你探索所有可用的选择。

作为一名分类学家和保护生物学家，我主要研究能发出声音的昆虫，偶尔也涉猎节肢动物。因此，我需要和采集的数据都与分类学命名系统、物种分布和多度、行为、寄主关系和环境威胁评估有关。现在，我的大多数野外工作是代表保护组织或矿业公司做快速生物调查，目标是为一系列生物学上未探索的地方建立基准的生物多样性评估。此类调查的潜在目的一贯是实现所记录物种数量的最大化，并尽可能采集有关威胁其栖息地的信息。同时，我对昆虫行为和分类系统的兴趣也需要我采集额外的信息。

因此，我需要将在野外记录的数据类型汇总如下：每个采集地点的地理坐标，地点描述（包括主导植物物种清单），人类冲击的证据和类型，物种鉴别，物种多度（每个所观察的标本都有其记录），每个标本的性别、阶段，物种活动的日期和时间，鸣叫活动数据（持续时间和鸣叫时机、环境温度、鸣叫类型、录音的技术数据），寄主植物数据（针对食草物种），以及标本采集数据（采集方式、标本保存类型、唯一的标本ID，等等）。这份数据要点列表很长，但有了专为记录它们而设计的数据库，记录过程就大幅度简化了。

我到达一个新地方时做的第一件事情就是记录营地的GPS坐标，并描述我对周围植物的第一印象——分别在数据库的“位置（Locality）”和“事件（Event）”两个表中。我搭起帐篷后会立刻做这件事。栖息地和植物的描述可以不断改进，

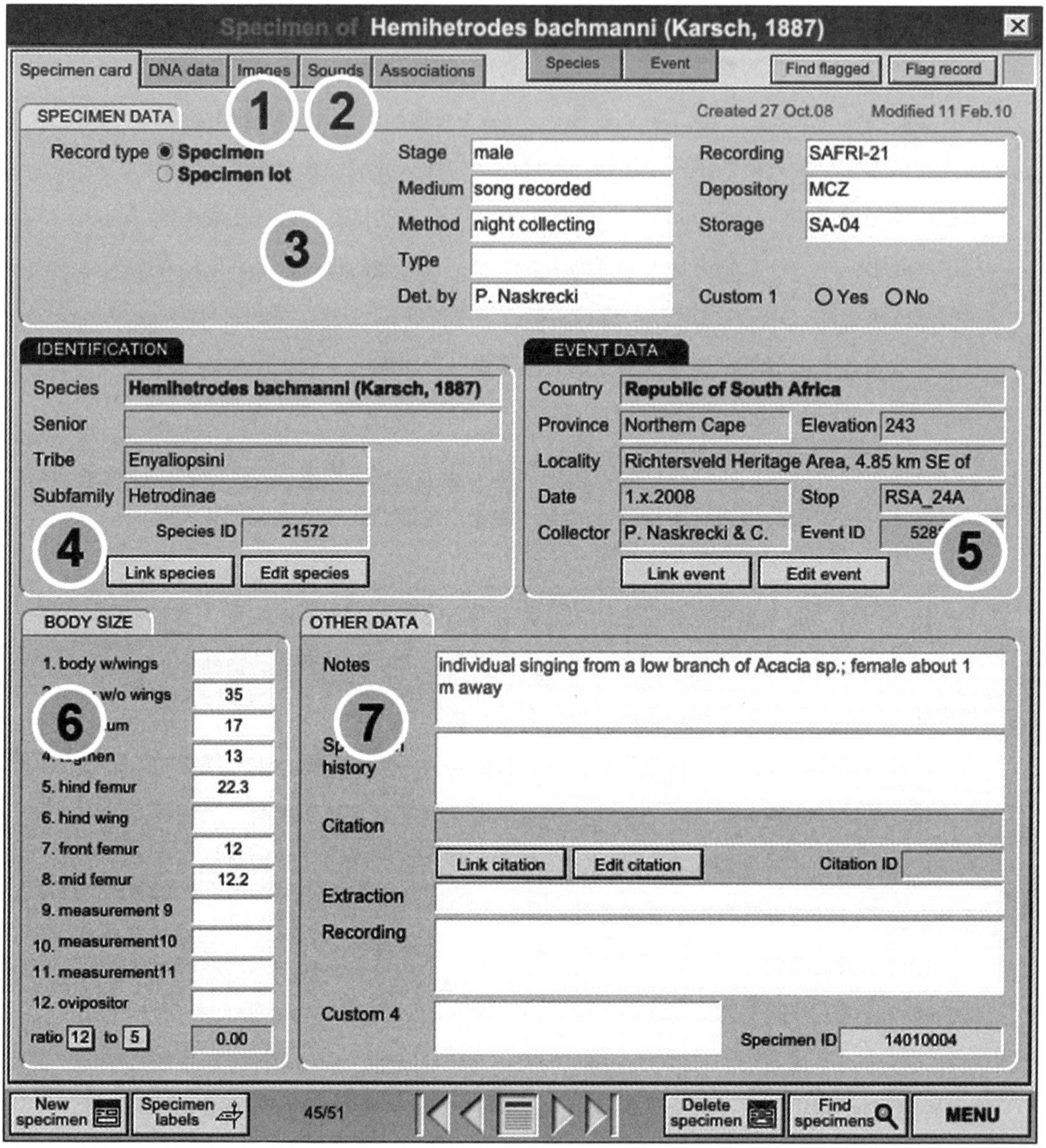

一只螽斯标本的“Mantis”数据记录，采集于南非的理查德斯维德国家公园（Richtersveld National Park）：①标本的图像；②标本的声音记录；③基本标本数据和存储信息；④标本的鉴别（链接到分类学表）；⑤采集描述/观察事件和位置数据（链接到事件/位置表）；⑥标本的体征数据；⑦关于标本的其他笔记。其他数据（分子序列，与其他生物的寄主/寄生关联，链接到已发表的论文）可以以后添加；标本状态的改变自动带有时间、日期戳，并记录在“标本历史（Specimen History）”字段。请参阅 http://insects.oeb.harvard.edu/mantis。

与螽斯标本记录关联的照片。

因为我能从调查的其他参与者那里获得额外的感悟，尤其是植物学家。因为数据库的每个新输入都自动带有时间戳，所以很容易根据需要重建事件的时间线。

我应该提一下我们的团队通常配有发电机，可以为笔记本电池充电。个别没有的情况下，我就用便携式的小太阳能电池板，它产生的电足够我每天充电。在调查期间，我会确立更新数据库记录的计划。

我一从野外返回营地，就把用 GPS 设备采集的新坐标下载到计算机和数据库。为采集的标本（或是至少每个所采集物种选一只为代表）拍照，分配唯一的标本 ID 号（将贴到酒精瓶或昆虫的大头针上）并对标本进行鉴别。鉴别常常是初步的，我会为每个形态种建立一个临时 ID。但在许多情况下，我能在野外就把物种鉴别对，这要归功于我在数据库中收集了近 40000 张螽斯类型标本照片及其鉴别特征。我还存有 PDF 版本的重要分类学论文，它们能帮助我在野外鉴别标本。对于不需要实际采集的、常见的、容易鉴别的物种，或是我能单凭叫声分辨的物种，我会建立相当于标本记录的观察记录。每个标本记录或观察记录包含的信息都有标本的ID，性别、阶段，采集时间与方式，寄主生物（大多数情况下是植物物种，但有时是白蚁群体），保存方式，以及存放位置。（我为放标本的每个小瓶和盒子都做了编号。）

大部分的笔记记录是在白天做的，因为那时大多数螽斯都藏了起来，如果白天去野外采集只能无功而返。因此，所有标本都准备完且拍照后，我通常有大量时间将其输入数据库。螽斯的多度一般不高，我平均的工作量是每天30~50只标本。一旦完成了这一数目，我就转录前一个晚上用数码录音笔录的声音笔记，我记录了那些昆虫的求偶鸣叫。每个记录都下载到计算机并链接到相应记录，那些记录包含声音信息（作为鸣叫者的特征）、鸣叫者附近是否有其他个体、空气温度、鸣叫者与麦克风的距离、录音设备的技术数据以及录音的时间和日期。

任何其他观察和数据也会尽可能快地输入数据库。当然，晚上在森林时我不带笔记本电脑，如果需要做笔记，我就用录音笔（录音笔我总是随身携带）录为声音信息，或是在很小的防水笔记本上做记录。多年来，我已经把自己训练得在转录笔记时十分认真，到目前为止，我还没丢失任何观察。

在图示中，我在南非纳马夸兰（Namaqualand）调查螽斯时，在理查德斯维德国家公园（Richtersveld National Park）采集了一只螽斯的标本。我们在10月初的一个晚上出去采集，我用录音工具记录了它的唧唧叫声，然后捕到了它并拍了照片。第二天，我把声音文件和数码照片上传到Mantis，并记录了标本信息。

那次调查结束时，我的所有观察和鉴别就已经保存在数据库中了，等我返回博物馆时，数据输入那部分工作已经不需要做什么了。剩下的就是换小瓶里的酒精，打印永久位置标签以替换野外标签，用数字条形码标签替换手写的标本ID，并继续在野外就开始的标本鉴别。对于任何需要分类学描述的新物种，要用Mantis数据库的专用描述模块对其形态特征状态进行打分，然后只需点击一下鼠标就能生成可供发表的描述。

但世界上没有完美无缺的系统，完全依赖数字媒介显然有风险。硬件故障、

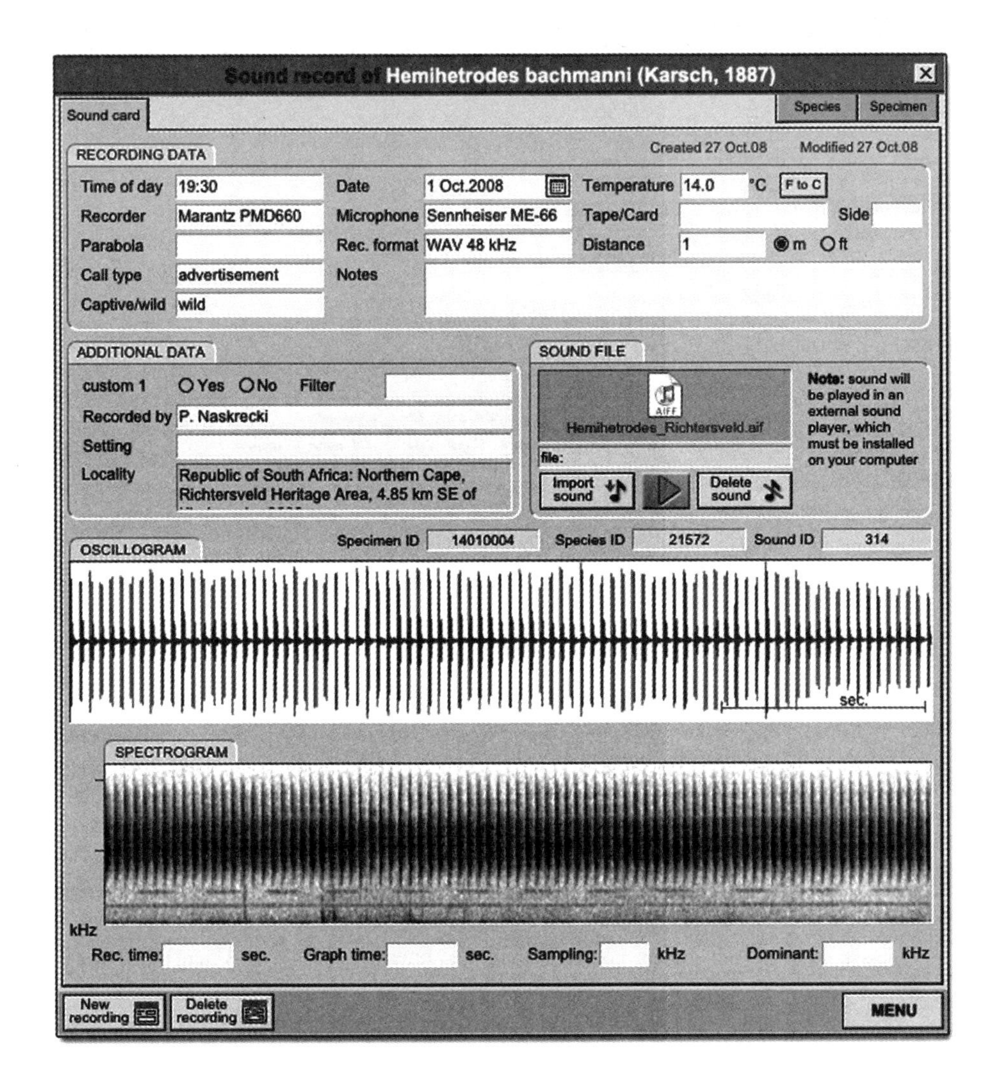

螽斯的录音及相关数据。

电压浪涌或设备被偷，这些是数字时代再熟悉不过的注意事项了，这么多年来我经历过所有这些情况，而且是很多次。但促使我开发严谨的数字笔记规范的生存本能使我变得训练有素，懂得备份自己的宝贵数据。不管我在野外还是回到家，只要我对数据库进行了改动，无论改动多么小，我都会立刻为整个数据集合做两个备份。任何时候我都有三份相同的独立复本，分别存储在三个物理媒介中（通常是两个计算机硬盘和一个 USB 盘）。除此之外，我都会把整个数据库的存档复本（近来已超过 10GB）刻录为 DVD。在野外时也是如此，当我野外旅行回来时会随身携带数据的两个复本，还有一个复本在托运行李中。

过去汗牛充栋的知识和数据量，现在一个拇指大小的记忆棒就能存放下，

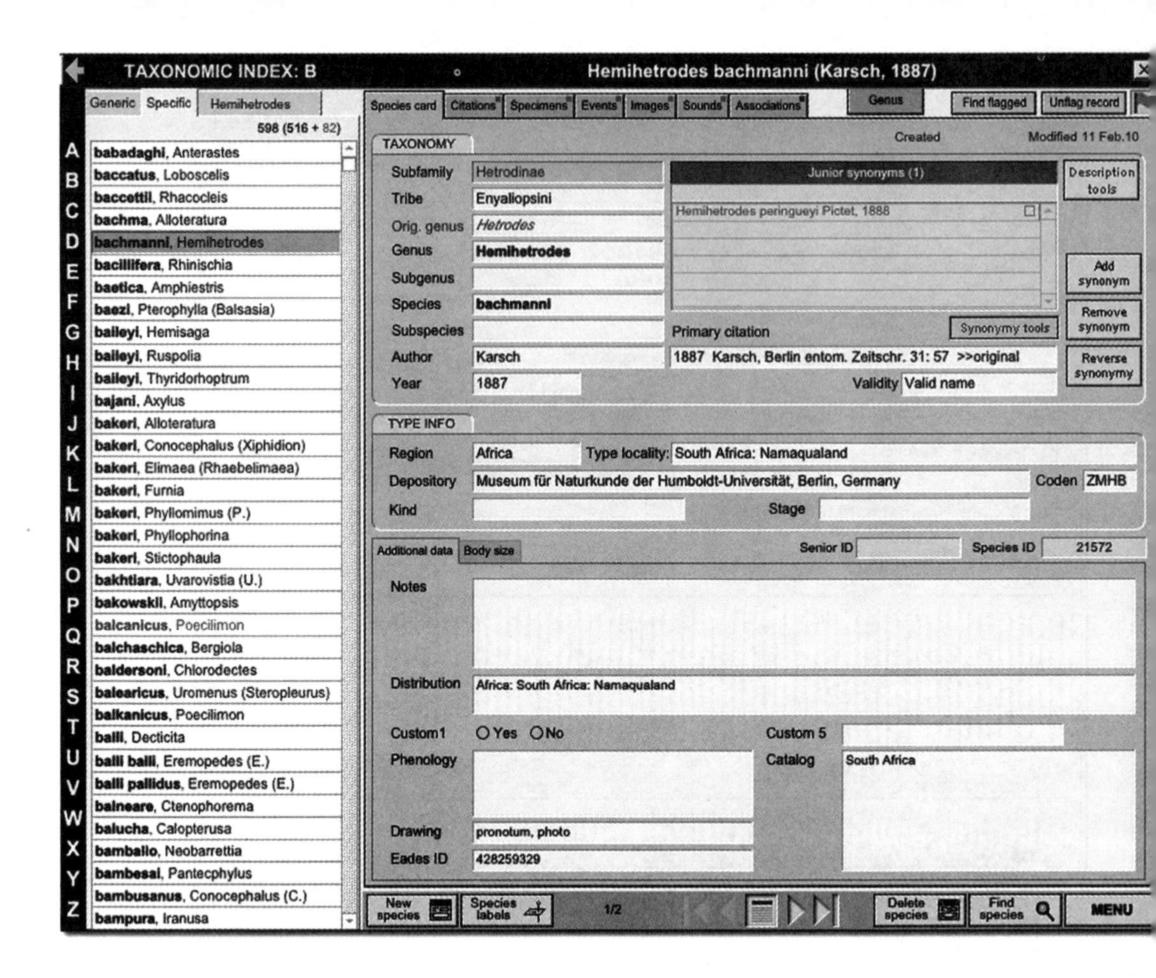

显示螽斯分类学分类的记录。

这种事实令人兴奋，但多少也让人难过。对科学家而言，数据的即时访问和便携性使野外研究变得非常简单，但少了那种知识缓慢积累的感觉和树立科学威望的具体证据——书架上满满的，看起来都是很重要的书籍和日志。即使是我的水平文件系统也逐渐落伍了，虽然这令人难以相信。文件集正在变得越来越小，最近一次主要文件集崩溃已是几个月前的事了。不可否认的是，纸时代正在快速衰退，不难想象在未来的某个时候，学生会对一种称作“铅笔”的奇怪原始工具感到困惑不解。对我而言，那个时候并不会很快到来。

Republic of South Africa: Northern Cape, Richtersveld Heritage Area, 4.85 km SE of

Event card | Specimens | Species | Genera | Locality | Find flagged | Flag record

EVENT DATA

Created 14 Oct.08 Modified 7 Feb.11

Date: 1 Oct.2008 to [blank] Today | Incomplete date: [blank]

Note: Date must be entered as Month/Day/Year (yyyy)

Collector: P. Naskrecki & C. Bazelet | Stop: RSA_24A

Habitat: small thicket of Acacia sp. by a stream

Notes: surrounding area heavily grazed by goats

Label verbatim: [blank]

Coord.: O Yes O No

Test: [blank]

LS Coord.: [blank]

INBio lot: [blank]

Event ID: 5288091

LOCALITY

Country: Republic of South Africa

State/Pr.: Northern Cape

Co./Distr.: Namakwa Distr.

Locality: Richtersveld Heritage Area, 4.85 km SE of Khubus

Elevation: 243 m

Coordinates: 28°28'58.3"S, 17°1'58.7"E | DMS | Google

Lambert 1: [blank] | Lambert 2: [blank]

Link locality | Edit locality

Locality ID: 2330389

New event | Event labels | 1/1 | Delete event | Find events | MENU

显示栖息地的采集事件记录。

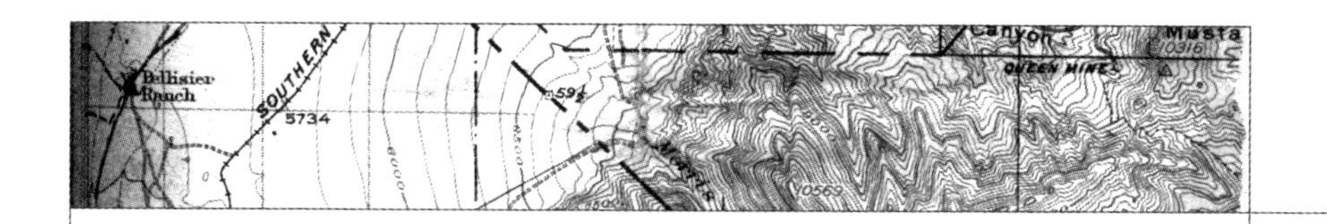

11

致未来的信

约翰·D. 珀赖因（JOHN D. PERRINE）、詹姆斯·L. 巴顿（JAMES L. PATTON）

那是加利福尼亚山中的黄昏。随着仲夏的太阳滑落到峭壁后面，来自脊椎动物学博物馆（Museum of Vertebrate Zoology，MVZ）的野外小队完成了当天最重要的任务之一。经过查看陷丝、制作干燥标本的漫长一天，他们的营地很安静，只有钢笔在纸上发出的沙沙声，那是队员正在野外笔记本上记录当天的详细信息。他们一返回伯克利，野外笔记就要上交、装订，并与此刻整齐地固定在营地周围干燥板上的标本一道存档。也许未来的几十年里，研究者会搜寻这些笔记，寻找现在看似琐碎的细节，比如早晨检查陷阱时看到的丛林狼，或晚饭期间造访营地的灰噪鸦的三重唱。因为这些野外笔记将成为博物馆记录这个地方生态状况的有机组成部分，所以全队都认真遵循着约瑟夫·格林内尔（Joseph Grinnell）——MVZ第一任馆长——制订的内容和风格指南。当天的笔记一完成，小队成员就回到自己的帐篷，借着头灯的光线看书或听音乐。那是2006年的夏天，这支小队是由研究者、学生和志愿者组成的大部队中的一部分，他们都参加了格林内尔重新调查项目（Grinnell Resurvey Project），雄心勃勃地要重复格林内尔及其同事在近一个世纪之前进行的脊椎动物调查。

自2003年春季开始，上述的情景已经上演了几十次，从南内华达山脉（Sierra Nevada）的山麓丘陵一直到加利福尼亚东北部莫多克高原（Modoc Plateau）的火山岩的露头。这些工作的起因是一些很简单的问题：这些研究地点的脊椎动物群落在过去的一个世纪里发生变化了吗？如果发生了，那么变化模式是否揭示了可能存在的机制？看起来哪些物种对环境变化更为敏感，哪些适应力更强？MVZ的干燥标本采集工作是重新调查的重要部分，但初次调查期间记录的大量野外笔记，事实证明也是非常宝贵的。就这点而论，这个项目可以说是一个杰出的典范，代表了记录完整、归档仔细的野外笔记所具有的科学价值。

格林内尔重新调查项目

在这里我要强调的是，我所坚信的注定将成为我们博物馆最伟大的目标。但是，这一价值不经过许多年的努力是无法实现的，时间可能长达一个世纪，前提是我们的材料得保存安全。这个目标就是让未来的学生可以获得加利福尼亚和西部的动物原始记录，而无论现在我们在哪里工作。他将了解到全部动物的物种比例、每个物种的相对数量和各物种的分布范围，与它们今天的生存情况一样。[46]

——约瑟夫・格林内尔，1910 年

约瑟夫・格林内尔（Joseph Grinnell）是加州大学伯克利分校脊椎动物学博物馆的第一任馆长，这座博物馆成立于 1908 年。正如上面的引文所述，格林内尔为博物馆赋予的构想不仅仅是一个标本的集合。即使是在 20 世纪初，加利福尼亚也是一片不断变迁的土地：人口迅速膨胀，人类的活动给那片土地及其原住民带来的累累伤疤，例如农业、采矿、家畜生产、掠食性动物控制和为贩卖而进行的打猎。格林内尔建立 MVZ 的主要意图之一就是记录这片土地上脊椎动物物种的分布、多度、变异及其栖息地，大部分是为了提供基准数据，以方便未来的对比。

格林内尔意识到单靠采集标本只能实现一部分目标。他的队员制作了几千个头骨和研究用兽皮，以记录当地物种及其变异，但仅有标本提供不了有关生存环境的很多记录。而且标本也无法指出那些动物一生的行为方式，如它们的小环境联系、做巢偏好、发声方法、交配仪式以及其他行为。记录某个物种的自然史，尤其是在其具体的生态环境中，能极大地提高标本的价值。正如格林内尔在 1910 年所写，“比起只能从标本本身获得的信息，最后更具深远价值的可能是其分布、生活史和经济地位方面的事实”。[47]

这些事实需要更大的空间，每个标本附带的小标签无法满足。于是格林内尔指导全体 MVZ 野外研究者在探险期间记录详细的野外笔记。笔记描述各个研究地点的主要栖息地类型、主要植物物种和关系、每个标本个体的小环境，以及诸如发声方法、觅食模式和求偶表现的行为。格林内尔对研究地点的整个脊椎动物群落都很感兴趣，但因为无法为遇到的每个物种都做干燥标本，所以野外笔记还包括所观察物种的清单，比如营地周围、沿陷丝或沿特定路线定时散步时偶然看到的鸟。许多成员的野外笔记本加入了动物的详细图画及其巢或洞穴系统，动物发声的音译，与当地农场主、捕猎者和其他居民谈论现有物种的叙述，峡谷两侧或湖岸的植物群落图表，注明营地地点和描绘旅行路线的地图，以及生物及其栖息地的照片。

野外笔记中的信息是评估各个研究地点必不可少的组成部分，像干燥标本一样，野外笔记也得到了精心保存。队员在规格标准的高级书写纸笔记本上写笔记时一丝不苟，而且用的是永久性黑墨水（记过一段时间笔记的人都清楚地记得那句告诫：“一定要用希金斯永恒墨水！”）。

为了保护那些精美的笔记，格林内尔将其装订为精装本，作为 MVZ 的永久收藏与标本一起存档。标准规格的页面有利于装订，而标准化的格式方便任何后来的读者快速找到所需的确切信息。例如，通过每页笔记本顶部的日期和位置信息，格林内尔和其他读者可以很容易将任何标本与其生态环境联系起来。

格林内尔从 1908 年直到 1939 年英年早逝，他及其 MVZ 同事足迹遍布整个加利福尼亚和其他西部州，记录了几百个脊椎动物物种的分布、生态关系和行为。凭借所积累的标本和观察，格林内尔为分类系统和生态学做出了宝贵的贡献，例如完善“小生态环境”这一概念。[48] 每个脊椎动物物种都有各自独一无二的范围和分布，这一事实有利于理解生态群落其实是物种的机会集合，而不是之前有人构想的密切共同演化的“超级有机体”。[49] 描述几个焦点区域脊椎动物群落的专题论文，包括约塞米蒂国家公园和拉森火山地区著名的横断面，以及诸如圣布那的诺山脉（San Bernardino）、圣哈辛托山脉和科罗拉多河下游的更多当地地域，详述了野外队员笔记中记录的众多生态和行为细节。[50] 虽然有些叙述现在已有百年历史，但对于有些地域和物种，格林内尔时代的专题论文时至今日仍代表了对脊椎动物群落最综合的考察。

P. 1915 3 mi. N.E. Coulterville, Mariposa Co., Calif.

El. 3200 ft. June 9, 1915.

36~~7~~6.

sarte about holes seem to have begun working last night (warmer weather is now coming on) but no Perodipus were caught. Only one has been taken here so far.

Traplines at this station.

Trap lines in red
Transition in blue
U. Sonoran in yellow

364.

3 mi. N. E. Coulterville, Mariposa Co., Calif.
El. 3200 ft. June 8, 1915

X Storer & I took a picture of a mourning dove's nest built on a steep clay bank of a barranca right on the ground. U.S. 32, Exp 1/5 sec. Dist 8 ft. very bright light.

meadow (short grass)
tall weeds
bare clay
Dove's nest [2 eggs]
10 ft
BARRANCA
small stream
Juncus grass

DIAGRAM OF MOURNING DOVE'S NEST ON CLAY BANK.

Mammals have been scarcer here than at any other place I have ever trapped. It seems to be a little too high for any number of individuals of "upper sonoran" species tho Perodipus, Ground squirrels, Peromyscus truei, cottontail & jack rabbits and probably Perognathus are represented. Grey squirrels are not abundant + chipmunks almost absent. Juncos and Crested Jays are scarcely seen, thrashers come to the very edge of the yellow pines, Long tailed chats + lark sparrows enter the yellow pine area a short distance [1-3 miles.]

这三页摘自查尔斯·L. 坎普（Charles L. Camp）的野外笔记，显示了格林内尔时代笔记所包含的详细信息类型。（对面页）马里波萨县（Mariposa Co.）科尔特维尔（Coulterville）和达德利（Dudleys）之间区域的总体地图（基于当时的科尔特维尔美国地质勘探局，即USGS的15分方格地图），其中标出了陷丝位置、海拔轮廓、生物带，等等。（上面）坎普和特雷西·斯托勒（Tracy Storer）在黏土河岸上发现的哀鸠（*Zenaida macroura*）巢的文字信息和简图。

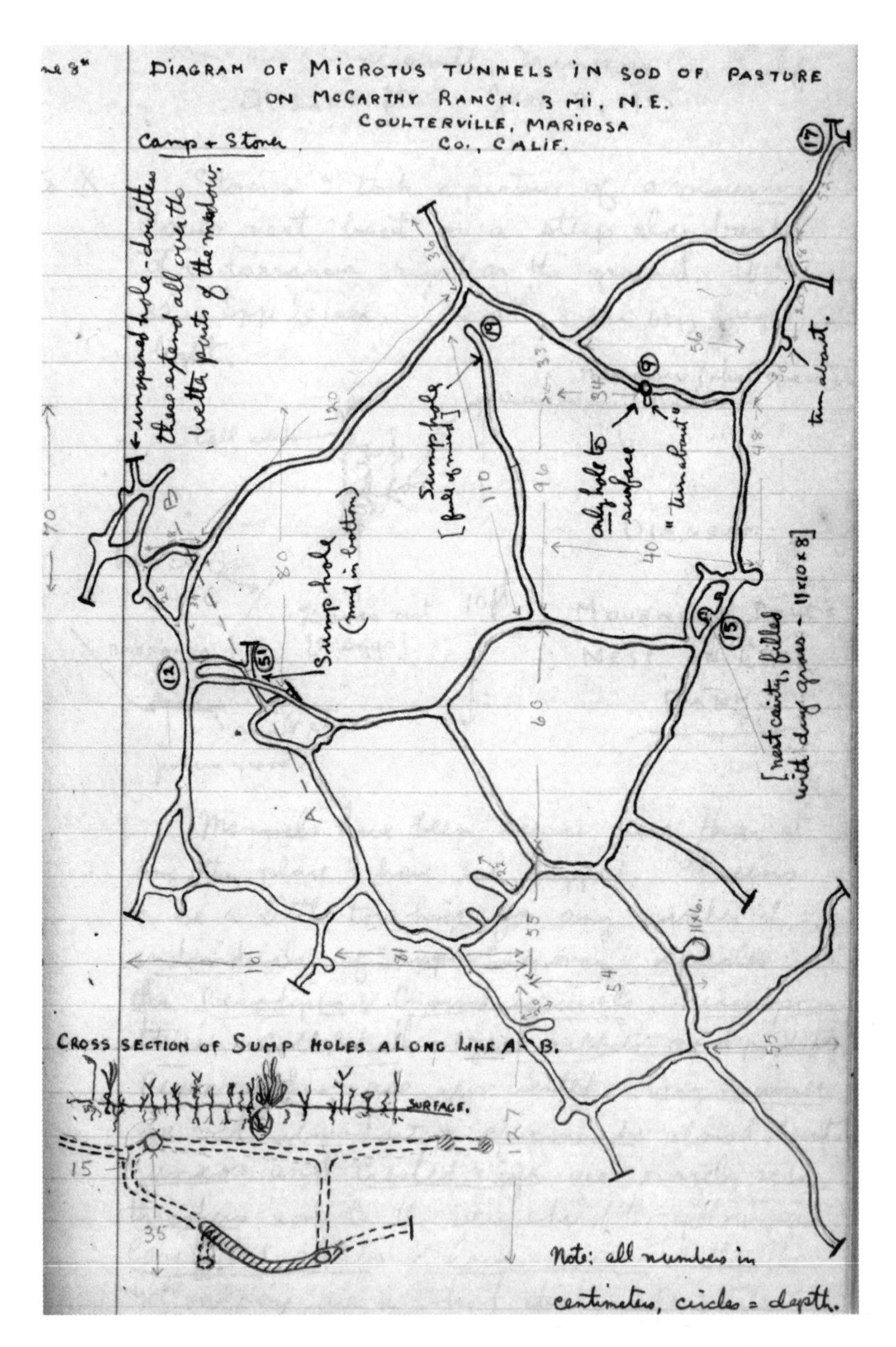

加利福尼亚田鼠（Microtus californicus）地道系统的水平图，和显示那部分地下深度的局部剖面图。脊椎动物学博物馆存档，加利福尼亚大学伯克利分校，http://bscit.berkeley.edu/mvz/volumes.html；查尔斯·L.坎普，1914—1922年，地域3，第363-366页。

正如格林内尔计划的那样，这些富含深度和细节的专题论文再加上随附的干燥标本和野外笔记，为后来的对比提供了综合基准。随着 MVZ 迎来 100 周年纪念，一个简单的想法开始成型：也许是时候重返那些地点，重新调查和记录这几十年来所发生的变化。虽然 20 世纪中期一般的科学采集已不再盛行，但保护生物学的兴起和全球气候变化对生态影响的担忧使这样的提议不再是什么怪念头。

选择从哪里开始变得很清楚，因为那时美国国会敦促各个国家公园更新生物多样性清单，而这样一份清单是国家公园强制永久保留的。在国家公园系统中称得上瑰宝的约塞米蒂国家公园，最综合的脊椎动物清单是格林内尔及其同事特雷西・斯托勒 1924 年的专题论文《约塞米蒂国家公园的动物》，那篇论文记录了他们 1914 年和 1915 年的探险结果。对于约塞米蒂国家公园的生物学家，将当前的所有脊椎动物与 1924 年专题论文进行对比看起来是顺理成章的策略，而重新调查的理想人选就是 MVZ 的研究人员。野外工作开始于 2003 年，一直持续到 2005 年，但绝不是仅限于约塞米蒂国家公园。MVZ 队员涵盖了格林内尔"约塞米蒂国家公园横断面"历史地点的广大范围，从内华达山脉的西部山麓丘陵一直到内华达边界附近的莫诺湖，覆盖了几乎 1550 平方英里。该项目的广阔范围带来了诸多挑战，但也为许多物种的地域分布提供了珍贵的视角。调查结果有一部分记录的是许多小型哺乳动物自原始调查以来的显著海拔高度迁移，这部分结果在 2008 年发表于《科学》（*Science*）杂志。[51]

紧随约塞米蒂国家公园重新调查之后，国家科学基金会（National Science Foundation）资助的 MVZ 科学家将重新调查拓展到其他格林内尔研究地点，如内华达山脉南部和北加利福尼亚的拉森峰区域。这一拓展有 4 个主要目标：首先，记录历史地点小型脊椎动物的当前分布（主要是鸟类和小型哺乳动物）；将物种的当前分布与格林内尔及其同事记录的历史分布进行比较；将所观察到的动物变化与土地使用、气候、火灾等变化及其他环境因素联系起来；最后，为当前动物状况提供基准点，以便于未来的其他对比。[52] 正如上一次调查一样，野外笔记还是记录物种生态环境的最基本构成要素，不管形式是干燥标本还是记录的观察。此类数据有助于未来研究者继续这一研究过程。

格林内尔野外笔记体系

我们的野外记录也许是所有调查结果中最有价值的，因此也是方便的记录体系中的重点。[53]

——约瑟夫·格林内尔，1908年

对于格林内尔前几代的生物调查者和博物学家，记录野外笔记是很普通的实践。刘易斯和克拉克探索路易斯安那领地（Louisiana Territory）和达尔文乘小猎犬号航海的笔记是此类手写记录的两个典范，近两个世纪之后它们仍充满科学精神，令人读起来津津有味。[54]

格林内尔野外笔记体系继承了这一传统，但凭着独特的标准化格式而久负盛名。[55]无论是研究兽皮、固定昆虫还是压制干燥标本，标准化都是博物学采集中的核心，研究由多个成员完成时尤为如此。否则，采集的结果就成了各种格式和风格的大杂烩，从而掩盖了采集意图揭露的细节。因风格各异导致的分散若降为最低，那么后来的研究者就可以有效地发现材料的组织模式，而不管标本由谁制作。研究专题论文时，格林内尔可能花费了很多时间审视队员的野外笔记并参照相应的标本，所以他需要能快速定位到细节。作为导师，格林内尔在一代生态学家和分类学者身上灌输着野外笔记的文化和程序，他们中的许多人把“格林内尔体系”又教给了自己的学生。[56]

格林内尔野外笔记体系由三个部分组成。日志是一种叙述性说明，用于描述研究地点和总结每天的活动和观察，包括所遇到的物种的清单。这一部分常常点缀有草图、照片或地图。编目是所采集的所有压制标本的连续记录，每个都有唯一的野外编号和标本的博物馆标签所需的信息，如性别、质量、繁殖状态和标准身体测量。物种说明是各物种具体的信息和观察汇总，是在一个或多个地点的几天时间里逐渐积累来的，该说明最终发展为包括外形描述、季节性行为、小环境关系及其他特征的详细总结。这些说明可以方便地组织有关某个物种的观察，而不是任其分散在不同天的日志叙述中，而且还可以根据那些观察概括出一般性。物种说明往往代表了以后专题论文中针对该物种的第一稿。

无论哪一部分，每一页都要有作者的名字、日期和研究地点。

通过以这种方式区分笔记，就能使各个部分具备特定的结构和格式来组织性质不同的信息类型。编目的格式最严格，因为对于所采集的每个标本，要用相同的模式记录相同的基本数据类型。在这一点上，编目最像现代的电子表格，其中的日期、位置、编目号、物种、性别、繁殖状态和几个标准身体测量数据都有指定的字段和格式。确实，编目中的信息现在直接上传到了 MVZ 的计算机标本数据库。相比之下，日志的格式更开放、更灵活，方便适应各种需要包括的描述性信息，如手写的叙述、列表、草图、地图或照片。此类信息不容易转换到现代数据库的典型数据字段硬性系统中。但像数据库一样，野外笔记的各个部分由共享信息相互链接，如研究地点的名称或标本编号。通过这些链接，编目中任何标本的小环境关联即可以相互参照该地点和当天的日志，以及该物种对应说明中总结的其他累积信息。这一体系的功效在于不同部分及其相应格式平衡了结构和灵活性，从而提供了有效的数据存储和检索。其他资源涵盖了格林内尔体系的指导和机制，并提供了各个部分的格式范例。[57]

可以饶有趣味地想象一下，格林内尔带着对细节的高度重视和对机构使命的深刻领悟，在 1908 年成为 MVZ 馆长的第一天就向下属颁布了格林内尔体系的各种细节。事实上，那些格式是经过几十年、几代人才演进而来的。格林内尔本人从不使用包括上述那三部分的日志体系，而该体系现在却以他的姓氏命名。他从不写物种说明，而他每天的标本编目也是简单地穿插在当天的日志笔记中，他一生都保持着这一做法。我们可以确定格林内尔曾对笔记的内容和格式给予过一些指导或说明，因为他在 MVZ 的早期所有同事和学生几乎都使用同样的格式和组织结构。在每一项研究中，他们的野外笔记本都有简单的叙述性日志，其中附带标本编目，但没有物种说明。

最早运用这一三部分体系的有 E. 雷蒙德·霍尔（E. Raymond Hall），他是格林内尔最得力、最有影响的学生之一。1928 年，得到博士学位后霍尔开始记录单独的标本编目和一套物种说明。有趣的是，霍尔做那些只是为了他在内华达的野外工作，并以此形成了专题论文《内华达州的哺乳动物》（*The Mammals of Nevada*）。[58] 霍尔的其他笔记也是按格林内尔的风格写的，即使是

all around. On the west-facing slope of the White Mts. (Montgomery Pk. looming up, bare for its upper third) one is able to see the timber belts distinctly from a distance, as shown below.

← West

foxtail pines

bare

silk-tassel or else bare

Pinyon

Sage-brush

Dixon took a photo of this slope, and belts shown on this should be compared with topographic map. We saw no more signs of Citellus mollis than around Pellisier Ranch. Again we were told that these animals were "all gone in" for the winter. A very few birds were seen out on the sage flats: Sage Sparrow (5 or 6), Brewer Sparrow (about 3), Black-throated Sparrow (2).

Sept. 20

A Kingfisher flew along the ditch at sunrise. At daybreak heard Poorwills and Killdeer, and saw 5 Mallards fly by. Five Magpies lit silently on a dead cottonwood near camp, and two Lewis Woodpeckers shortly took their places. A Sparrowhawk percht, hunched-up, on the tip of a dead tree; and Meadowlarks began singing.

nell-1917 Pellisier Ranch, 5600 ft. 1519

Sept. 20

Woodhouse Jay (one along willow row, call very like that of Calif. Jay); Magpie (3); Say Phoebe (2); Parkman Wren (1); Warbling Vireo (1 in willow top); Lazuli Bunting (1 seen clearly); Vesper Sparrow (4); Intermediate Sparrow (about 6); Barn Swallow (2); Savannah Sparrow (about 10).

✓4419, 4420 Uta stansburiana (2 specimens)

✓4421 Sceloporus biseriatus

✓4422 Calaveras Warbler ♂ im. 8.3g.

✓4423 Orange-crown Warbler ♂ im. 9.0g.

✓4424 Eutamias panamintinus ♂ 45.5g. 188×82×31×12.5.

✓4425 " " ♂ 47.3g. 190×84×30×12.

✓4426 Lewis Woodpecker ♀ im. 102.5g.

✓4427 " " ♂ im. 99.2g.

My trap-line got: big Perodipus 1♂; Onychomys 1♀ (put up by Dixon); Peromyscus sonoriensis 4 ad. ♀♀ (1 with 3 large embryos) and 3 ad. ♂♂. The Onychomys was under an atriplex confertifolia bush, as was also the Perodipus.

✓4428 Perodipus (panamintinus?) ♂ 297×178×46.5×13. 60.6g.

✓4429 " " ♀

Sept. 21

✓4430 Perognathus panamintinus bangsi ♂ 7.7g. 133×72×19×4.

✓4431 Warbling Vireo ♀ im. 11.5g. Shot by H. G. White yesterday.

✓4432 Western Robin ♀ im. 85.0g. " " " "

✓4433 Western Meadowlark ♂ ad. 116.0g. " " " "

My 30 trap-line produced: 1 Perognathus p. bangsi (as above, under atriplex confertifolia), 1 Reithrodontomys ♂ ad. (on very dry ground but where ditch from alfalfa had

这三页摘自约瑟夫·格林内尔的野外笔记，写于欧文斯谷（Owens Valley）北端的佩利西耶农场（Pellisier Ranch），1917年。（对面页）这一页专门描述蒙哥马利峰（Montgomery Peak）下面的怀特山脉西侧的生物带。（上面）点缀在1917年9月20日笔记中的典型日志和标本编目条目。

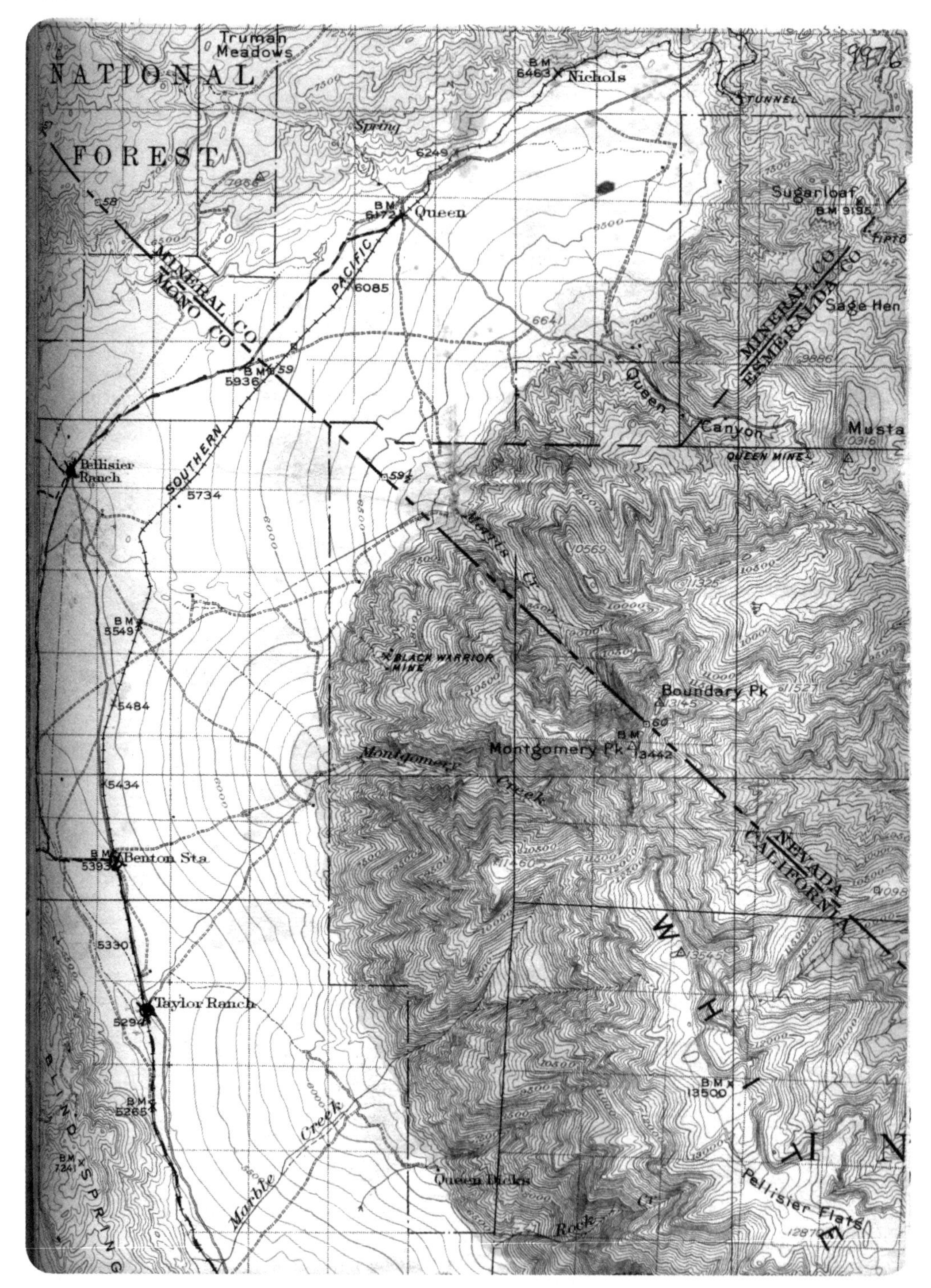

北欧文斯谷的部分USGS 15分方格地形图显示出那次旅行到过的地点——泰勒农场、本顿站(Benton Station)和佩利西耶农场，脊椎动物学博物馆档案，加利福尼亚大学伯克利分校，http://bscit.berkeley.edu/mvz/volumes.html；约瑟夫·格林内尔的野外笔记，1917—1918年，第4部分，第1517、1519页，地图插在第1521页和第1522页之间。

同一时期（1928—1941 年）的：简单的叙述性日志，标本编目散见其中，没有物种说明。

到 20 世纪 30年代，许多 MVZ 研究者（格林内尔本人却是明显的例外）都采用了由那三部分构成的野外笔记，即单独的标本编目、日志和物种说明。MVZ 档案中有一份格林内尔的备忘录，日期是 1938 年 4 月 20 日，他在其中概括了记录野外笔记、采集和制作标本的标准程序。格林内尔的指导原则没有强制要求使用三部分体系；事实上，该体系仅在涉及正确标页码时被提及过一次："笔记本页码要从之前中断的地方开始连续记。在按各部分安排的笔记中，旅行路线（日志）排在编目之前，而物种说明在最后。"[59] 格林内尔把指示打印在大小适宜的纸上，这样每个人的笔记本中都能夹上一份，方便带到野外。

格林内尔去世后由这三部分构成的体系成为 MVZ 的标准做法，奥尔登·米勒（Alden Miller）在 1942 年修订格林内尔关于笔记记录的指示就证明了这一点。米勒接替格林内尔成为 MVZ 馆长，他为那三个部分给出了相应页面标题的具体范例，透露出不允许再在日志中包含编目。米勒对物种说明的支持是无可置疑的："尽可能多地记录信息，以满足物种说明的需要。这样日后寻找起来也更容易（原文画线强调）。"[60]

今天，三部分体系在 MVZ 内部已大幅度衰落。很少有 MVZ 研究者还写物种说明（我们根本就没写过），但我们都记录独立于日志的标本编目。写物种说明的人倾向于研究特殊的分类。因此，所有的相关观察都要包含在该类的物种说明中，如有关地点、时间、方式的其他细节以及日志中记录的其他内容。虽然格林内尔建立了 MVZ 野外笔记的基本指导原则和原理，但他的学生——尤其是米勒、霍尔和塞特·班森（Seth Benson）——将其制度化为三部分体系，即今天的"格林内尔体系"。尽管这么多年来格式和组织都发生了变化，但格林内尔"记录一切"的原始信条直到今日依然坚如磐石，而且一定会继续发扬光大。

格林内尔重新调查项目中的野外笔记

要记得我们的手稿会随着岁月的流逝和动物的变化而越来越具价值。有些早期笔记所描述的状况如今那些地方已不见踪影了。

——约瑟夫·格林内尔，1938 年[61]

对于重新调查项目而言，那些过去野外笔记的重要性的确难以估计，没有那些笔记和其中蕴含的详细信息，这个项目就不可能完成。实际上从最初的计划阶段一直到准备最后的报告，我们在项目的每一步都参考了以前的野外笔记。我们把那些笔记的复印件带到野外，几乎每天都翻阅，找寻隐藏在其中的细节。许多机构都有大量的脊椎动物标本，但很少能为那些标本配上深入的生活环境，而那些野外笔记的手写描述恰恰做到了这一点。事实上，因为野外队员都具有相当高的分类学专长，所以不用原始的压制标本也能进行重新调查，但少了相应的野外笔记，重新调查就是不可能的任务了。

最根本的是，我们要靠野外笔记指引我们找到格林内尔及其同事在原始调查期间去过的采样位置。这个项目的基本目标就是重返格林内尔及其队员以前调查过的地点。这么做能提高项目对公众的呼吁力度，也能最大限度地发挥分析力量。如果我们在一年的同一时间、同一位置进行调查，而且方法也与以前调查大致相同，那么我们的结果就具有直接的可比性。因此，这两个数据集合之间的任何差异都很可能体现了物种分布的真实变化。

有些最珍贵的历史记录是详细的地图，其中记录了某一地点各种活动的位置和范围，这一点不足为奇。这些地图中的大部分是当代的美国地质学调查地形图，格林内尔的野外队员在上面标注了每天的旅行路线或陷丝位置，并将其与野外笔记装订在一起或是平放在 MVZ 的地图档案中。但即使是野外笔记中的手绘地图也能提供翔实的细节，足以以此定位和模拟原始调查。其中最显著的一个例子就是查尔斯·坎普 1915年 7 月绘制的野外地图，描绘了莱尔峡谷（Lyell Canyon）中的研究地点，那里是原始约塞米蒂国家公园调查的一部分。

不幸的是，此类路线图没有显示所有的陷丝或调查。例如，我们在对拉森火山的原始调查中就没有发现任何这样的地图；不清楚它们是遗失了还是当初就没有。没有这些地图，我们就不得不依靠野外笔记中的研究地点的位置描述。

有些令人吃惊的是，已发表的专题论文中没有单个研究地点的细节说明。尽管专题论文中的物种说明一般都含有物种的大量细节，如外观、行为和栖息地关系，但相应的采集地点很少被提及。例如，厚达594页的拉森火山横断面调查专题论文就仅包含一份地图，覆盖了整个3125平方英里的横断面，上面的45个主要采集地点都用小点来代表，而且只在一个粗略的表格中进行了汇总。另外有些点还聚到了一起，但其实是几个离得很近的单独采集点，它们的采集时间相隔几个月，甚至几年。格林内尔及其合著者也许认为那些具体的采集点不过是所研究的更广阔生态群落类型的范例，它们本身并不是什么重要的地点。

像大多数博物馆一样，MVZ的每个标本都有标签，上面简洁说明了该标本的采集位置，如约塞米蒂山谷（Yosemite Valley）、约塞米蒂国家公园、马里波萨县、加利福尼亚。不过，这些扼要的位置名称常常太宽泛，以至于无法定位标本的确切地点或栖息地联系。比如，约塞米蒂山谷绵延超过6英里且地貌复杂，那里有陡峭的花岗岩石壁，杂乱的巨石堆，茂密的橡树、松树林，干燥或潮湿的草地，默塞德河（Merced River）沿岸的丰富水生群落，一大片沼泽，至少有一个湖。鉴于许多物种的栖息地很特殊，所以笼统的“约塞米蒂山谷”不足以记录发现特定物种的位置或生态环境。

位置名称宽泛的问题绝不仅存在于约塞米蒂国家公园调查，约瑟夫·狄克逊（Joseph Dixon）1921年在拉森县鹰湖（Eagle Lake）采集的标本明了这一点。鹰湖是一个很明显的湖，在任何拉森县地图上都很容易找到，但它的明显要归于它的面积——超过35平方英里。它是加利福尼亚最大的湖之一。它众多的湖湾和湖水流出的区域孕育了各种各样的小环境，从长满莞草的沼泽地到火山岩原野不一而足。而且，该湖的沿岸就是一个主要的生态过渡带：西岸覆盖着加利福尼亚的喀斯喀特山脉东麓典型的黄松林，而东岸则生长着大盆地（Great Basin）的山艾树和杜松。这种生态过渡反映在该地域几种脊椎动物物种的分布范围上。那么如何重新调查？在该湖附近的所有小环境取样不切实际，随机或武断地选择新地点则无法与历史调查形成真正的对比。幸运的是，在鹰湖和约塞米蒂山谷所采集标本对应的野外笔记补充了额外的细节，这样我们的队员就能定位许多以前的陷丝位置，误差在几百米之内。

标本标签上的地点信息不正确时，野外笔记的价值就更显而易见了。例如，MVZ 的研究者阿德雷·博雷尔（Adrey Borell）和理查德·亨特（Richard Hunt）1924 年在拉森火山国家公园高海拔地区采集时弄混了两个高山湖的名称。他们把美国鼠兔（Ochotona princeps）和现在濒危的瀑蛙（Rana cascadae）标本归为“海伦湖”，但实际采集自附近的翡翠湖（Emerald Lake），后者有着十分不同的地形和植物。好在亨特的野外笔记中有一张“海伦湖”的照片，澄清了这一错误。

当月晚些时候，博雷尔和亨特在公园东南边界处的凯利狩猎营地（Kelly's hunting Camp）之外工作时，他们在公园内约两英里处的卓克斯巴德度假村（Drakesbad Resort）设置了一根陷丝。亨特和博雷尔把那些标本的位置标为凯利狩猎营地，而实际的采集地点距离那里约三英里，海拔不同，小环境也不同。若是单靠标本标签上的信息，那么这种不符之处永远也不会发现，多亏了他们野外笔记中的细节日常描述，这个错误才能很容易被发现和改正。

野外笔记中的物种名录和观察也为那些从未有过干燥标本的物种提供了记录。格林内尔的主要目标之一是记录每个研究地点的整个脊椎动物群落，但靠陷阱或枪不可能采集到所有物种。对于许多鸟类尤为如此，它们能凭耳朵或眼睛很容易辨别出来。这样不容易采集，况且也没有必要。没有标本，野外笔记就是证明那些物种在那些地点存在的唯一证据。例如，在约塞米蒂国家公园调查中，比起干燥标本，野外笔记所包含的鸟类是其三倍。在某些情况下，格林内尔及其同事是在沿特定路线或小路定时散步时记录了那些物种，这种形式与现代的定时定点计数有些类似。这些观察记录极其宝贵，它们显示了某些物种的相对多度和繁殖状态，有经验的观鸟者若是在相同的时间走在相同的路上，就能很容易地再现这一名录。

此类观察记录的价值并非仅限于鸟类。野外笔记还记录了那些难以捕捉的哺乳动物的存在证据，如红狐在雪地留下的足迹和鼠兔的警报呼叫。即使是诸如鹿鼠（Peromyscus maniculatus）这样的常见小型哺乳动物，也不是所有捕捉

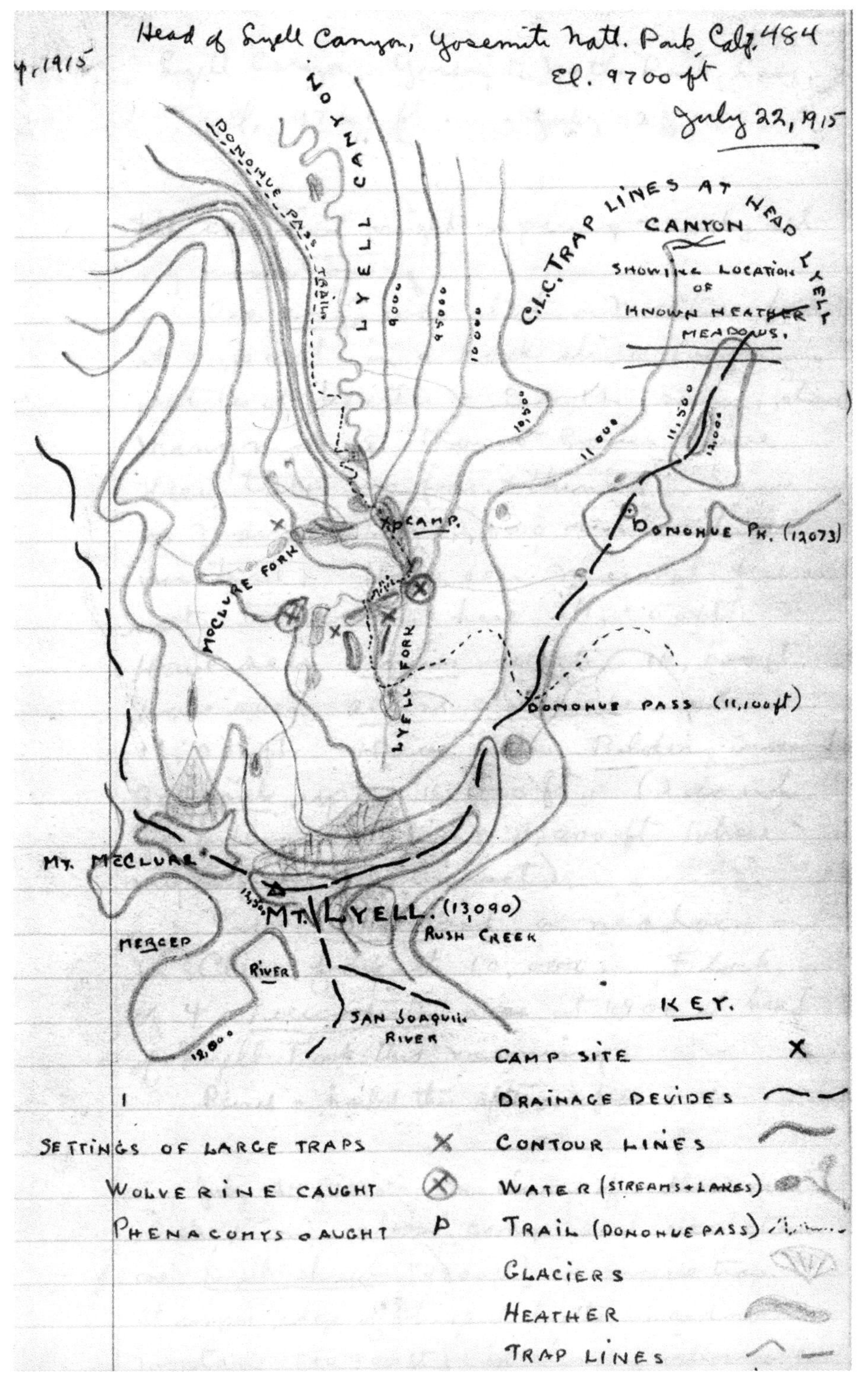

约塞米蒂国家公园莱尔峡谷标注研究地点和陷阱位置的手绘地图，查尔斯·坎普1915年7月22日根据当代的USGS地形图绘制，但加入了额外的细节。请注意地形轮廓和河流，以及表明捕捉到狼獾（Gulo gulo）的两个陷阱的标志。脊椎动物学博物馆档案，加利福尼亚大学伯克利分校，http://bscit.berkeley.edu/mvz/volumes.html；

查尔斯·L.坎普，1914—1922年，第三部分，第484页。

Lake Helen, 8500 ft., S. base Lassen Peak, Shasta Co.
- Trees are Mountain Hemlock (Tsuga mertensiana)
- Narrow border of vegetation on opposite shore is Alpine Heather (Bryanthus breweri)
- Sparse chaparral on upper half of slope is stunted Manzanita and Holodiscus discolor
- Conies lived in the slide
- Lassen peak in background.

拉森火山国家公园翡翠湖的照片，理查德·亨特拍摄于1924年7月并将其装订在野外笔记中。照片背景是拉森峰，山峰左边的痕迹缘自原始照片的残损。亨特错把该湖当成了附近的海伦湖，后者位于翡翠湖和拉森峰之间。亨特把在这里采集的所有标本都归于“海伦湖”，包括该湖另一端斜坡上的鼠兔和几只现在已是濒危物种的瀑蛙。脊椎动物学博物馆存档，加利福尼亚大学伯克利分校；MVZ影像编号11944。

2006年的翡翠湖。约翰·珀赖因摄影。

Storer-1915

522

Porcupine Flat - June 28

Our joint bird census is as follows:

Species	6:55 8:00 am	8:00 9:00	9:00 10:00	10:00 10:30	11:45 am 12:05 PM	12:05 1:00	1:00 1:45 P.M.	
Mountain Quail	[illegible]	—	1	—	—	—	3	4
Sierra Grouse	2	—	—	—	—	—	—	2
Cabanis Woodpecker	+	+	—	—	—			1
Williamson Sapsucker	1	1	—	—	1?	1	—	4
Red-shafted Flicker	—	—	—	—	—	—	1	1
Olive-sided Flycatcher	—	1	—	—	1	1	—	3
West. Wood Pewee	1	4	1	—	—	1	1	8
Blue-fronted Jay	1	3	—	—	—	—	1	5
Clark Nutcracker	+	+	—	—	1-2	—	—	3-4
Cassin Purple Finch	—	—	—	—	2	1	—	3
Pine Siskin	—	—	2	1	5	9	1	18
West. Chipping Sparrow	1	2	1	—	2	2	1	9
Sierra Junco	2	2	2	1+[illegible]	1	—	4	12
Lincoln Sparrow	1[illegible]	—	—	—	—	—	—	1[illegible]
Thick-billed Fox Sparrow	[illegible]	3	—	—	—	—	2	5
Green-tailed Towhee	[illegible]	2	—	—	—	—	—	2
West. Tanager	1	3	1	—	—	1	—	6
West. Warbling Vireo	[illegible]	4	—	—	—	—	3	7
Audubon Warbler	3	2	3	—	—	1	—	9
Gold. Pileolated Warbler	1	1	—	—	—	—	1	3
Sierra Creeper	—	—	1	—	—	1	1	3
Red-breasted Nuthatch	1	2	1	—	—	2	2	8
Mtn Chickadee	—	4	2	—	—	3	—	9
West. Gold-crown Kinglet	[illegible]	2	+	—	—	—	4	7
Ruby-crowned Kinglet	3	4	2	—	1	1	3	14
	17 11	42 18	18 12	2 2	14 8	24 12	28 14	

特雷西·斯托勒1915年6月28日在约塞米蒂国家公园豪猪地（Porcupine Flat）做的上午鸟类普查。脊椎动物学博物馆存档，加利福尼亚大学伯克利分校，http://bscit.berkeley.edu/mvz/volumes.html；特雷西·I. 斯托勒的野外笔记，1915年，地域1，第522页。

到的个体都保存为标本。它们中有些被以前调查所用的陷阱不可挽救地破坏了，常常是捕捉到的动物超过了实际做成标本的数，于是很多动物就被丢弃掉了。因此，单靠标本说明该物种的相对多度是有偏差的。幸运的是，野外笔记通常包含每晚的捕捉工作及其结果的总结，其中指出了野外的陷阱数、所捕捉到的每个物种的个体数（往往是按性别和年龄分别统计）以及实际做干燥标本的数量。

野外笔记还告诉我们历史调查所用的采集方法。为了进行直接比较，我们的重新调查不仅要定位相同的研究地点，而且也要使用与最初的格林内尔调查具有可比性的方法和工作方式。不同的探测方法（如粘网与猎枪）或具有截然不同的采样效果（使用多种类型陷阱的多晚捕捉与仅一个下午的观察）可能使这种对比陷入混乱。某些关键信息，如所用的陷阱类型、型号以及各个地点的调查天数，因为空间限制无法记录在单个标本的标签上，却很容易记录在野外笔记中。

此外，通过每晚陷阱及成功捕捉的统计可以进行更量化的对比，这样反映的就不仅仅是某个物种是否被发现。在过去的几年里，所开发出的强大统计模型使研究者得以确定"未检测"真的就意味着该物种在那个地点不存在。那些分析建立在物种检测的每晚记录之上，即该物种在该地点的"捕捉记录"。根据这些模式，存在建模方法就能生成每个陷阱每晚的检测到各个哺乳动物物种的可能性。[62] 那些存在模型能提供定量统计，从而解决在某个地点没有检测到某个物种是否真正表示该物种不存在的问题。

存在模型一直是形成下面结论的核心，即在过去的一个世纪里，几个哺乳动物物种在约塞米蒂国家公园地域的活动范围不断在变迁，而且符合气候变暖大背景的预期。[63] 如果少了历史野外笔记中的每晚陷阱设置和捕捉信息，那么这些分析自然无法得出。

野外笔记偶尔也是一窥作者性格的窗口。需要清楚的是，那些野外笔记并不是格林内尔及其同事记载私人想法和愿望的日记。相反，那些笔记本是公共机构的笔记，其中记录了每次探险过程中观察和采集到的各种脊椎动物的分布、多度和生态环境。结果是，所记录的观察往往简朴而公允，这一点与相应的任务相得益彰。有些情况下，不带个人的情感或思考反而令人不舒服。请看一下理查德·亨特 1924 年 7 月 13 日在拉森火山国家公园南部的矿石地（Mineral）所记的笔记：“在矿石地，我们得知在莱曼营地（Lyman Camp）与我们相处融洽（就是几个星期之前）的山姆·赫曼森（Sam Hermanson）被两个年轻人开枪打死了，他们在雷德布拉夫（Red Bluff）抢了一家银行然后往山里跑。目前矿石地最常见的鸟是知更鸟……”

这些执笔者的只言片语因其简略而倍显辛酸，比如格林内尔曾提到 1925 年 8 月与家人在拉森峰堆雪人，或是偶尔列出下一封给母亲的信要写的内容。有关非生物主题的个人观点不适宜出现在野外笔记中，大多数野外研究者也绝少写那些，但格林内尔本人的记录间或表现出对此的不屑。例如，加州科学院的约瑟夫·梅利亚德（Joseph Mailliard）到野外拜访时，格林内尔写道：“梅利亚德先生对鸟类学颇为精通，却只是哺乳动物学的初学者，不过他的职位可是包括哺乳动物和鸟类的。因此他的工作会遇到一些障碍，他的助手在博物学方面看起来知之甚少。”1929 年 7 月，格林内尔对拉森火山国家公园新开的卢米斯博物馆（Loomis Museum）所做的博物学展览颇有微词：“就是布置很差的鸟类和哺乳动物的大杂烩，有些栖息地的模仿很滑稽，显然除了来自拉森火山地区的，其他都毫无价值。”格林内尔最强烈的评判针对的是家畜，他不断地将其看作脆弱的高海拔生态系统的破坏者。他的愤怒和沮丧在其雄辩的叙述中表露无遗，那是 1925 年 7 月他在拉森火山国家公园遇到了牛群：

> 我再一次为牛的存在而深感遗憾，它们甚至至今还在拉森火山国家公园里。在足有 8300 英尺高的陡坡上——就在海伦湖下面一点点（这一侧），在峡谷中的小片草地上，我们看到牛或单头，或三五成群。它们吃光了那里所有可食的草本植物，就剩下了草，这种选择方式形成了非自然的植被；在每一片本是溪流源头的湿润之地，那里的植物却因风吹日晒而干枯；它们的蹄子践踏土地，使泥土暴露，没有了植物（被除掉）的遮蔽，水分流失日益严重；它们翻越山脊，在积雪快速融化或下大雨时，它们留下的足迹会在陡坡上留下一道道的沟，从而加剧了奔淌的急流；

> 它们污染了水源渗出地，而那里往往是低处溪流的源头，而且它们还在那些溪流里踩踏，不但弄脏了水质，还加快了溪水的蒸发……依我所见，对于那片高海拔的山区，无论什么牛都颇具破坏性，景色、消遣、动植物都受到了影响，但最重要的还是水资源保护的问题（原文强调）。

阅读那些早已作古的研究者的手写笔记给人一种深刻的体验。令人尤为获益的是能看到他们如何孕育想法，那些想法后来在发表的手稿中臻于成熟。1915 年在拉格兰奇（La Grange）观察美洲红翼鸫（Agelaius phoeniceus）沿默塞德河飞翔时，格林内尔对其聚群行为进行了思考。简单的观察能延伸成更深入、更全面的领悟。沃尔特 · P. 泰勒（Walter P. Taylor）1914 年 12 月在马里波萨县埃尔波特尔（El Portal）工作时，曾在其笔记中写过一篇名为“生态位”的四页提纲，在该提纲中他详细叙述了格林内尔经验主义位理论及其相左理论的基本要素。他的结束语——写在当天的标本编目之前——足以做任何现代教科书中对位理论的定义：“换句话说，某个物种能否在关联物种生存的位置持续生活，取决于各个物种要求总量方面的关键差异的大小。”

那些笔记为 20 世纪初的野外工作赋予了一种真实感，涉及借助汽车进行长距离旅行时尤为明显。那时的道路和其他基础设施很差——在 1921 年，从伯克利到鹰湖的 300 英里路程花了约瑟夫 · 狄克逊 4 天时间，沿途停下来两次修车。4 年前当狄克逊在北欧文斯谷（Owens Valley）工作时，他在转动曲柄发动“Perodipus”时弄断了手腕，那是一辆 MVZ 的 T 型卡车，名字取自五趾鼠袋鼠属的当代名。他在野外笔记中没有记录这起事故，但他的同事 H. G. 怀特（H. G. White）写道：“狄克逊因那辆福特车逆火而出事，他手腕骨折，不得不返回伯克利，把野外工作留给了我。”格林内尔常常把野外车辆简单称作“MVZ 交通工具”。

在野外研究地点，队员们是不知疲倦的徒步旅行者，他们四处搜索，观察、采集、压制标本。在约塞米蒂国家公园地区调查的典型一天（1915 年 8 月 26 日），他们在海拔 7800 英尺的默塞德湖扎营，格林内尔的漫步覆盖了 12 英里，海拔上下浮动约 3000 英尺，此期间他一直观察、采集标本和做笔记：

6:45A.M.——巡查陷阱……8:15A.M.——7:15 离开营地，现在麦克卢尔福克峡谷（McClure Fork Canyon）上方的图奥勒米小路（Tuolumne Pass Trail），高度约 8300 英尺。这里能看到的树包括：黑材松、紫果冷杉……9:15A.M.——与伊斯贝里小路（Isberg Pass Trail）的交叉点，9000 英尺。周围是（黑松）松树和紫果冷杉……11:35A.M.——到达福格尔桑小路（Vogelsang Pass）山脚附近的一个小湖，9800 英尺。看到的树木有黑松和山松……2:15P.M.——吃过午饭，我去周围最大的湖，高度约 10150 英尺；该湖处在高原上，西面长满了矮小的白皮松……4:20P.M.——回到 8300 英尺，早晨我在那里听到过一只兔子的声响。我的"吱吱"声引来的回应，大约 10 分钟之后，那只兔子露面了，我打中了它……向下走向默塞德峡谷（Merced Canyon），我看见了一只蒿蜥蜴（山艾蜥蜴），高度约 7800 英尺。6:00 P.M. 回到营地。

每天步行 20 英里或更多在原始清单中司空见惯，这还不包括布置、检查陷丝和制作标本的琐事。[64] 但第二天的疲惫很少被提到，不过 1924 年尝试深入拉森火山地区幽深峡谷的挑战后，理查德·亨特记录道："我们在峡谷陡峭、几乎无法到达的西坡发现了大量鹿的踪迹，还有几个舒适的睡觉地方。我怀疑牛可能已经渗透到这里，很少有人蠢到在那种地方睡觉。"

毫无疑问，那些人——除了 MVZ 资助人安妮·亚历山大（Annie Alexander）、她的合伙人路易丝·凯洛格（Louise Kellogg）及伴随她们的女性，格林内尔的野外队员都是男性——都是出色的户外人士和第一流的博物学家。他们一般一年去野外几次，每次就待上几个月。博雷尔 1924 年直白地记录道："昨天下午我们去了切斯特，观看了牛仔竞技表演。现场约有 2000 人。这是 3 个月森林生活后的绝好娱乐。"

当我们将他们的野外实况与我们的进行比较时，我们感叹不已：未来的生态野外工作将会多么不同？而且，在文化价值方面，具体地说即我们进行研究及公众对其认可的方式，又会发生何种转变？除了科学数据以外，未来的人也会从我们的笔记中寻觅类似的历史和文化线索吗？显然我们有责任向未来研究者提供工作时将需要的科学细节，但偶尔掺杂的个人逸闻趣事也会有其价值。例如，2006 年夏天，拉森火山国家公园重新调查野外队的几个学生遇到了一些露营者，他们对我们在国家森林里用粘网采集鸟类干燥标本感到很气愤。我们的野外队员结束一天工作来到车旁时，发现挡风玻璃上有张字条：

人类兄弟（和姐妹！）——

我说不出对人类自私的粘网有多么不赞成！我确信你们热爱科学，渴望更深入了解这个星球，但杀戮小动物是无法接受的。那些动物有权利自由生活在这些森林里，在属于所有生命的国家森林里，你们没有权利打着保护我们已陷入困境的物种的旗号来谋求私利（博士学位？）。你们只是火上浇油。

我希望我的话能成为你们良心中的一粒种子，你们不要用流行的理论根据为自己辩护，安慰自己。

祝世界和平。

克里斯

当学生们带着笔记返回营地时讲了这件事，现任 MVZ 馆长克雷格·莫里茨从更深刻的角度看待此事。他笑着说道："一定要在你们的日志中加入此事！"我们也许可以断定格林内尔及其同代人在他们的"MVZ 车辆"上没有收到过类似的便条。

我们如何做野外笔记？

请隔几天就读一遍以上建议，花上半个小时深入思考我们野外工作的目标，即：尽可能弄清楚所到地区脊椎动物博物学方面的所有信息，并详细记录以标本和笔记形式收集的事实，它们将被永久保存。[65]

——约瑟夫·格林内尔，1938 年

现代重新调查的一个重要元素是建立当前状态的基准，以便于未来的对比。毫无疑问，我们的野外笔记将像原始笔记一样在重新调查中起着重要的作用。即使在格林内尔重新调查项目之外，野外笔记的传统依然在 MVZ 中保持着活力。我们仍在使用相同的特制纸张，有些三孔装订机比研究者还要年长。但每名野外研究者实施这一体系的方式绝不相同。时间、经验和技术塑造了我们每个人记录各自信息的方法。

吉姆的体系

我念研究生时学习了格林内尔野外笔记体系，但记笔记并没有成为我野外项目中根深蒂固的一部分。直到 1969 年年初，我开始在 MVZ 担任助理馆长。在我自己的职业生涯开始时，我们这一科学的性质已发生了变化。以笼统描述和采集地方动物为目标的大规模、面向群体的野外队已销声匿迹，进而出现的是个体研究者特定分类的野外工作。我的早期研究侧重于衣囊鼠（pocket gopher），但不是一般的采集，那时我的野外日志详细记录了地点、陷阱方案、观察记录以及该研究计划的其他方方面面。因此，我的日志笔记既有旅行路线，也包括物种说明，到 20 世纪 30 年代逐步形成了具有 MVZ 风格的笔记。那时我不写单独的物种说明，现在也是如此。但是，我过去和现在都在日志中插入标注地点和陷丝的地图以及大量栖息地和动物的照片，这些都用胶带或胶水粘到了标准笔记本上。当然，我对所采集、制作的标本记有连续的数字编目，还有采集的日期、位置和制作标本时收集的标准数据——性别、基于解剖的生殖信息、直线身体测量，等等。

从我野外工作的最初岁月到现在，在白天的工作时间里我会草草记下笔记，一般是用铅笔记在螺线袖珍笔记本上，我时刻没有忘记那条告诫：不要相信自己的记忆力，要尽可能连续地记录观察。然后我把这些笔记誊写到手写日志中，使用的是博物馆提供的档案纸和不褪色的黑墨水，时间通常是最有收获的那天的晚上或是每隔几天记一次，如果高强度的野外工作允许的话。我的笔迹和野外条件并不总是最理想的，别人常常很难识别我匆忙写就的条目。1990 年，MVZ 第三任馆长奥利弗·皮尔森（Oliver Pearson）开始把自己的笔记输入计算机，然后用 MVZ 档案纸打印出来。在他的影响下，我在 2000 年时也开始这么做。从那时起，我在野外仍用铅笔在袖珍笔记本上记笔记，但我会将笔记转成字处理文档，把页面设置得与野外笔记大小相符，最后用无格 MVZ 档案纸把文档打印出来。我将打印出的文档与相应旅行的野外编目合并到一起，它们最终将按 MVZ 标准手写野外笔记的方式装订起来。

这种方法的好处是既生成了纸版本档案，也有了电子版。这样还很容易在日志文本中穿插专门的地图和数码照片，这在当时已然成了一种标准。但该方法也有缺点，至少是两个。第一，笔记的输入时间常常要拖到旅行结束之后，因为我一般不把笔记本电脑带到野外。因此遗忘，甚至记混事件或观察的可能性就增加了。为了弥补这一点，我现在在野外时会在袖珍笔记本上记录更详细、更广泛的铅笔笔记，并使其参照数码相机中的照片编号和其他相关信息。第二个潜在缺陷只有时间才能检验出来，即目前所有商用打印机所用墨水的耐久性，不管是激光打印机还是喷墨打印机。

在我开始进行约塞米蒂国家公园横断面的重新调查之前，以及这项工作展开的最初几年，我用与手写笔记相同的方式做数字野外笔记——也就是，事件和观察的每日条目，格式很自由，包括各个陷丝布置当天的详细信息，以及随后每天一次或两次的检查所发现的捕捉、放飞的情况和留下的标本。所有信息都堆在那里，但为了某一项分析（如 2006 年开始实施的可检测性及生存建模），往往不得不读完几页才能定位到陷丝记录。于是，为了便于获取那些关键数据，我采用了约翰·珀赖因为自己重新调查拉森火山横断面而制订的格式，但对其稍做了修改，这样我开始将陷丝数据组织为表格形式，其中包括该陷丝的所有相关信息，使其与日志相符。因为重新调查侧重于特定的地点，在 3~5 天里，要在那些地方布置一条或多条陷丝并收集相应观察，所以我的笔记现在按时间跨度来组织，而不是一天一天地记，包括每个陷丝的详细信息，如其地理参照位置、陷丝类型、陷丝间距、细节中描述的栖息地（包括底质）、表格形式的每日陷丝结果以及哪些捕捉到的动物最后制成了干燥标本（与我的野外编目号相互参照）。到该地点的时段结束之时，我同时还得到了对其他生物直接或通过踪迹而间接进行的观察。

今天，野外调查者广泛运用电子设备记录数据，其方式也尽可能的高效、易检索，这样数据就可以直接下载，不需要对其格式进行太多操作即可用于分析，我所用的系统还支持把格林内尔时代的纸质记录长久保存在 MVZ 存档中，这样可以快速获取其中的关键数据。我逐渐喜欢上了这种记录笔记的方式，现在我所有的野外工作都采用这一方法，重新调查之外的项目也是如此。

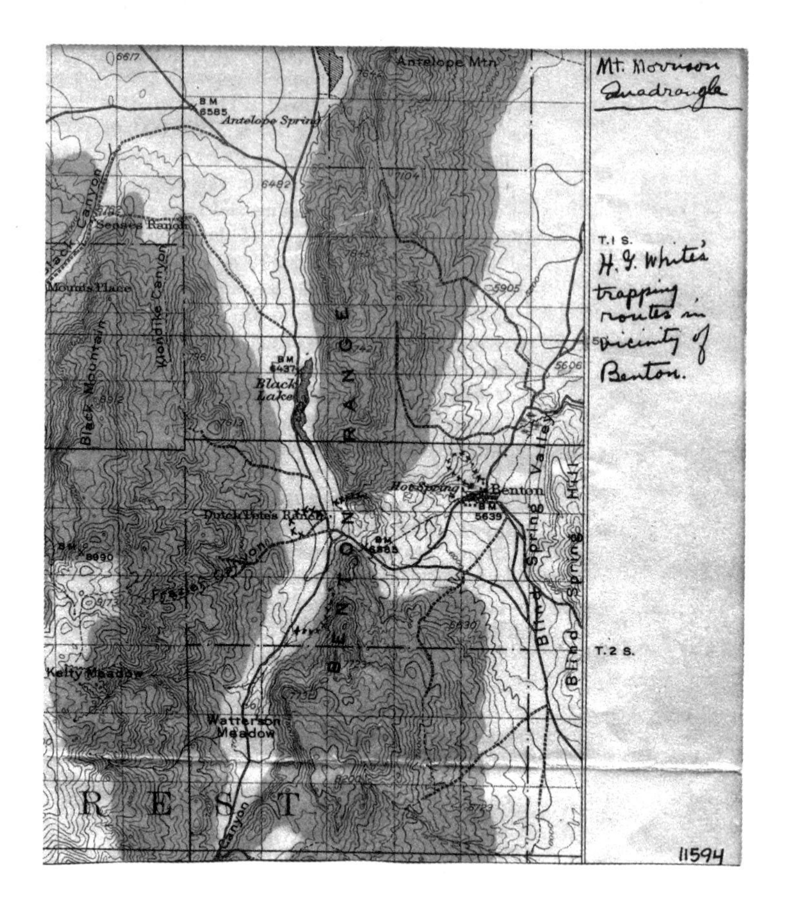
Mt. Morrison Quadrangle
Antelope Mtn
BM 6585
Antelope Spring
Black Canyon
Klondike Canyon
Mounts Place
Black Mountain
BM 6437
Black Lake
RANGE
BENTON
Hot Spring
Benton
BM 5639
Dutch Petes Ranch
Frazier Canyon
Kelly Meadow
Watterson Meadow
Blind Spring Valley
Blind Spring Hill
REST
T.1 S.
H. G. White's trapping routes in vicinity of Benton.
T.2 S.
11594

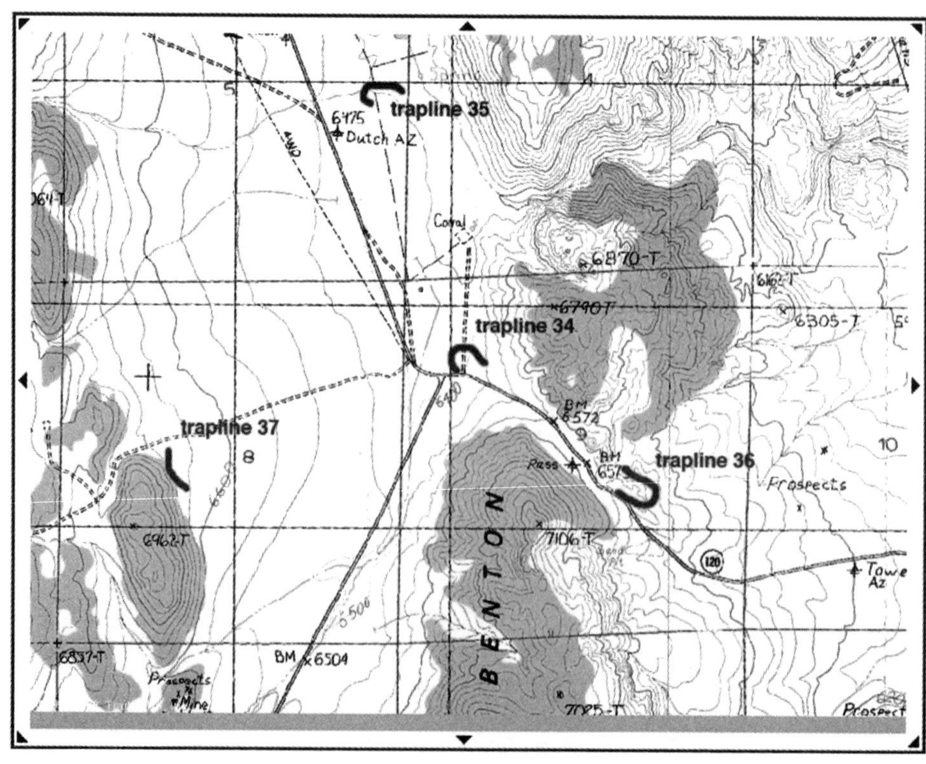
trapline 35
6475
Dutch AZ
Coral
6870-T
6790T
6305-T
trapline 34
trapline 37
8
BM 6572
Pass
trapline 36
10
Prospects
BENTON
7106-T
120
Towe Az
6962-T
6857-T
BM 6504
Prospects
Mine
Prospect

摘自吉姆·巴顿（Jim Patton）2008年4月和5月的野外笔记，记录的是在加利福尼亚东部的欧文斯谷及其附近的旅行。（对面页，顶部）H. G. 怀特1917年9月野外笔记中的路线图和陷丝位置图的复制品。（对面页，底部）当前的地形图显示出巴顿在2008年5月16—19日所布置的4条陷丝，具体的位置被指定。（本页，顶部和中间）第36号陷丝所在栖息地的数码照片。其位置在对面页下面的地图中指出。（本页，底部）第36号陷丝的详细信息，包括持续时间，编号和型号，陷丝开头、中段和结束地段的地理参照位置，栖息地描述，以及反映两天内捕获结果的表格。

Patton, J. L. 97
2008

Owens Valley and vicinity – April and May

16 May – 19 May: Trapline 36

TRAPLINE 36: Adobe Valley, Mono Co., California
start date: 17 May 2008 end date: 19 May 2008
trap type and number: 40 Sherman live traps

coordinates:				
start	–	37.78743°N	118.55948°W	6570 ft
middle	–	37.78746°N	118.55838°W	6590 ft
end		37.78805°N	118.55970°W	6525 ft

Habitat: Great Basin desertscrub, piñon pine, mountain mahogany, *Ribes* sp. (yellow flower, with spines), wax currant, sagebrush, rabbit brush, bitterbrush, both *Ephedra nevadensis* and *E. viridis*, several species of *Eriogonum*, and Cream bush (*Holodiscus* sp.). The soil is loose and coarse sand within large orange granite outcrops.

This trapline is within the pass crossing the Benton Range between Adobe Valley and Benton Hot Springs in the Blind Spring Valley, on Hwy 120. This is the same habitat but about 0.5 mi S of H. G. White's trapline through the "notch" east of the corral at Dutch Pete's Ranch (see copy of his map on pg. 86).

Table: trap results for Trapline 36

trap #	species	coll? Y/N	field #	traps checked
162	*Peromyscus maniculatus*	yes	24233	18 May am
175	*Peromyscus maniculatus*	yes	24234	"
176	*Neotoma lepida*	yes	24231	
183	*Neotoma lepida*	yes	24232	
190	*Peromyscus maniculatus*	yes	24235	"
195	*Peromyscus truei* juv	no	---	"
162	*Tamias minimus*	yes	24239	19 May pm - pulled
180	*Peromyscus truei*	yes	24240	
183	*Peromyscus maniculatus*	no	---	
189	*Peromyscus maniculatus*	no	---	"

约翰的体系

我作为博士后研究者加入了格林内尔重新调查项目。我在写博士论文期间就一直与MVZ有联系，吉姆·巴顿是我论文答辩委员会的成员。该项目使我第一次沉浸于MVZ文化和格林内尔野外笔记体系。现在回头看，我真希望自己做关于濒危的内华达山脉红狐的博士论文研究时，也使用了这种正规的野外笔记体系——许多逸事般的观察没有纳入我的博士论文，形成受同行评审的出版物的就更少了，如果我采用了格林内尔体系，那么那些观察至少可以存档，便于未来查看。

像MVZ的许多人一样，我事实上有两本野外笔记：一个“原生态”的笔记本，一个是正规的笔记本。在野外，我用细尖不褪色笔在防水笔记本上写原始笔记（下雨时就用铅笔）。

所记的条目实际上没有什么结构，只是（几乎）每页顶部都标有日期；数据和观察随时快速记录下来，为了抢时间难免使用缩写和符号。这本是我的私人笔记本，在功能上就相当于自己的短时记忆。一天结束时，我会将该笔记誊写到格林内尔日志，这么做仿佛是在给同事写信。对于我的编目，我在制作标本时直接写入格林内尔笔记本。MVZ的馆内人员对标本登记入册和存档时常常参考我们的编目，因此我到野外时只携带当前写的那本，其余的都留在博物馆。我从不写物种说明，但我懂得其中的好处，尤其是针对特定生物进行专题研究或一个人刚刚在新领域中对新物种展开工作时更是如此。

对于最初的几个野外时期，我用一次性绘图笔和档案级墨水记笔记，但那种笔只能用几天，而且线条明显有颗粒状。近来我发明了一种可填充的绘图笔，不过所写的线条太细，不很适合野外笔记，却是写标本标签的绝佳选择。不幸的是，绘图笔如果不常用就容易堵，一旦堵了，我这样的便宜型号就很难清洗。因为我本身是大学教员，我觉得自己在不远的未来能创造出更好的笔。

我倾向于不把所有的原始野外数据抄到日志中，怕的是誊写错误，而且我还没有接受吉姆的相应训练，即确定格式并把电子表格打印出来以便日志的存档、装订。这样我就需要权衡在日志中包含多少细节。在日志中我不记录每个

Red Bluff

(20 June)

41

Round of photos @ Mobile Estates water front, showing anthropogenic habitat on E side + woodland on W.
Otter swimming from bank to tule island ~ 0945 – owner has seen prev. Kingfisher (pair), wrentit, etc.
Squirrels seen out in watered lawn

Jones Ranch: ±5m: 40.09311 × 122.22772
88m elev . start.

T133: possum (jv) – water edge.
S132: Microtus – water's edge.
S139: Mus – grass.
S151: REME } in concrete
S152: REME } amid grass
S156: Rattus jv + grassy hillside
S157: Rattus jv "
S158: Mus "
S160: Mus "

Site: ±3m
40.09325 ×
122.22687
90m elev.

8 cardinal photos
end: ±4m. 40.09342
122.22513
88m elev.

Σ: 9 caps, 8 spec. + 1 rel. 1 Microtus, 3 Mus, 2 Rattus, 2 Reme

Snaps: S: REME. Done: 11am

7pm: Bald Eagle soaring over Tule Creek Ranch!
9pm: Bufo boreas in camp. not collected.

约翰·珀赖因于2007年6月20日记在防水笔记本中的原始野外笔记。其中包含陷阱结果、观察和GPS坐标。注意叙述格式的随意和缩写的使用。

J.Perrine
2007

Journal

Red Bluff, Tehama County, CA

20 June Cooler this morning - prob. 65°F. Pleasant. To Rio Vista trailer park by 0755. See Gray Squirrel running around irrigated lawn. Meadow portion of line got 1 Microtus californicus (Sherman 118). Also a Sceloporus in a Sherman, on "cobbles" half by island. And a Spotted Towhee dead in a Tomahawk. Coyote scat on cobblestones. Back in meadow, Raccoon tracks in dirt road, along with Deer. (and one heard in bushes). Trapline GPS: 40.20260 x 122.21628 ±6m 283ft elev. [start: 40.20338 x 122.21491; ±7m; 82m elev; end: 40.20233 x 122.21799 ±7m, 67m elev. Took one round of 8 cardinal photos (N, NE..) in meadow, another in cobblestone slough, with a few photos of watercourse on each end. Also took a round of photos at Mobile Estates waterfront, showing anthropogenic habitat on E bank, oak woodland (+ mouth of Blue Tent Creek) on W. An Otter is swimming from dense blackberry on our bank to a small island of reeds just offshore. Owner of Mobile Estates said he's seen the otter here before. Saw pair of Kingfishers (one chasing the other). Green Heron flying, hear Wrentit, etc. Again, Gray Squirrel in lawn. Then to June's Ranch ⊛. Got 9 captures (8 specimens) from 40Sh/10Th: 3 Mus musculus (2 in dry hillside by pasture, 1 in grass by edge of creek); 2 Rattus rattus (both juv; both on dry grassy hillside); 2 Reithrodontomys megalotis (both in pile of broken concrete amid dry grass); 1 Microtus californicus (right at edge of creek) - all in Shermans; all kept. Plus 1 jv. Opossum in Tomahawk at water's edge; released. Snap traps (20) got 1 R. megalotis - pretty well mangled by the trap. Back to camp for lunch + prep. ~1800h - with Chris back to Inks Creek Ranch to activate the Shermans; we set 15 Macabees. Saw a Bald Eagle soaring at Inks Creek, and a Crotalus in rocks w/13 tail buds. At camp, 2100h, found a medium-sized Bufo boreas - not kept. Pleasantly cool + clear.

⊛ [GPS: 40.09311 x 122.22772 [WGS-84], ±5m; 80m elev]

约翰·珀赖因的正式 MVZ 野外笔记本条目，日期为 2007 年 6 月 20 日，包含了与其原始野外笔记相同的基本信息。

约翰·珀赖因记于2007年6月的野外笔记本条目，展示了格林内尔重新调查中某个野外地点的一幅带注释的地图，之前的两个数字曾引用了该图。标题（在显示方向的底部）给出了在该地点采集干燥标本的位置，而陷丝则用红色墨水手工标注在数字版本的USGS地形图上。比起任何手写的描述，该地图能更准确地定位陷丝的位置。

陷阱捕捉到的所有动物（原始笔记却记录），只是每天汇总每个陷丝捕捉到的各个物种的个体数。

从采集旅行返回后，我在无格档案纸上打印出各个野外地点的 USGS 地形图，然后用不褪色笔标出各个陷丝的具体位置。虽然我的日志和编目都包含每个陷丝的 GPS 坐标，但记录有每个陷丝大约长度和路线、带注释的地图有着无法替代的作用。如果需要日后返回某个地点，比如评估物种多度的季节或年度变异，那么这些地图能确保我们再设的陷阱偏差在几米之内。

野外笔记的重要性

是的，你应该与他人一道记笔记。你的笔记将像任何人的一样具有价值，任何和所有的（只要你有时间记录）项目都可能提供所需的信息。你常常无法提前判断出哪些观察有价值。那就把它们全都记录下来！[66]

——约瑟夫·格林内尔，1908 年

虽然历史笔记中记有大量宝贵的信息，但要从 10 多名研究者所写的几百页野外笔记中汇集和摘录所需的详细信息不是轻松的事。为了寻找某个具体的事实或线索而一页一页地仔细阅读，这样很容易就用去几个小时。作为他人野外笔记的最终用户，你一定会对优秀笔记技能所带来的益处深有体会。你结束漫长的野外一天后写自己的笔记时，那种最终找到所需信息的得意（或是找不到时的恼怒）会油然地浮现在你的脑海。我们作为存档野外笔记最终用户和创建者的体验会引导我们考虑一些具体的建议。

我们的第一条建议是切勿纠缠于格式或风格等细节，这在极力赞扬格林内尔野外笔记体系的章节可能显得有些唐突。关于格林内尔体系的规则已所述甚详，如笔记本的适宜尺寸及页边距、物种名称下面的波浪线以及空白的明智使用。此类规则是任何有组织采集的基础，而且像任何格式指南一样，它们的价值体现在机构的背景下，因为过多的变化会分散注意力，使效率低下。但如果这些规则妨碍研究者在现场做野外笔记，那么它们就是适得其反。野外笔记的价值主要在其内容，虽然始终如一的格式和风格能使读者更有效地检索内容，但信息的价值很少因一个人的组织方法而削弱。相反，如果一个人没有记录下重要的内容，那么即使遵循了全部的格式和风格也无济于事。不管你是写第一本笔记的初学者还是要提高笔记质量的有经验的野外研究者，注重内容能比完善格式给你带来更大的回报。

第二，创作笔记时要想象是在向未来一个世纪后的某个人写信。在为外部的读者写笔记时，你的描述要更清楚，想当然的内容要更少。避免使用只有你自己明白的缩写、符号和其他速记。要时刻记住，你的主要读者不是现在的你，而是后来人。如果内容不可辨识，那么存档的文件也没有用处。你的目标就是描绘自己当前的工作情境，方便别人通过你的文字使之再现出来。既然用手写来沟通的时代已几近消亡，我们就问学生：你会如何通过电话向别人描述此事？具有讽刺意味的是，你对某个地方越熟悉，描述起来就越难，因为你会认为很多细节是想当然的，因此不会冷眼旁观。这种方法要求写笔记时再多付出一些时间和注意力，那样写出的文档就会更具价值，而且这样获益的不仅仅是他人。最令人沮丧的事情莫过于无法理解自己几年前的笔记。你要使所描述的内容对于外部读者清晰可见，这样你对它也会更清楚。

要想写好野外笔记，你需要花时间练习，但没有必要使其变成繁重的任务。如果你专注于关键信息，那么写好野外笔记所需的时间就会大幅度减少。虽然我们无法知道什么细节在未来重要——因此格林内尔指导“把所有的都记下来！”——这不意味着所有的细节都同等重要。尤其是，要避免简单地复述流水账般的每日活动（“起床，吃早饭，查看陷丝，制作标本，吃午饭，午睡……”）。很可能，没有人真正关心你是否在制作标本之前吃的午饭。花5分钟记下重要的细节远胜过用20分钟写琐事。

哪些细节重要，这取决于你的工作类型。如果你是在采集干燥标本，你就应该尽可能完整地记录标本采集地点的生态环境和有关采集方法的详细信息。这一信息应该清楚地链接到每个标本。不管你是否在采集标本，清楚地描述你的位置总是值得的：你在哪里，你如何到达哪里。可靠的地图和航拍照片对于野外研究者而言从来都很容易得到，因此如果不在地图上标注你的研究地点并将其夹入笔记本是说不过去的。别忘了一幅图抵得上千言万语，很少有手写的位置描述能像地图上的标注那么精确、清楚，即使在腕式GPS的时代也是如此。虽然没有理由不去记录GPS点，但相应的地图能澄清可能产生的许多问题。对眼前地形结构的描述也可能很重要，是茂密的森林还是零星的几棵树？

最近发生火灾或其他生态干扰了吗？有家畜存在吗？主要植物物种有哪些？考虑到当前对气候的关注，任何季节变化的迹象都可能很重要，例如植物是否在开花和现在的季节性迁徙者有哪些。如果你在描述该生物群时感到力不从心，这就暴露出你对周围植物和野生动物知识方面的缺陷，你可能希望通过野外指南、研讨会或其他手段来进行相应的提高。比起开放式的定性描述，定量描述可能更有用。[67]

虽然生态方面的问题和研究方法在这几十年里已发生了变化，但格林内尔1938年的野外笔记指导原则仍有参考的价值。霍尔几乎一字不差地将其收入自己的《采集和制作哺乳动物研究标本的建议》章节。[68]即使公众现在无法接触到格林内尔的原始备忘录，但MVZ在加利福尼亚大学伯克利分校的网站有1942年米勒对这些指导原则的修订版，而且还附上了如何获取野外笔记存档的小提示。此外，在一项国家科学基金会（National Science Foundation）资助的持续工作中，相关人士正在对格林内尔及其同时代人的原始野外笔记进行扫描，使其也可以通过互联网来访问。通过这些数字复本，全球的研究者都能获取那些历史上有重大意义的野外笔记，而且一旦原本丢失或损坏也还有电子备份。[69]

关于永久性的评论

不要相信自己的记忆，它能使你犯错，现在记得清清楚楚的事会变得模糊不清；现在找到的可能会遗失。要把所有事情都详细地写下来。现在花费的时间就是最后将自己的研究公之于众时所节省的时间。切勿满足于无趣的条目：要用闪光的思想赋予事实的骨架以血肉，使其鲜活起来；让森林的气息弥漫纸面。每一个新的事实中都蕴含着悸动的活力，要在它消亡之前把握住其韵律。[70]

——艾略特·顾兹（Eliot Coues），1874 年

显然不是所有的野外生物学家都能有机构永久地保存其野外笔记。但这不意味着妥善地记录个人的野外笔记是浪费时间。完整、简明的笔记可能对自己、同辈或同事更有用，也更容易作为未来的宝贵参考资料而被存档。不管你的工作是生物调查、行为观察、实验还是其他野外追求，这一点都千真万确。我们的世界瞬息万变，也许现在变化的速度更甚以往，因此长期的数据尤为珍贵、稀少。这种信息的记录和存档用纸笔就能完成，而其他的数据收集手段在精力、设备和花费上很少能与之相比。在技术日新月异的背景下，纸上的墨水将继续保持着稳定长期存储介质的地位。要访问超过 10 年的计算机文件可能还是一桩颇具挑战的事情——还记得软盘吗？——但纸质记录能够跨越几代人。因此，在写自己的野外笔记时请怀抱这样的目标吧。[71]

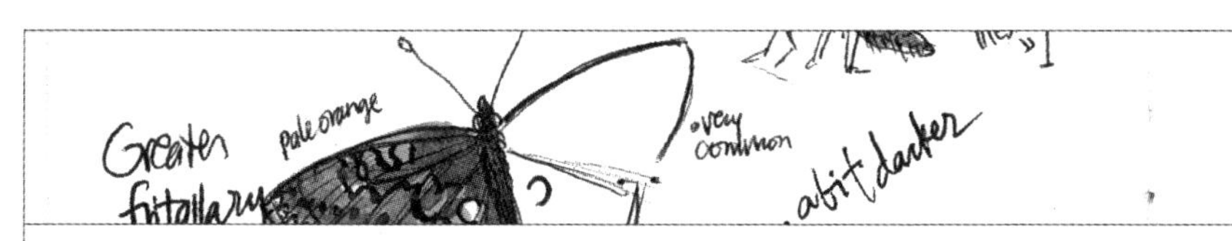

12

为什么记野外笔记?

埃里克·格林（ERICK GREENE）

我研究动物行为和生态学，在我的记忆中我一直没有中断记野外笔记。我的野外笔记本包含所做具体项目的相应数据，但也有杂七杂八的各种观察、偶然想到的问题、写给自己看的笔记以及对有趣的博物学的描述。这些野外笔记本对我的研究项目至关重要。我发现它们也是新想法的主要源头，引导我的研究进入新的方向。我常常回头翻看它们，纯粹是为了重新享受一下在地球某些令人称奇的角落的独特野外体验。我一翻开某一本老野外笔记本的封面，时光机器就立刻把我传输回去，去注视秘鲁成群的金刚鹦鹉和其他鹦鹉黄昏时分飞回棕榈沼泽，去聆听博茨瓦那奥卡万戈三角洲绿狒狒彼此警告有狮子接近时发出的“嗷嗷”警报，去观察年少的雄性抹香鲸翻转尾巴，开始长达一小时的潜水，在新西兰的深海海沟中捕捉巨型鱿鱼，或是观看成千上万的格陵兰海豹、白鲟、独角鲸、髭海豹和一只北极露脊鲸妈妈及其幼崽从北极悬崖之下游过，迁徙到它们位于兰开斯特海峡（Lancaster Sound）的夏季捕食区。

对于18、19世纪的博物学家和科学家，记野外笔记是他们必不可少的活动。确实，在欧洲探索未知世界那轻率的全盛期，许多科学家和博物学家从遥远的探险返回后，他们会出版自己的野外日志而且常常成为畅销书。即使一个多世纪以后，玛丽亚·西碧拉·梅里安（Maria Sibylla Merian）、托马斯·杰斐逊（Thomas Jefferson）、梅里韦瑟·刘易斯、威廉·克拉克（William Clark）、约翰·詹姆斯·奥杜邦（John James Audubon）、达尔文、阿尔弗雷德·拉塞尔·华莱士、亨利·沃尔特·贝茨和亨利·大卫·梭罗的野外笔记，这里仅举几个例子，仍能令人兴致勃勃地窥见那些博物学家、探险家和科学家的学科及其所处的时代。

这些野外笔记有许多至今仍是信息宝库，我们可用其比较植物和动物当前的分布和多度。

正因为野外笔记的运用在自然科学中如此重要，所以我近来在蒙大拿大学为高级生态学班布置了野外笔记本的作业。我要求学生挑选一个“事物”，然后在整个学期对其进行仔细的观察。他们选的“事物”可以是任何东西，一株植物、某个地方、海狸坝、自己的花园、野鸟喂食器，等等。他们必须每周至少在野外笔记本上记录一次自己的观察。我想使他们弄清楚的要点之一是，科学最困难的一部分是产生新问题。那么新奇的想法来自哪里？对自然的细致观察是不错的切入点。所以除了野外笔记，学生们还必须提出至少 10 个受观察启发而想出的研究问题。该项目占他们成绩相当大的比重，我认为学生们会欣然接受这项作业。但我大错特错了！我描述了项目之后，学生一开始的冷淡反应变成了怒目瞪眼、咬牙切齿。当我问及学生的反响时，我得到诸如此类的答复：“我感兴趣的是科学——不是创造性写作。”“这太乏味了——我已经按‘表现艺术’的要求做了。”“你是要我们沉思并把它写出来吗？”随着学期的深入，我注意到对项目的态度在整体上有所缓和，后来许多学生真正喜欢上了该项目。下面是一则很有代表性的反馈，是卡丽·道格拉斯（Carrie Douglas）在项目结束时写的，她观察的是自己后院里的一棵复叶槭：

> 我之前从未上过植物学的课，而我并没有从一般的生物学课堂学到有关树的太多知识，这很令人吃惊。这项作业为我提供了一个机会提出有关树的问题并寻找答案，而那是我以前从未考虑过的。我从来没有对树叶在秋季改变颜色的重要性产生过疑惑——在此过程中到底发生了什么？为什么这很重要？为什么叶片会变老？
>
> 该项目还使我对自己有了些重要的了解。我一直认为自己完全是左脑思维。我热爱科学、步骤、铁一般的事实，等等。我讨厌抽象、创造性或想象的事情。这种想法使我一开始对此项目有些抵触——让我一学期在生物学课堂必须画画、创造性地写作！开什么玩笑！我那时认为每

个日志条目都会让我担忧。事实上，我很快就开始享受到外面散散步、静静观察的时间——哪怕只有15分钟。那一刻是我一天里第一次不去考虑学校、作业、考试，或其他列不完的琐事。

我也真的很喜欢不拘形式的写作。只是把自己的想法“抛到”纸上——不必担心语法、句法、正确的科学写作——一切都不用管——就是写。这是一种我从未尝试过的写作方式。但经过这个作业，我真的认为我可能可以开始记野外日志了。

通过留意在我后门外展开的所有令人惊讶的生物过程，我还意识到我一定要生活在有季节变化的地方。我之前认为这种令人惊叹的季节变换是理所当然的。现在我无法想象生活在树叶不会变化的地方，没有雪，也没有春季阵雨。这个项目真正促使我去欣赏我们所处的美丽环境，我观看那棵复叶槭的角度也因此而改变。现在我每次回家都想知道它又有了什么不同。

令我困惑不已的是，这些学生一开始被要求为生态学课记野外笔记时的消极反应。这激发我进行了更深入的观察，看一看那是否是学生的一般情绪。为了扩大范围，我非正式地对几所大学各个生物领域的许多同事进行了民意测验。我询问本科生和研究生及教员他们如何利用笔记本来帮助记录自己的科学活动。这一测验的结果很清楚：一般来说在记录自己的工作方面，比起生态学、行为和保护生物学领域的野外生物学家，生物化学、细胞和分子生物学方向的实验室科学家倾向于把笔记记得更好。（示例：图12）

做实验室研究的大多数同事不但记录有极其完整、准确的实验室笔记，而且他们也教自己的学生如何保存数据、为什么要保存数据。有些人还成箱地购买精装笔记本，然后发给实验室里的学生。他们向学生展示优秀笔记本的范例，并列出自己对数据记录方式的期望。他们经常举办审查会议来查看学生的实验室笔记。有些实验室甚至展开友好竞争，对笔记记得最好的人给予奖励。微生

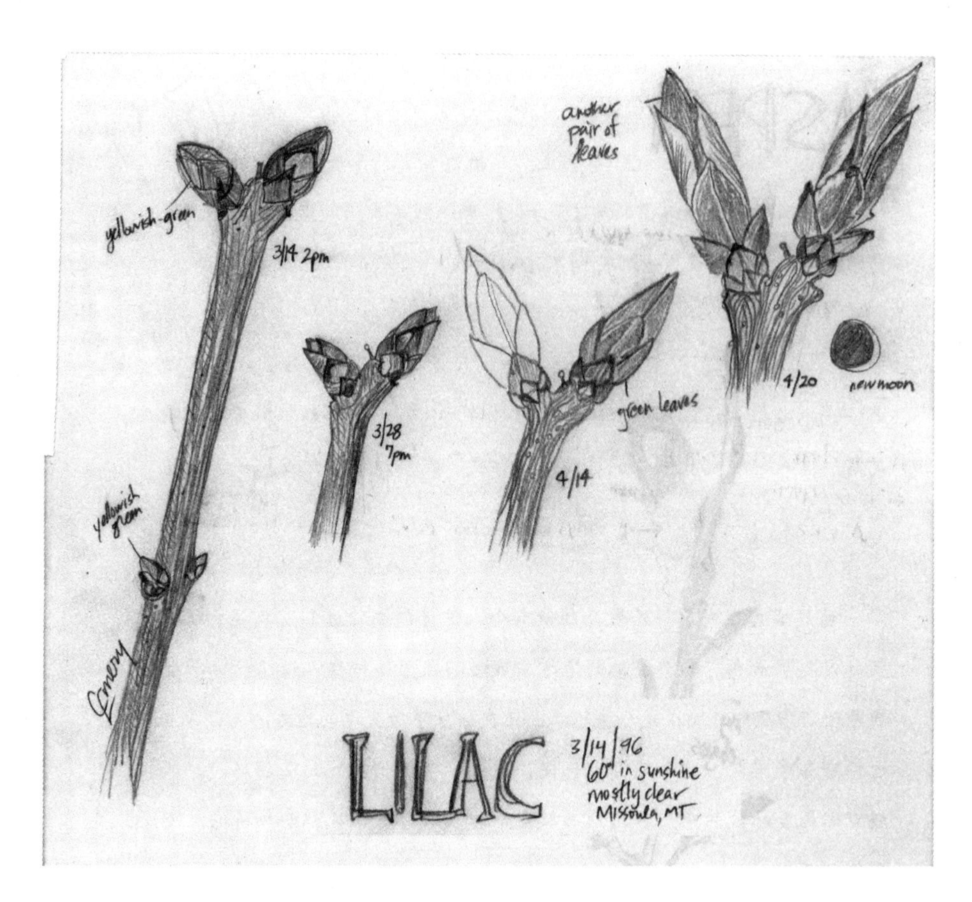

克莱尔·埃默里在37天里对同一条紫丁香嫩枝所画的素描。承蒙克莱尔·埃默里许可而使用。

物学、生物化学和分子生物学的许多本科生课程都要求学生记实验室笔记，而且占学生成绩的很大比例。阿伊沙·迪万（Aysha Divan）还精确地概述出实验室生物学的笔记标准。[72]

与分子生物学那充满活力的实验室笔记文化形成鲜明对比的是，在我非正式的调查中所显示的野外生物学领域对笔记兴趣的缺失。当我问生态学和行为学的本科生和研究生如何做野外笔记、在哪里学习记笔记的时候，我得到的大抵都是面面相觑，随后的典型反应有："那个我用GPS。""我的数据保存在电子表格里。""我回家后才进行记录。""我有电脑。"一致的看法看起来是，对于野外生物学，野外笔记古怪、陈旧、不合时宜。

在本章中，我呼吁野外生物学复兴笔记。我概括出笔记的不同目的和功能，描述它们对于作者及他人不可思议的价值，并列出了推荐的记野外笔记的"最佳方法"。

野外笔记的目的

人们记录野外笔记的原因多种多样。一方面，许多人记个人日志，他们在其中记录在自然世界中所做的观察和体验。那些野外笔记在格式和精神上都与18、19世纪博物学家的笔记很接近。这种日志性质的笔记主要出自业余博物学家——这也是往好里说——他们热爱研究和体验自然，而且没有报酬。此类笔记倾向于捕捉自然之美和惊奇，而且有助于磨炼作者的观察技巧。除了敏锐的观察，这些笔记通常还有野外素描和绘画。这种形式的日志很兴旺，许多博物馆、博物学社团和夏令营都教授如何记这种自然日志。例如，自然艺术家、生物学家约翰·缪尔·劳斯（John Muir Laws）就通过实地讲习方式教授野外日志，他的书和网站上有颇具价值的建议和提示。[73] 其他出色的书籍，如汉娜·欣奇曼（Hannah Hinchman）和克莱尔·沃克·莱斯利（Claire Walker Leslie）的著作，也侧重在自然日志中融合观察和艺术。[74]（示例：图 14）

另外，有些人记的笔记遵循更有组织的格式，如格林内尔体系。它们代表了记录标本采集时间和地点的正规模式。虽然它们包含以正式方法采集的科学数据，但它们缺少自然日志所具有的个人观察、沉思、假设和素描。

依我看，对于野外生物学家来说，最有用、最有趣的笔记是来自形式的混合，除了记录野外研究的详细信息和数据，它们还记录作者的观察、想法、沉思和游历。一般说来，科学家在记录野外工作时会采取各种不同的手段，因为该活动本就是丰富而充满变化的。

野外笔记对你意味着什么

野外笔记本可以说是你所从事学科的基本文件。野外笔记本的中心职能是记录和组织数据，而且它也是完整、准确记录实验和观察的所在。你将发现当你着手把研究形成文字时，记录合理的野外笔记将使这一任务变得更容易，其程度有时无法衡量。这就是为什么说组织有序的野外笔记就是“中央指挥中心”，通过那里你可以收集到许多其他相关材料。例如，你可能产生了大量不在笔记本中保存的信息，如照片、记录、在野外采集的标本以及各种类型的计算机文档。

你可以极其有效地在野外笔记中组织所有数据。在开始某一个野外项目之前，提前考虑工作完成时何种记录重要会很有用。

野外笔记的另一个价值在于它们能惊人地充当你想法和观察的高产孵化器。草草记下感兴趣的观察、疑问和五花八门的想法，这样你的野外笔记本就是新实验和项目的强大催化剂。此类野外笔记的优秀范例可以从贝恩德·海因里希（Bernd Heinrich）、乔纳森·金登（Jonathan Kingdon）和许多其他人的工作中看到。[75]

最后，记录得当的野外笔记能给你带来极大的乐趣。我们遗忘得有多快！你会发现重新读自己的野外笔记会使你重访大自然的角角落落，使你想起对自己有意义的种种自然事件。

野外笔记对他人意味着什么

井井有条的野外笔记对于他人来说可能是极其宝贵的信息之源。例如，亨利·大卫·梭罗因《瓦尔登湖》（*Walden*）而闻名于世，而该书就源自他在马萨诸塞康珂附近的瓦尔登湖畔木屋中生活两年所记的野外笔记。直到如今，梭罗在笔记中记录的思想和信息，因其对工业革命初期美国社会的社会评论和观察而仍具影响力。梭罗是一位卓越的博物学家和敏锐的自然观察者，在1851—1858年，他记录了约500种植物开花时间的详细信息。他一丝不苟的观察现在看来非常珍贵，因为这些信息正是大量温室气体排到大气之前记录的。查尔斯·威利斯（Charles Willis）、布莱德·鲁费尔（Brad Ruhfel）、理查德·普瑞麦克（Richard Primack）、亚伯拉罕·米勒拉欣（Abraham Miller-Rushing）以及查尔斯·戴维斯（Charles Davis）等生态学家已展开合作，将梭罗的观察与目前在康珂地区发现的植物进行比较。除了梭罗的笔记，他们还找到了一些其他人对同一区域做的优秀笔记。[76]从2004年到2006年，他们进行了类似的调查，这样就能够把他们的结果与梭罗的加以比较：在过去的160年里，约有30%之前记录的物种消失了，另有约40%的物种变得十分稀少，恐怕也坚持不了太久了。[77]

亚利桑那州图森附近的卡塔利娜山（Catalina Mountains）是另一个例子，那里也体现出优秀的野外笔记所具有的科学价值。手指岩峡谷小路（Finger Rock Canyon Trail）是一条艰难的徒步旅行路线，海拔高度上升超过4000英尺。这条小路贯穿了许多不同的植物生长带，卡塔利娜山全部植物物种中有约40%出现在这一峡谷中。在过去的20年里，戴夫·贝特尔森（Dave Bertelsen）在这条小路上徒步行走12000多英里，并详细记录了几乎600种植物的花期。[78]麦克·克里明斯（Mike Crimmins）夫妇与戴夫·贝特尔森合作，一起分析他那不可思议的丰富数据。借助那些笔记，他们得以记录20年间贝特尔森野外笔记所记录的植物群落所发生的深刻变化：与20年前相比，约15%的物种已向山上迁移，它们生存的高度增加了1000英尺；有些诸如巨人柱仙人掌和美国黄松的物种经历持续干旱后正面临着高死亡率。[79]

有关野外笔记说服力的最后一个例子来自蒙大拿西部。在过去的25年里，威尔·吉宁（Will Kerling）在蒙大拿的米苏拉（Missoula）就他对蝴蝶、植物、鸟类和哺乳动物的观察都记了详细的野外笔记。他记录了该城市周围96种鳞翅类的出现日期、飞行时间和位置。米苏拉当时正在考虑购买强波山（Mount Jumbo）——一座俯瞰城市的小山——上的一块私人土地，以将其并入开放空间网。是否可以为了公园体系而动用公共资金购买私人土地引起了一番争论。威尔的野外笔记本被用作证据，阐明了强波山[80]所具有的独特的生物多样性和丰富性，这样城市债券议案就轻松通过了。现在强波山是米苏拉开放空间体系中备受珍爱的明珠。

显然记录优秀的野外笔记有着巨大的价值，但在实践过程中它们又是什么面貌？有可供参考的共性吗？

最佳方法

通过思考自己的笔记和与一系列科学家和博物学家的交谈，我汇集了一个主题列表，让自己的学生在开始野外工作之前考虑。这些主题包括对我自己管用的技巧，以及搜罗自其他野外笔记资深人士的观点。在汇集此列表的过程中，有两个主要指导原则突显出来：首先，你的遗忘速度超乎自己的想象——大多数人都认为自己能更长久、更准确地记住观察和研究的细节，而实际并非如此；其次，你在研究的开始阶段不会彻底清楚什么可能重要或有趣——正因如此，让所记的信息超出自己认为的需要程度不失为好办法。阅读以下建议时请将这两条原则牢记在心。

使用精装笔记本。要散页是最坏的做法！现在有许多优质的笔记本可供选择，你的选择要看自己的目的和个人偏好。我一般用大学书店里现成的笔记本，那些笔记本结实耐用、物美价廉，里面带格和页码。规格是信纸大小，但有些人认为太大。更小一些的精装防水纸野外笔记本也很流行。有人使用很小的笔记本，在野外时可以将其放入衬衫口袋，回家后再将信息誊写到另一个笔记本上。我认为这么做增加了一个步骤，所以除非你真有令人信服的理由，否则我还是建议只用一个野外笔记本。如果你打算加入很多野外素描，那么你可以考虑无格线装笔记本，纸张要专门用于美术和素描的。

在显著的位置留下自己的联系方式。野外笔记本的前面是最佳选择。一旦笔记本丢失，要让人能联系到你（电话、地址、电子邮件），好将其归还你。我通常给归还者一些回报（一点钱、冰淇淋、啤酒）并与其结下许多善缘。

为自己和后代而写。如果没有别的，就是这一点鼓励我对自己差劲的书法格外注意，同时也方便了自己的阅读。确实，使用梭罗的野外笔记本的最大挑战之一就是辨认他的笔迹。这种心态还会鼓励你写下十分清楚的描述，把含混不清的引用降到最低，因为有些事情只有你明白。如果你的野外笔记足够好，那么对于现在和未来的其他人来说它也将很有价值。

为每个新条目记下相关的野外信息。你应该在页首写下日期、时间和位置。对其画线强调也是不错的办法。格林内尔体系和其他体系都有非常严格、公式化的野外信息记录方法。你可以选择是否遵循那些体系，但至少你应该记录海拔、栖息地类型、旅行路线以及天气。如果你的研究极其依赖某些环境变量，那么你还需要记录更多相应的详细信息。例如，如果你研究的是树蟋蟀的鸣叫（其鸣叫频率对温度非常敏感），那么你就需要携带一支很精确的野外温度计。

添加所处位置的信息。你应该为自己的工作地点记录下足够的信息，这样

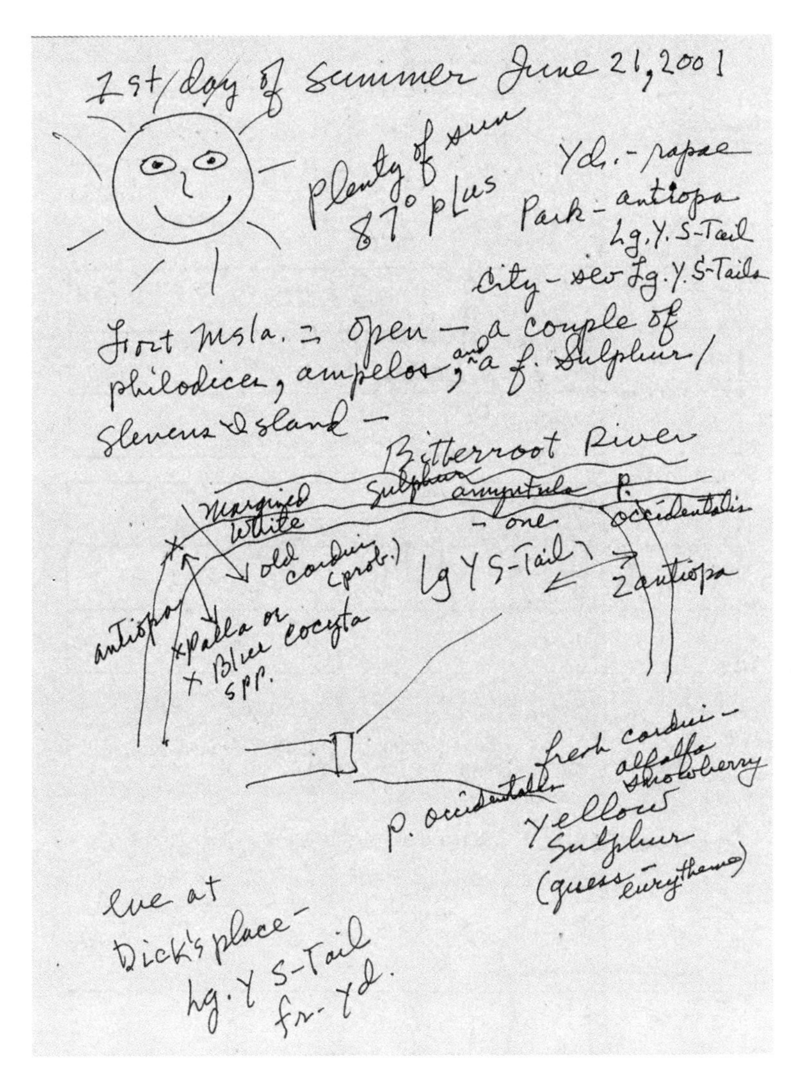

威尔·吉宁笔记本中的一页，日期是2001年6月21日，记录了在蒙大拿米苏拉的比特鲁河附近对蝴蝶的观察。承蒙威尔·吉宁许可而使用。

其他人才能准确地找到该地点。你可以加入详细的地图、GPS坐标、地图草图等。如果你一次要去不同的地方，那么就要仔细记录自己的路线。如果你是在一个或几个位置进行密集的研究，那么你可以一次就将其描述清楚，以后引用就可以了。例如，西蒙大拿很热忱的博物学家拜伦·韦伯，他的野外笔记详细地记录了他对沿比特鲁河的一小块地区的观察，记了将近20年。他的野外笔记本中有一份手绘地图，他的具体观察都引用该地图。1983年12月12日："4 AM——40℃……R'-5 5喜鹊，2渡鸦……岸附近只有一片开阔的水面。"

记录你的方法。准备将你的研究发表时，你一定要包含足够的方法论细节，

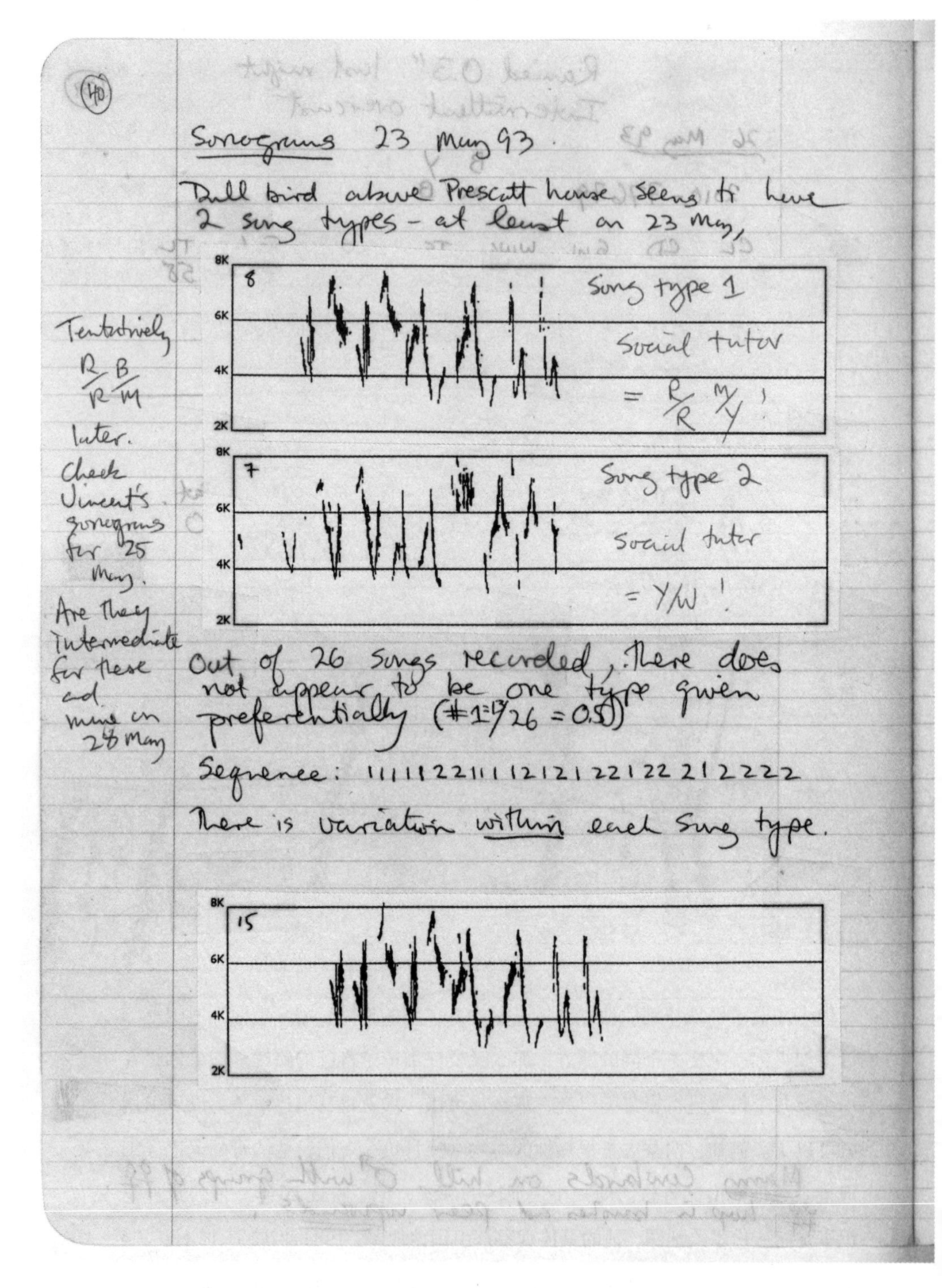

我在蒙大拿米苏拉记录的一两岁的雄性白腹蓝彩鹀（Passerina amoena）鸣声的笔记。这些观察引发的问题催生了对鸣叫学习的持续研究。

20 May 93

DD ? 2010-77669 L R G M R/BK

CL	CD	GW	WING	TS	TL	WT	FAT
10.38	5.87	4.80	71	17.68	55	32.0 − 17.0 = 15.0	0

Hump Bird G B M Y 2010-77668

CL	CD	GW	WING	TS	TL	WT	FAT
10.00	5.70	4.86	71	17.05	56	15	0

Overcast and calm in AM. Started raining at 1300 h, with thunderstorm activity in evening.

I hiked up burn side, but very few of the birds were responsive for netting.

We caught a bright bird - DD? and then another bright bird on the hump (= NSF sung 92??). Three got recordings.

Interesting differences in behaviors. Many males are mate-guarding - sticking very close to ♀♀ and not really responding to songs.

Dull birds seem near fence line gully, singing but skittish - flies away from playbacks. Sure for an UB SY ♂ behind dick Hutto's house.

有关一只年轻雄性白腹蓝彩鹀的波段记录和观察，它的羽毛暗淡无光。这些观察和疑问导致了对羽毛的更多研究，并产生了2000年的另一项研究。

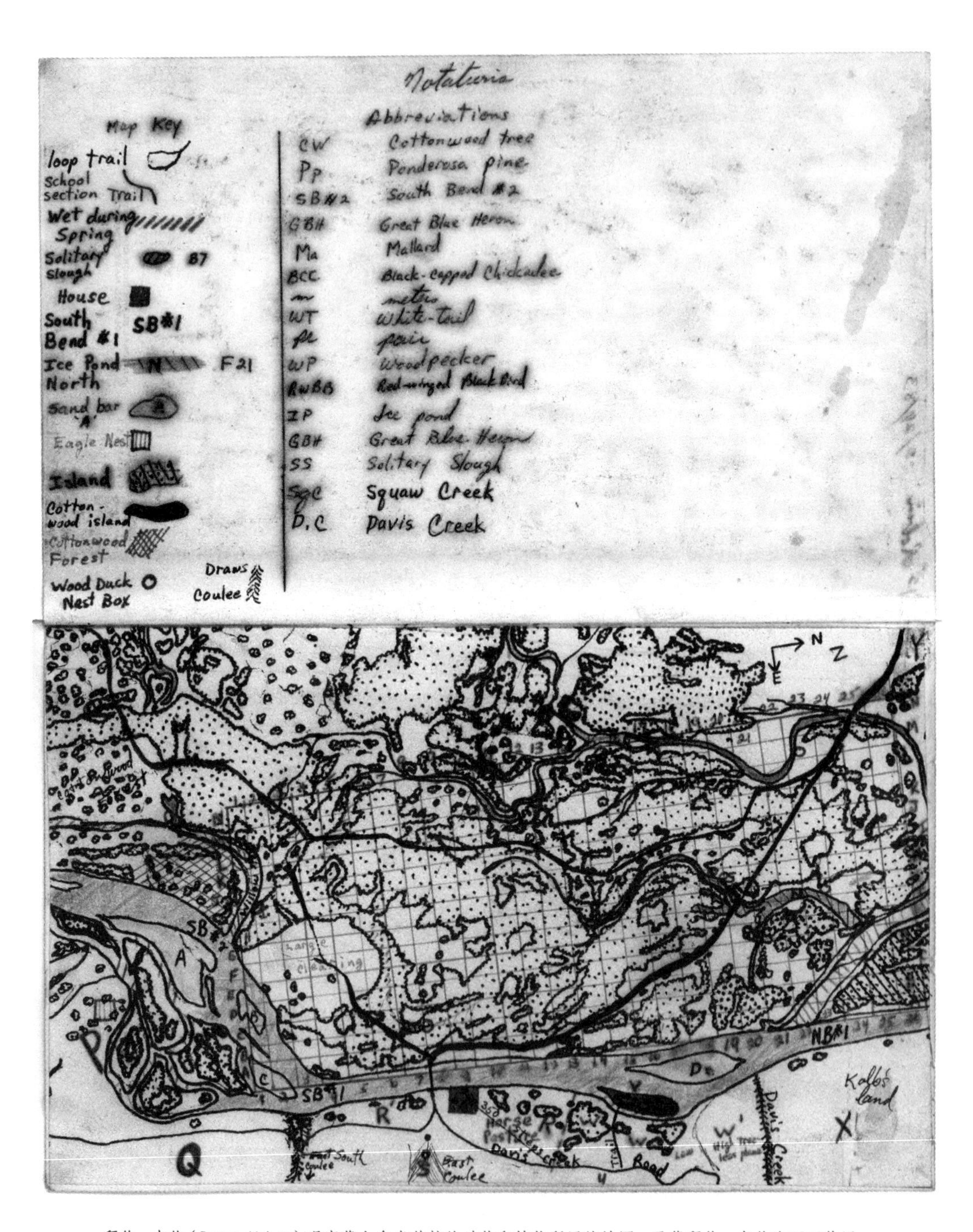

拜伦·韦伯（Byron Weber）观察蒙大拿米苏拉的动物和植物所用的地图，承蒙拜伦·韦伯许可而使用。

这样别人才能重复你的研究。记录此类野外研究细节的合理地方就是你的野外笔记本。许多细节的遗忘速度超过了你的预期，而你撰写论文“方法”一部分是需要检索那些细节的。你可以把野外笔记当作“方法”那部分的草稿。如果你是用特定型号的设备或机器收集信息，也要在野外笔记本中记录相应的信息。例如，如果你正在记录昆虫的鸣声，那么这些记录的特征将是变化不定的，具体取决于录音设备的类型（磁带录音机、数字录音机）、录音设备设置（数字录音机涉及采样率、比特深度等）、麦克风类型（枪型、全向型、心型、抛物面、抛物面的尺寸，等等）、麦克风的虑音设置、温度、与昆虫的距离以及与昆虫之间的障碍（许多植物，还是没有植物）。解读数据时要依靠这些细节，所以你要在野外时就将其准确记录清楚。

做好备份。野外笔记本没有做备份、丢失了无法替代的数据，这样骇人听闻的故事足以令任何野外科学家胆战心惊。在繁忙的野外时期，至少每周花 15 分钟为自己的新条目做复本，这么做是值得的。如果你正在产生大量无法替代的数据，那么备份的频率要更勤。备份计算机文件也是如此。你应该养成习惯，排好计划——写在日历上，到时候就做。把复本与野外笔记本分开保存。

如果你使用缩写，要确保野外笔记中有相应的对照表。有些人习惯在笔记本上用缩写记录位置、物种、人等信息。你自己都可能忘了缩写表示什么，那么试图破解你野外笔记本的人又该多么困惑。拜伦·韦伯在其野外地图旁附有他在野外笔记本中所用的缩写表。

出门时一定要带野外笔记本。你要确保自己笔记本的大小和款式携带起来很舒服。还有，要有舒服的地方装笔记本，这样不会轻易将其遗落。你应该养成一种感觉，那就是到了野外没有野外笔记本就浑身不自在。

养成书写的习惯。在笔记本上书写应成为你的本能反应。托马斯·杰斐逊就是这样习以为常地在笔记本上记录每天的事件，即使是协助撰写《独立宣言》的那一天他也能抽出时间 4 次记录天气。所以，除非你的事情比写《独立宣言》更紧迫，否则就没有理由回避自己的野外笔记！

制订野外笔记的结构。许多人刚开始记野外笔记且记有跑步日志，这时要明确一点，划分不同的区域记录各种信息非常有用。你可以用探出的标签来方便定位。比如，在我野外笔记本最后部分，我发现加入如下的专用部分很有帮助：

驾驶日志：我记录了每项研究的相关旅行，日期、汽油和里程、出发和返回时间以及目的地。这样野外季节结束后可以很容易地总结所有的旅行，尤其是有旅行费用补助时。

花费日志：我记录所有与研究相关的费用。我在该页上粘了一个小信封，以存放收据。

许可证：如果研究的任何部分需要许可证或特殊许可，如给鸟类戴箍，进入野生动物保护区或私人领地，或是采集稀有植物，那么你在野外时就应该始终携带那些许可的复本。有个容易的办法是，把所有许可证装入一个信封，然后粘到笔记本后面。

照片日志：在这个日志中我记录自己所拍摄的所有照片。我写下照片的拍摄位置和日期，以及对我以后可能有用的任何相关注释。你可以把任何你所产生的辅助信息形成日志，如录音日志、样品采集日志，或是带有所生成计算机文档名称的数据日志。

联系人日志：在某些研究中，我需要进入私人牧场或保护区。我备有一份牧场主、私人土地所有者和保护区管理者的联系人信息表，在野外工作期间我需要和他们进行联系。

你可以很容易地针对任何信息设定自己分开的、有个性的各部分，这样就可以把所有信息收集到一个地方。每个部分的空间要留足。

创建索引。野外笔记的索引与上面描述的日志有类似的作用——它们都是非常有效的方法，方便组织和查找信息。它们的区别在于，你可以一开始就设立日志，但你只有在野外季节结束（或期间）时才能创建索引。在索引中，你可以指明在野外笔记本的哪个位置能找到具体实验的信息（你可能平行进行几个实验，而它们的信息在笔记本中也可能是交错的）、具体感兴趣的物种以及具体的栖息地或位置。好的索引需要花时间编辑，但很快就能得到回报，因为你以后可以通过索引很容易地定位信息。拜伦·韦伯 1983 年的笔记本向我们

Birds 183

74. Northern Rough-winged Swallow 67, 74, 75, 85

75. Barn Swallow: 72, 78, 83, 85, 88, 89, 92, 94, 97, 104

76. Cliff Swallow: 88

77. Tree Swallow: 45, 49, 50, 54, 64, 65, 70, 75, 85*

78. Black-billed Magpie: 18*, 21, 22, 23*, 24, 30, 32, 35, 36, 37, 38*, 41, 43, 45, 48, 49, 65, 70*, 73, 74, 75, 76, 77*, 79*, 80, 81, 85*, 86, 87, 89*, 90*, 92, 94, 96*, 99, 100, 102, 105*, 110*, 111, 112, 114*, 115, 120, 121*, 123, 124, 126*, 127, 131*, 133*, 135, 139, 145, 150, 151, 153, 156, 157, 158, 159, 163*, 167, 169, 170, 172, 174*, 176, 177

79. Common Raven: 18, 19, 22*, 23*, 24*, 29, 31*, 32, 34, 38, 39*, 57, 63, 75, 77, 79, 95, 105, 111, 121, 123, 131, 134, 150, 154, 169, 170, 171

80. American Crow: 122, 125

81. Clark's Nutcracker: 38, 60, 120

82. Black-capped Chickadee: 17, 18*, 19*, 21*, 23, 27, 29*, 30, 31*, 34, 35*, 36, 37, 38*, 41*, 50, 60, 75, 84, 86, 90, 92, 94*, 96, 97, 99, 101, 103, 104, 107, 110*, 111, 112*, 113, 114, 116, 124*, 125, 126, 128, 129*, 131, 132, 133, 134, 137, 140, 141, 148, 150, 151, 156*, 157, 159, 160, 161, 162, 163*, 167, 169, 172, 174, 176, 177

83. Mountain Chickadee: 51, 69, 93

84. White-breasted Nuthatch: 19, 21, 29, 36*, 39, 51, 74, 75, 92, 94, 102, 115, 126, 128, 134, 140*, 141*, 142, 148, 150, 151*, 170, 174, 177

85. Red-breasted Nuthatch: 19*, 30, 39, 41, 93, 96, 102, 104, 107, 121, 123, 129, 152

86. Brown Creeper 129

87. American Dipper 175

88. House Wren: 65, 66, 67, 70, 73, 75, 76, 84, 85, 86, 87, 89*, 94, 98

89. Winter Wren: 106, 111, 120

90. Marsh Wren: 95

91. Gray Catbird: 75, 94, 95

92. American Robin: 29, 30, 34, 37*, 38*, 40, 46, 50, 59, 61, 65, 69, 70*, 74, 75, 83, 85, 86, 88, 89*, 90, 92*, 94, 95*, 96, 97, 98*, 99, 100, 102, 104, 106, 107, 111, 112, 114, 148

93. Varied Thrush 98

94. Unidentified Robin 67

拜伦・韦伯 1983 年野外笔记的索引页。承蒙拜伦・韦伯许可而使用。

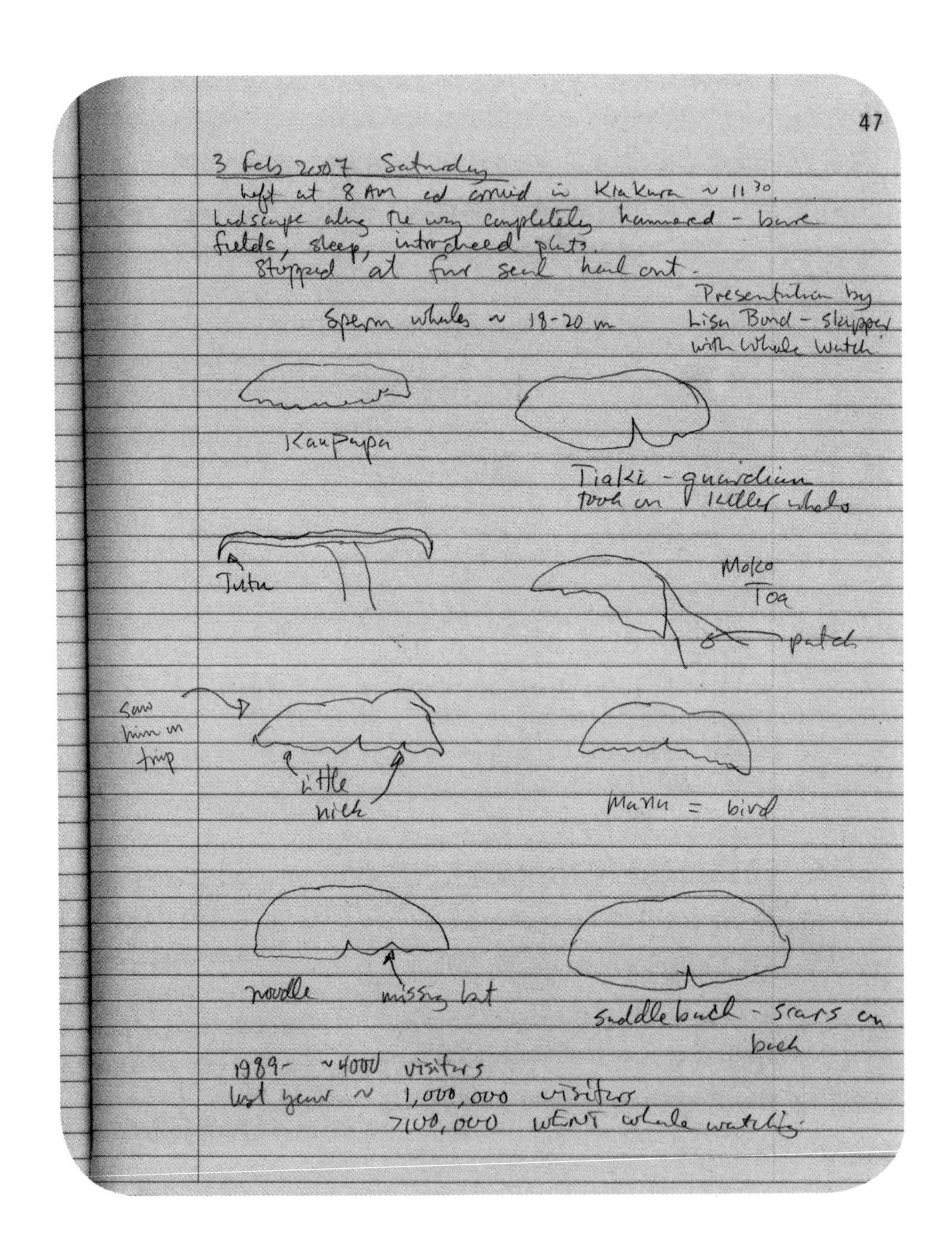

我近来在新西兰的研究旅行中做的笔记，用文字和草图记录了单个可识别的抹香鲸的尾巴。

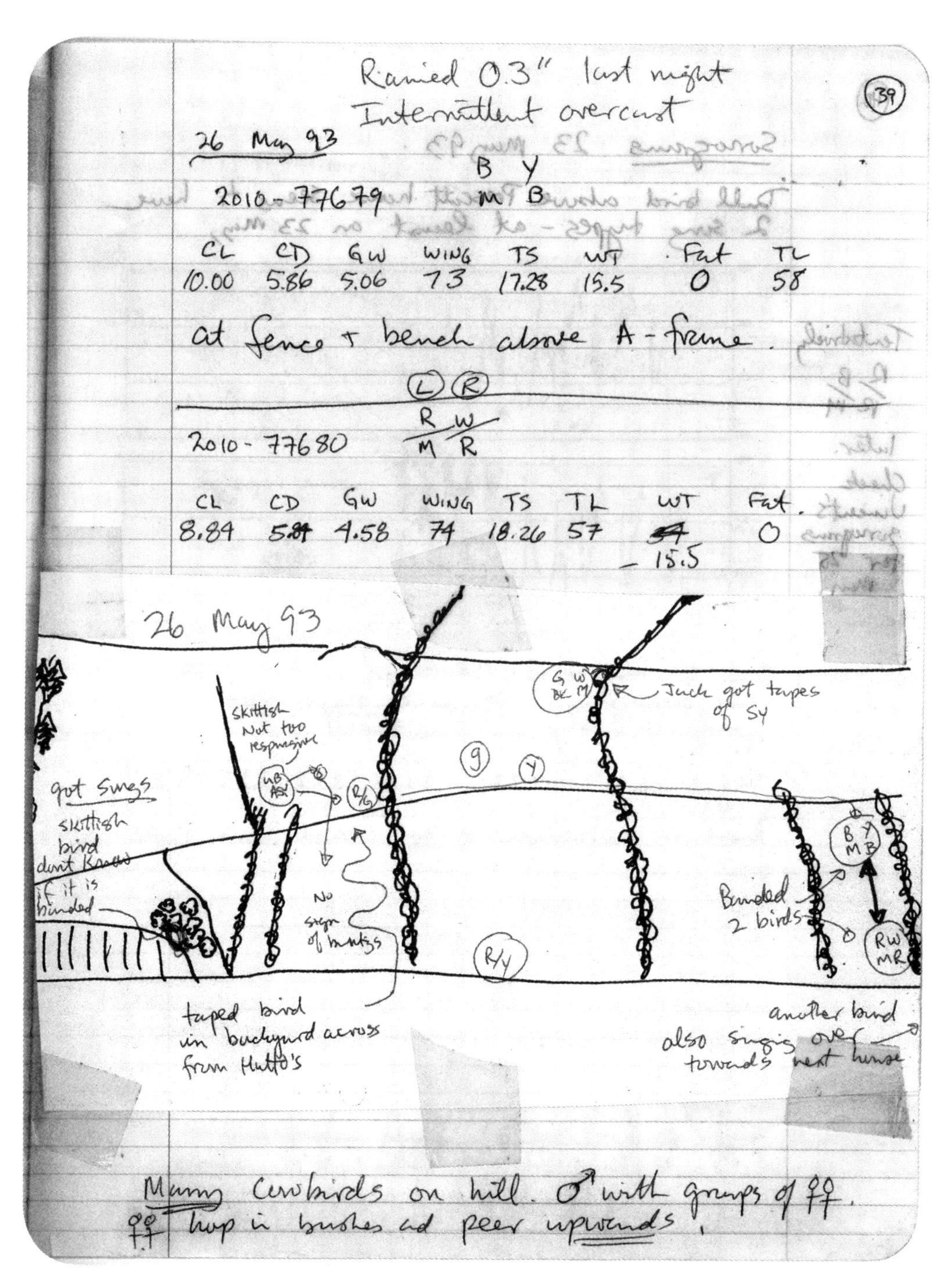

这两页摘自1993年5月和7月我在蒙大拿对白腹蓝彩鹀进行研究时所记的野外笔记。其中包括研究用的野外地图（用胶带附上），还有对位置的注释和早晨观察到的鸟类行为、戴箍信息、雄性白腹蓝彩鹀个体鸣叫的波谱以及对褐头牛鹂的观察。

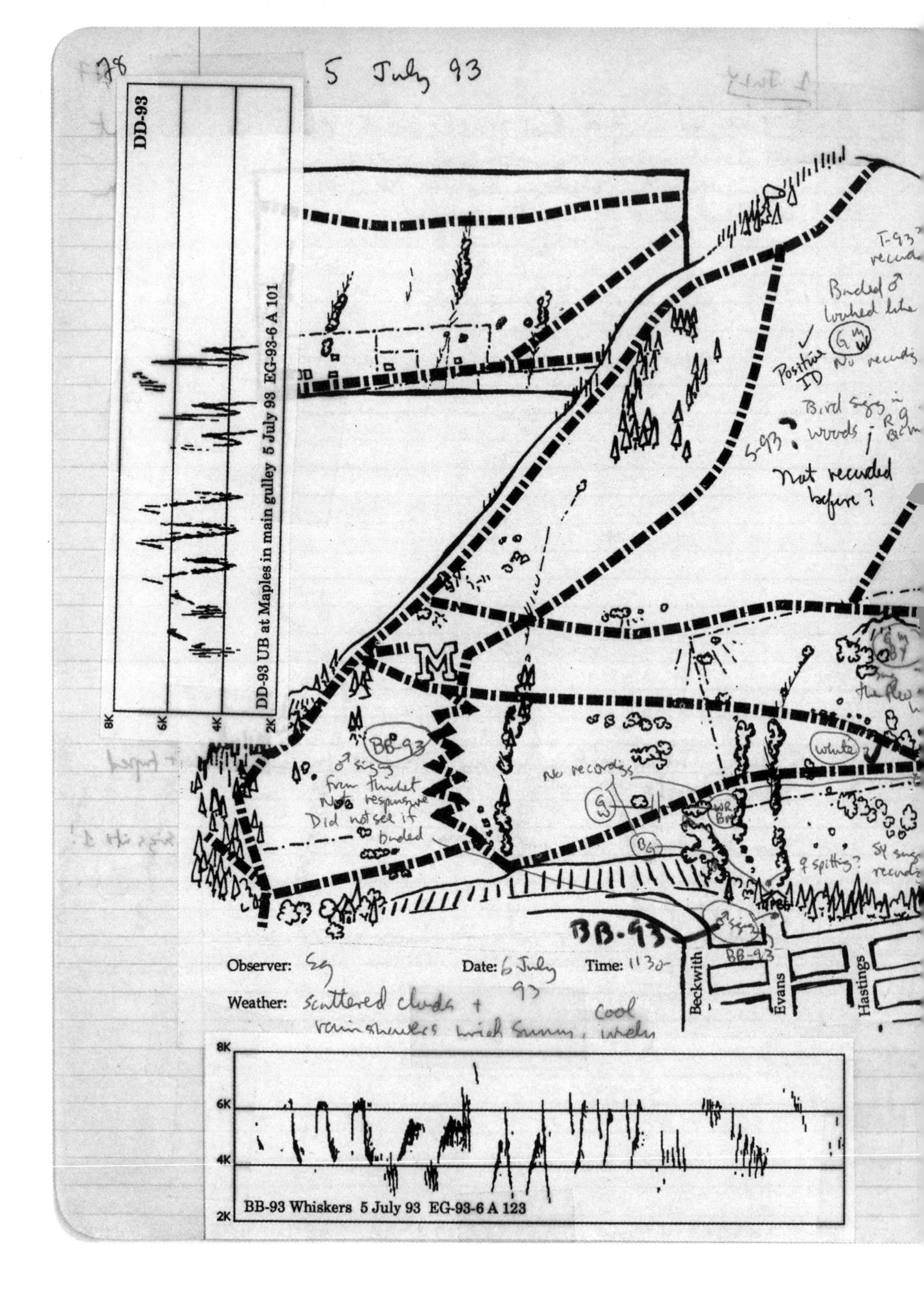
5 July 93
DD-93
DD-93 UB at Maples in main gulley 5 July 93 EG-93-6 A 101
8K
6K
4K
2K
M
BB-93
Beckwith
Evans
Hastings
Observer:
Date:
Time:
Weather:
BB-93 Whiskers 5 July 93 EG-93-6 A 123

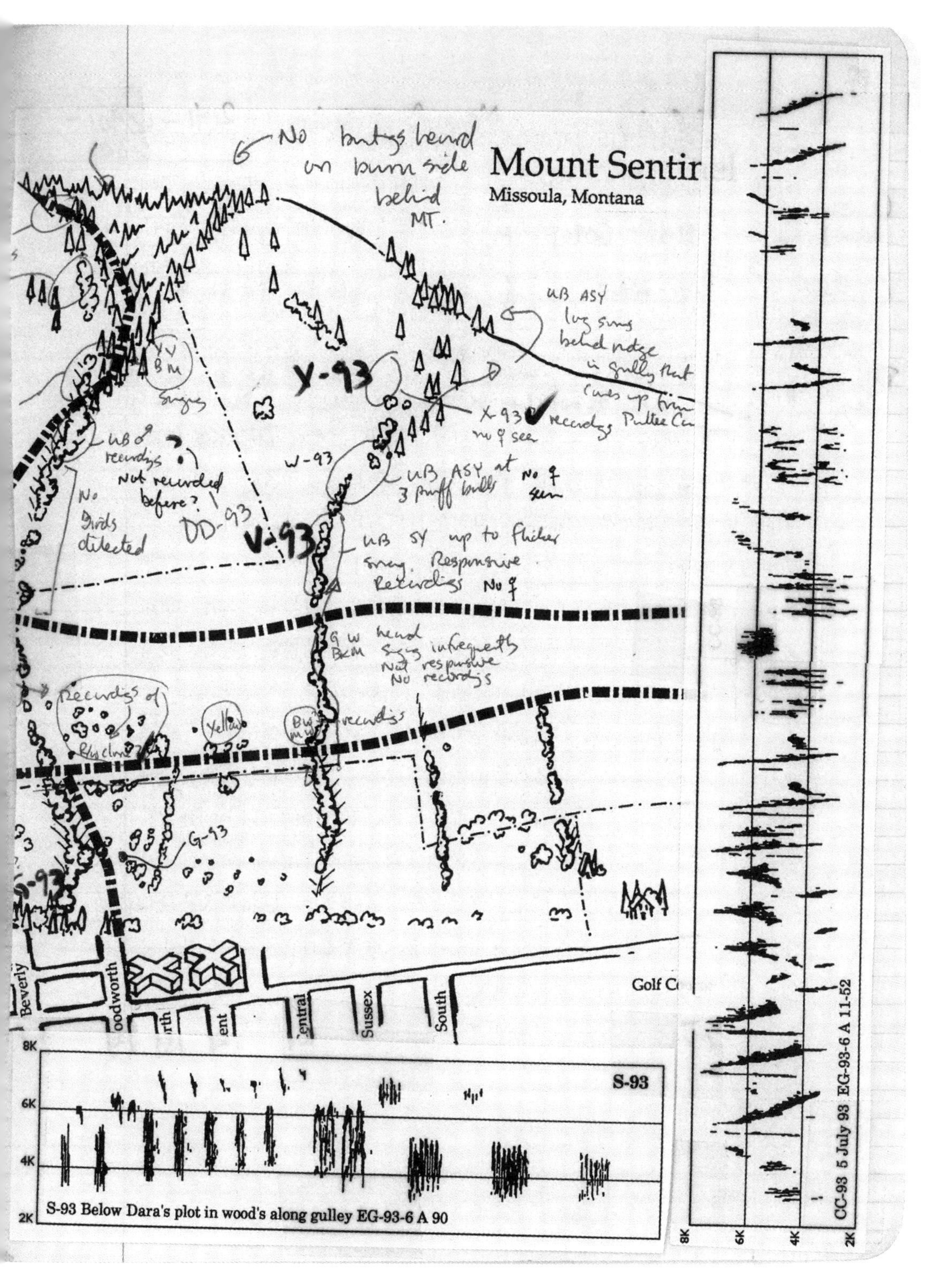

这张地图显示了在蒙大拿米苏拉某个研究地点白腹蓝彩鹀的活动位置。我的注释表明了箍带上的字母数字组合，以及对行为、天气和特定个体鸣声的观察。

展示了一页索引，其中列出观察每个物种的相应页数。星号表示该页有关该物种的信息不止出现一次。拜伦的索引包含同样详细的列表，其中列出了哺乳动物、爬行动物、两栖动物、鱼类、节肢动物、植物、比特鲁河的状况（冰、水位、河上的运输）、天气、人、天文观测以及一个杂项区［比特鲁奥杜邦协会（Bitterroot Audubon chapter）的成立，李梅特卡夫国家野生动物保护区（Lee Metcalf National Wildlife Refuge），州立法有关荒野法案和禁止狩猎野生动物法案的举措，鲍勃·马歇尔荒野（Bob Marshall Wilderness）区域，以及地震］。这些是非常详细的索引，但你可以看到通过它们可以多么容易地检索信息。

把野外笔记本看作剪贴簿。你应该将野外笔记本视作各种研究项目相关信息的汇总中心。如果你发现有些信息可能日后有用，你可以通过绘画、书写、复印的方式将其收集起来，并订到或粘到笔记本上。我的野外笔记本算得上一个仓库，杂七杂八地存放了只是表面看起来有关联的材料——名片，报纸上的文章，各种草图，听演讲、读文章的笔记，随时涌现的想法，等等。我常常惊叹于自己如此频繁地利用笔记本“剪贴簿”的这一功能。

具有讽刺意味的是，尽管博物学方面有着丰富的野外笔记历史，但这种传统日渐式微，尤其是在孕育该传统的野外领域——野外生物学。我曾论证过野外笔记本仍对野外生物学很有用——即使不是必不可少的。以上的建议提供了一个入门之处。你要决定自己野外笔记的计划，并设计出适合自己的方法。你将发现一个组织有序的野外笔记本就是一部丰富的文档。它将极大程度地辅助你撰写研究项目，它也是诞生新观点的沃土，重读之时它还是你的快乐之源，而且它可能对未来的科学家非常重要。[81]

感谢

编辑本书使我得以接触这样一群令人鼓舞、有成就的合著者，为此我表示由衷的感谢。这个项目的一部分挑战在于要去寻找愿意展示个人野外笔记本的卓越科学家和博物学家，他们的笔记从未打算以这种方式呈现给大众读者。他们的慷慨大方为大批野外科学家和博物学家提供了宝贵的财富。

我个人的感谢要从我亲爱的妻子珍开始，在该项目期间她一直默默地支持我，她给予我好的心情、具体而关键的建议，还有数不尽的耐心。为了回报她坚如磐石的爱和支持，我将本书敬献给她。

我还幸运地得到了其他家庭成员的鼓励，他们协助我使这个项目顺利完成，包括我两个儿子 Riley 和 Mitchell 的灵感和精力，我父母 Charles 和 Dorothea Canfield 长久以来对我教育和研究方面的支持。感谢我的兄长和姐姐——David Canfield、Greg Canfield 和 Lori Peiffer，他们在多次家庭探险中培养了我对野外的最初热爱。Holly Johnston 一直以来都乐于助我且善解人意，她慷慨地贡献了自己的学术见解。

我在艾略特学舍（Eliot House）的同事和朋友们提供了一些关键的要素，使我有能力完成这项工作。Lino Pertile 和 Anna Bensted 与我的友谊和对我学术活动的支持已有十多年了。比较近一些的，Doug Melton 和 Gail O'Keefe 也提供了类似的支持。我还要感谢 Ree Russell、Lola Irele、Francisco Medeiros 和 Sue Welman 的协助和建议。Emily MacWilliams 也令我感念不已，她目光敏锐，无比耐心，而且对句法有着非同寻常的热爱。

本书所涉及的研究使我接触到一批令人印象深刻的图书管理员，他们的贡献远超出我的预期。我要感谢恩斯特·迈尔图书馆（Ernst Mayr Library）的员工，包括 Mary Sears、Ronnie Broadfoot、Dorothy Barr 和 Robert Young。来自哈佛的怀特纳图书馆（Widener Library）的 Fred Burchsted 的大量帮助也令人十分感激，他对科学史和野外文档的知识在本项目的发展中起到决定性作用。我还要感谢伦敦林奈学会的 Ben Sherwood，大英图书馆的 Auste Mickunaite，美国哲学学会的 Earle Spamer，以及剑桥大学图书馆的 Adam Perkins。

与哈佛大学出版社的杰出人士一道工作给我带来极大的享受，我从他们的经验和忠告中获益良多。感谢 Anne Zarrella 的鼓励和耐心，感谢 Lisa Roberts 那富于抱负的构想并将其完美地实现。我感谢 Kate Brick，她向我展示了专家级编辑的工作方式，以及她为了塑造本书所付出的关注和精力。还要感谢 Rose Ann Miller，她协助将本书分发给可能从其获益的人。我真诚地感谢 David Foster、Jack Hailman 和一位匿名书评者的时间、精力和坦诚，他们的想法极大地提升了本书的内容。要特别感谢 Michael Fisher，他从一开始就对本项目抱有信心。他协助我战胜挑战，寻找问题的解决方案，显示出丰富的经验和智慧。

还有许多人从一开始就支持我探索本项目、酝酿潜在的构想，他们有：Jeanne Altmann、Bruce Archibald、H. Russell Bernard、Andrew Berry、Melisa Beveridge、David Canfield、Lisa Cliggett、Chris Conroy、Sonia DeYoung、Thomas Eisner、David Haig、Gardner Hendrie、Karen Johansen、Brett Huggett、Farish Jenkins Jr.、 Christin Jones、Robin Kimmerer、Scott Klemmer、Conrad Kottak、Mike Overton、Shawn Patterson、Mark Sabaj Perez、David Pilbeam、Peter Raven、James V. Remsen、Andrew Richford、Ben Roberts、Gary Rosenberg、Michael Ryan、Andy Spencer、Robert Stebbins、David Stejskal 和 H. Todd Swimmer。特别感谢 Kathy 就笔记本展开的多次谈话，感谢她对愉快的午餐谈话和精致巧克力的欣赏。

John W. Gruber 在本项目的整个过程中一直在倾听、建议、深思，并慷慨地提出了自己的观点，我很幸运长久以来拥有这样一位睿智的伙伴。

我最后要感谢 Naomi E. Pierce。没有她无尽的投入，我现在可能不会取得这样的成绩，也一定不会有这本书问世。我从未遇到过如此深刻、如此聪明的人，而且她还为人和蔼，令人如沐春风。参与她所创建的科学家团体和受教于她的视角和建议，实乃我一生两大幸事。

附录：注解

1　查尔斯·达尔文（Charles Darwin），《乘坐小猎犬号访问诸国的地质学和博物学研究日志》（*Journal of Researches into the Geology and Natural History of the Various Countries Visited by the H.M.S. Beagle*），伦敦：科尔伯恩出版社（H. Colburn），1840。请参阅理查德·道金斯（Richard Dawkins）对《物种起源与小猎犬号之旅》（*The Origin of Species and The Voyage of the Beagle*，New York: Everyman's Library，2003）的介绍，以探讨《小猎犬号》的出版历史。

2　达尔文，《研究日志》，第468页。

3　理查德·凯恩斯（Richard Keynes），《查尔斯·达尔文的小猎犬号日记》（*Charles Darwin's Beagle Diary*），剑桥：剑桥大学出版社，1988；理查德·凯恩斯，《查尔斯·达尔文小猎犬号的动物学笔记和标本名录》（*Charles Darwin's Zoology Notes & Specimen Lists from the H.M.S. Beagle*），剑桥：剑桥大学出版社，2000；G. 钱塞勒（G. Chancellor）和J. 范维尔（J. Van Wyhe），《查尔斯·达尔文小猎犬号之旅的笔记本》（*Charles Darwin's Notebooks from the Voyage of the Beagle*），剑桥：剑桥大学出版社，2009。

4　凯恩斯，《查尔斯·达尔文小猎犬号的动物学笔记和标本名录》，第294页。

5　吉尔伯特·怀特（Gilbert White），《塞尔伯恩博物志》（*The Natural History and Antiquities of Selborne, in the County of Southampton: With Engravings, and an Appendix...*），伦敦：由 T. 本斯利（T. Bensley）为 B. 怀特（B. White）父子出版，1789。对“野外”一词的使用出现于孟塔古中校（Lieut. - Col. Montagu）致怀特的信中，孟塔古读了怀特的书后写了那封信。孟塔古说“因为您自称是一位野外博物学家才冒昧写信……”这封信由 T. 贝尔（T. Bell）出版，《塞尔伯恩博物志——吉尔伯特·怀特修订版》（*The Natural History and Antiquities of Selborne by Rev. Gilbert White*），第二卷，伦敦：范伍尔斯特出版社（van Voorst），1877，第 236 页。词源引用摘自《牛津英语词典》，第二版，1989 年（在线版本）。有关怀特日志的总体讨论，请参考 M. E. 贝兰卡（M. E. Bellanca）的著作，《发现日志：英国的自然日记，1770—1870》（*Daybooks of Discovery: Nature Diaries in Britain, 1770–1870*），夏洛茨维尔：弗吉尼亚大学出版社，2007，第 43–77 页。

6　林奈的拉普兰日志在其逝世后才出版：C. v. 林奈（C. v. Linné）与 J. E. 史密斯（J. E. Smith），《植物女神：拉普兰之旅，林奈日志手稿的首次出版》（*Lachesis Lapponica: Or a Tour in Lapland, Now First Published from the Original Manuscript Journal of the Celebrated Linnaeus*），伦敦：怀特科克伦出版社（White and Cochrane），1811。这一文档的复制本和细致讨论现在可参阅：C. v. 林奈，S. 弗里斯（S. Fries），A. 赫尔布姆（A. Hellbom）与 R. 雅各布松（R. Jacobsson），*Iter Lapponicum: Lappl. ndska resan 1732, vol. 1 Dagboken, vol. 2 Kommetardel, vol. 3 Facsimileutgåva*，Umeå Kungl: Skytteanska Samfundet，2003–2005。

7　D. 普雷斯顿（D. Preston）和 M. 普雷斯顿（M. Preston），《海盗之心：威廉·丹皮尔的一生》（*A Pirate of Exquisite Mind: Explorer, Naturalist, and Buccaneer: The Life of William Dampier*），纽约：沃克出版公司（Walker and Company），2004。

8　J. 梅斯菲尔德（J. Masefield），《丹皮尔的旅行》（*Dampier's Voyages: Consisting of a New Voyage Round the World, a Supplement to the Voyage Round the World, Two Voyages to Campeachy, A Discourse of Winds, a Voyage to New Holland, and A Vindication, in answer to the Chimerical Relation of William Funnell, a vols.*），

伦敦：格兰特理查兹出版社（E. Grant Richards），1906，第 47 页。

9 请参阅两位普雷斯顿的讨论，《海盗之心》，第 3 页。

10 班克斯的笔记本可在线访问：http://www2.sl.nsw.gov.au/banks/Series_03/03_701.cfm（访问于 2011 年 1 月）。

11 R. 斯普鲁斯（R. Spruce），《植物学家在亚马孙和安第斯的笔记》（*Notes of a Botanist on the Amazon and Andes*），纽约：约翰逊重印出版公司（Johnson Reprint Corp.），1970；H. W. 贝茨（H. W. Bates），《亚马孙河上的博物学家》（*The Naturalist on the River Amazons: A Record of Adventures, Habits of Animals, Sketches of the Brazilian and Indian Life, and Aspects qf Nature Under the Equator, During Eleven Years of Travel*），伦敦：默里出版社（J. Murray），1875；A. R. 华莱士（A. R. Wallace），《马来群岛》（*The Malay Archipelago: The Land of the Orang－utah and the Bird of Paradise: A Narrative of Travel with Studies of Man and Nature*），第二卷，伦敦：麦克米伦出版公司（Macmillan），1869。

12 D. 巴林顿，《博物学家的日志》，伦敦，1767。该卷的第一版为匿名出版。有关巴林顿对吉尔伯特·怀特的影响，请参见：P. 福斯特（P. Foster）的著作《吉尔伯特·怀特及其记录》（*Gilbert White and his Records*），伦敦：克里斯托弗赫尔姆出版社（Christopher Helm），1988，第 84–114 页。

13 D. D. 杰克逊（D. D. Jackson），《路易斯与克拉克探险信件集，1783—1854》（*Letters of the Lewis and Clark Expedition, with Related Documents, 1783–1854*），第二版，第一卷，厄巴纳：伊利诺伊大学出版社（University of Illinois Press），1978，第 62 页。这些日志可在线访问：http://lewisandclarkjournals.unl.edu/index.html（访问于 2011 年 1 月）。

14 阿加西斯给梭罗的通报，标题为“博物学采集鱼类及其他对象的说明”。梭罗将这份通报夹在一本名为《亨利 D. 梭罗的年鉴。主要为博物学》的笔记本中。该手稿现保存在哈佛霍顿图书馆（Houghton Library）哈利·埃尔金斯·威德纳藏书（Harry Elkins Widener Collection）中。

15 A. 牛顿，“论记录博物学观察的方法”，《诺福克和诺威奇博物学家协会会报》第 1 期（*Transactions of the Norfolk and Norwich Naturalists' Society 1*），

1870，第 24–32 页；J. A. 哈维布朗（J. A. Harvie - Brown），“论记录博物学观察方法上的一致性，尤其是考虑到分布和迁徙；建议推进标本表计划”，《格拉斯博物学家协会公报》第 3 期（*Proceedings of the Natural History Society of Glasgow 3*），1876，第 115–123 页；A. H. 费尔格（A. H. Felger），“笔记的卡片体系”，《海雀》第 24 期，1907，第 200–205 页；C. L. 霍格（C. L. Hogue），“一般昆虫采集的野外笔记形式”，《美国昆虫学协会年鉴》第 59 期（*Annals of the Entomological Society of America 59*），1966，第 230–233 页；S. W. 克雷斯（S. W. Kress），《奥杜邦协会观鸟者手册》（*The Audubon Society Handbook for Birders*），纽约：斯克里布纳出版社（Scribner），1981，第 62–81 页；S. G. 赫尔曼（S. G. Herman），《博物学家野外日志手册》（*The Naturalist's Field Journal: A Manual of Instruction Based on a System Established by Joseph Grinnell*），南达科他州佛米良：鵟鸟图书（Buteo Books），1986；H. R. 伯纳德（H. R. Bernard），《人类学研究方法》（*Research Methods in Anthropology*），第四版，马里兰州兰哈姆：阿尔塔米拉出版社（AltaMira Press），2006，第 387–412 页。

16 K. 约翰逊（K. Johnson），《塞拉俱乐部大自然素描指南》（*The Sierra Club Guide to Sketching Nature*），《塞拉俱乐部丛书》（*San Francisco: Sierra Club Books), 1997;* C. W. 莱斯利（C. W. Leslie）和 C. E. 罗思（C. E. Roth），《自然日志记录》（*Keeping a Nature Journal*），马萨诸塞州北亚当斯：斯托里出版社（Storey），2000；N. B. 埃斯特林（N. B. Estrin）和 C. W. 约翰逊（C. W. Johnson），《新英格兰博物志》（*In Season: A Natural History of the New England Year*），新罕布什尔州汉诺威：新英格兰大学出版社（University Press of New England），2002；J. 纽（J. New），《写生：艺术日志》（*Drawing from Life: The Journal as Art*），纽约：普林斯顿建筑出版社（Princeton Architectural Press），2005。

17 S. 赫伯特（S. Herbert），“查尔斯·达尔文的红色笔记本”，《大英博物馆（博物学）学报》第 7 期【*Bulletin BMNH*（*Hist.*）7】，1980，第 1–164 页。

18 R. B. 叶（R. B. Yeh）和 S. 克莱默（S. Klemmer），《野外笔记的野外注意事项》（*Field Notes on Field Notes: Informing Technology Support for Biologists*），技术报

告，斯坦福信息实验室（Stanford InfoLab），2004，网址：http://ilpuhs.stanford.edu:8090/654/（访问于 2011 年 1 月）；R. B. 叶，C. 辽（C. Liao），S. 克莱默，F. 古因姆布莱特尔（F. Guimbretiere），B. 李（B. Lee），B. 卡卡拉多夫（B. Kakaradov），J. 斯坦贝里耶（J. Stamberger），以及 A. 帕普基（A. Paepcke），"ButterflyNet：针对野外生物学研究的移动捕捉和访问系统"，计算系统中人为因素会议（Conference on Human Factors in Computing Systems）（CHI 2006），第 1–10 页。

19　K. 考夫曼（K. Kaufman），《必胜鸟之路》（*Kingbird Highway*），贝斯顿：霍顿米夫林出版社（Houghton Mifflin），1997。

20　R. C. 斯特宾斯（R. C. Stebbins），《西方爬行动物和两栖动物野外指南》（*A Field Guide to Western Reptiles and Amphibians*），第二版，波士顿：霍顿米夫林出版社，1985。

21　L. 琼斯（L. Jones），"俄亥俄州罗蓝县 1898 年鸟类清点"，《威尔逊学报》第 11 期（*Wilson Bulletin* 11, no.1 1899），第 2–4 页。

22　L. 琼斯（L. Jones），"观鸟一整天"，《威尔逊学报》第 11 期（*Wilson Bulletin* 11, no.3 1899），第 41–45 页。

23　K. S. 布朗（K. S. Brown，Jr.），"每日蝴蝶计数的最大化"，《鳞翅类学家协会期刊》第 26 期（*Journal of the Lepidopterists' Society* 26, no. 3, 1972），第 183–196 页。

24　R. 罗莱（R. Rolley），2007 年威斯康星名录项目（Wisconsin Checklist Project 2007），威斯康星州自然资源部特殊报告（Wisconsin Department of Natural Resources Special Report），2007。

25　P. 克罗克罗夫特（P. Crowcroft），《埃尔顿的生态学家》（*Elton's Ecologists*），芝加哥：芝加哥大学出版社（University of Chicago Press），1991；C. S 埃尔顿（C. S Elton），《动物生态学》（*Animal Ecology*），伦敦：梅休因出版社（Methuen），1927；C. S 埃尔顿，《动植物入侵生态学》（*The Ecology of Invasions by Animals and Plants*），伦敦：梅休因出版社，1958。

26　C. S 埃尔顿，《动物群落模式》（*The Pattern of Animal Communities*），

伦敦：梅休因出版社，1966。

27 C. 达尔文，《小猎犬号之旅》，伦敦：约翰·默里出版公司（John Murray），1839。

28 请参阅 www.darwin - online.org.uk（访问于 2011 年 1 月）。

29 R. H. 麦克阿瑟和 E. O. 威尔逊，《岛屿生态地理学理论》（*The Theory of Island Biogeography*），普林斯顿：普林斯顿大学出版社（Princeton University Press），1967。

30 R. L. 基钦（R. L. Kitching），《食物网与容器栖所》（*Food Webs and Container Habitats: The Natural History and Ecology of Phytotelmata*），剑桥：剑桥大学出版社，2000。

31 W. 劳伦斯，《一名热带雨林生物学家的自白》（*Stinging Trees and Wait - a - whiles: Confessions of a Rainforest Biologist*），芝加哥：芝加哥大学出版社，2000。

32 J. 金登（J. Kingdon），《东非哺乳动物：非洲的进化图》（*East African Mammals: An Atlas of Evolution in Africa*），第一卷，伦敦：学术出版社（Academic Press），1971。

33 金登，《东非哺乳动物》，第 2–4 页。

34 M. R. A. 钱斯（M. R. A. Chance），“对某些争斗姿势的解读；‘切断’举止和姿势的作用”，《伦敦动物学协会专题论文集》（*Symposia of the Zoological Society of London* 8），1962，第 71–99 页。

35 P. 马勒（P. Marler），“猴子和猿的交流”，《猴子和猿：生态学和行为的野外研究》（*Monkeys and Apes: Field Studies of Ecology and Behavior, ed. I. DeVore*），第 544–584 页，纽约：霍尔特·莱因哈特·温斯顿出版公司（Holt, Rinehart and Winston），1965。

36 S. L. 蒙哥马利，《芝加哥传播科学指南》，芝加哥：芝加哥大学出版社，2003。

37 爱德华·贝尔，个人通信，2008 年 1 月。

38 露西·雷丁 - 依坎达，个人通信，2008 年 1 月。

39 J. E. 格劳斯坦（J. E. Graustein），“纳托尔到古老西北部的旅行。未出版的1810年日记”，《植物编年》（*Chronica Botanica*），第14卷，no. 1/2（1952），第1–88页；D. 道格拉斯（D. Douglas），《大卫·道格拉斯1823—1827年在北美的日志》（Journal Kept by David Douglas in North America, 1823–1827），伦敦：韦斯勒出版社（W. Wesley and Son），1914；J. C. 弗里蒙特（J. C. Frémont），《1842年探索落基山脉及1843—1844年探索俄勒冈州和北加利福尼亚州的报告》（*Report of the Exploring Expedition to the Rocky Mountains in the Year 1842 and to Oregon and Northern California in the Years 1843–44*），华盛顿：布莱尔与里夫斯出版社（Blair and Rives），1845；S. L. 韦尔什（S. L. Welsh），《植物学探险家约翰·查尔斯·弗里蒙特》（*John Charles Frémont, Botanical Explorer*），圣路易斯：密苏里植物园出版社（Missouri Botanical Garden Press），1998。

40 J. K. 汤森，《横穿落基山脉之旅》（*Narrative of a Journey across the Rocky Mountains, to the Columbia River, and a Visit to the Sandwich Islands, Chili, etc., with a Scientific Appendix*），费城：珀金斯出版社（H. Perkins），1839。

41 S. D. 麦凯尔维，《1790—1850年横穿密西西比西部的植物学探险》（*Botanical Explorations of the Trans - Mississippi West, 1790–1850*），波士顿：阿诺德森林植物园（Arnold Arboretum），1955；《西北重印版》（*Northwest Reprints*），附上了S. D. 贝克姆（S. D. Beckham）的简介，俄勒冈州立大学出版社（Oregon State University Press），1997。有关以后博物学家的信息，请参阅J. 尤恩（J. Ewan）和N. D. 尤恩（N. D. Ewan）的著作，《落基山脉博物学家传记辞典》（*Biographical Dictionary of Rocky Mountain Naturalists, a Guide to the Writings and Collections of Botanists, Zoologists, Geologists, Artists and Photographers, 1682–1932*），博恩：乌得勒支出版社（Utrecht），1981；J. L. 瑞维尔（J. L. Reveal），《温柔的征服：美国国会图书馆带插图的北美植物学探索》（Gentle Conquest: The Botanical Discovery of North America with Illustrations from the Library of Congress），华盛顿：喜达屋出版社（Starwood），1992。

42 J. L. 瑞维尔和J. S. 普林格尔（J. S. Pringle），“分类植物学和植物种类地理学”，摘自《墨西哥北部的北美植物》（*Flora of North America*

North of Mexico），第一卷，第 157–192 页。北美植物编辑委员会（Flora of North America Editorial Committee），纽约：牛津大学出版社（Oxford University Press），1993。网址：http://www.plantsystematics.org/reveal/pbio/usda/fnach7.html（访问于 2011 年 1 月）。

43　http://www.esg.montana.edu/gl/index.html（访问于 2011 年 1 月）。

44　http://www.plantsystematics.org/tompkins.html（访问于 2011 年 1 月）。

45　请参阅“植物标本室索引，第一部分，世界标本”，由纽约植物园维护，网址：http://sweetgum.nybg.org/ih/（访问于 2011 年 1 月）。

46　J. 格林内尔（J. Grinnell），“研究博物馆的方法和用途”，《大众科学》月刊（*Popular Science Monthly*），第 77 期（1910），第 163–169 页。

47　格林内尔，“方法和用途”。

48　J. 格林内尔，“加利福尼亚嘲鸫的小生态环境关系”，《海雀》第 34 期（*Auk* 34, 1917），第 427–433 页；J. 格林内尔，“有关分布控制理论的野外测试”，《美国博物学家》第 51 期（*American Naturalist* 51, 1917），第 115–128 页。

49　F. E. 克莱门茨（F. E. Clements），“植物演替：对植物发展的分析”，华盛顿卡内基研究所出版物（Carnegie Institute of Washington Publication 242），华盛顿，1916。

50　有关约塞米蒂国家公园的信息，请参阅 J. 格林内尔和 T. I. 斯托勒（T. I. Storer），《约塞米蒂国家公园的动物》（*Animal Life in the Yosemite*），伯克利：加利福尼亚大学出版社（University of California Press），1924；有关拉森火山国家公园的信息，请参阅 J. 格林内尔，J. 狄克逊（J. Dixon），以及 J. M. 林芝戴尔（J. M. Linsdale）的著作，《北加利福尼亚拉森峰区域脊椎动物博物志》（*Vertebrate Natural History of a Section of Northern California through the Lassen Peak Region*），伯克利：加利福尼亚大学出版社，1930；有关圣布那的诺山脉的信息，请参阅 J. 格林内尔，“圣布那的诺山脉的生物”，加利福尼亚大学出版物（*University of California Publications in Zoology* 5, 1908），第 1–170 页 +24 幅插图；有关圣哈辛托山脉的信息，请参阅 J. 格林内尔和 H. S. 斯沃斯（H. S. Swarth），“有关南加利福尼亚圣哈辛托山脉地区鸟类和哺乳动物的描述”，加利福尼亚大学出版物（10,1913）,第 197–406 页；有关科罗拉多河下游的信息，请参阅 J. 格林内尔，“有关科罗拉多流域下游哺乳动物和鸟类的描述”，加利福尼亚大学出版物（12, 1914），第 51–294 页 +11 幅插图。

51　C. 莫里茨（C. Moritz），J. L. 巴顿（J. L. Patton），C. J. 康罗伊（C. J. Conroy）, J. L. 帕拉（J. L. Parra）, G. C. 怀特（G. C. White）, 以及 S. R. 贝辛格（S. R. Beissinger），“约塞米蒂国家公园一个世纪以来气候变化对小型哺乳动物群落的影响”,美国《科学》杂志第 322 期（2008）,第 261–264 页。

52　克雷格·莫里茨，脊椎动物学博物馆（MVZ）馆长，个人通信，2007。

53　J. 格林内尔，致安妮·M. 亚历山大的信，未出版，日期是 1908 年 2 月 18 日，班克罗夫特档案（Bancroft Archives），加利福尼亚大学，伯克利分校。

54　例如，P. S. 马丁（P. S. Martin）和 C. R. 舒特（C. R. Szuter），“路易克拉克西部的战场和猎物减少”，《保护生物学》第 13 期（*Conservation Biology* 13, 1999）,第 36–45 页。

55　S. G. 赫尔曼（S. G. Herman），《博物学家野外日志手册》（*The Naturalist's Field Journal: A Manual of Instruction Based on a System Established by Joseph Grinnell*）,南达科他州佛米良：鹬鸟图书，1986。

56　赫尔曼，《博物学家野外日志手册》。

57　E. R. 霍尔（E. R. Hall），《北美哺乳动物》第二版（*The Mammals of North America*, 2nd ed.），纽约：约翰·威利出版社（John Wiley and Sons），1981; 赫尔曼,《博物学家野外日志手册》; J. V. 雷姆森（J. V. Remsen, Jr.），“论野外笔记记录”,《美国鸟类》第 31 期（*American Birds* 31, 1977）,第 946–953 页。

58　E. R. 霍尔,《内华达州的哺乳动物》,伯克利: 加利福尼亚大学出版社，1946。

59　J. 格林内尔，是“有关采集的建议；笔记记录；有关生活史笔记的建议”，未出版的内部备忘录，日期是 1938 年 4 月 20 日，MVZ 档案（脊椎动物学博物馆，加利福尼亚大学，伯克利分校），第 1 页。

60　A. H. 米勒（A. H. Miller），“有关采集的建议；笔记记录；有关生活史笔记的建议”，未出版的内部备忘录，日期是1942年7月2日，MVZ档案，第8页，修订自格林内尔的“有关采集的建议”。在线访问网址：http://mvz.berkeley.edu/Suggestions_Collecting.html（访问于2011年1月）。

61 格林内尔，“有关采集的建议”。

62 D. I. 麦肯齐（D. I. MacKenzie），J. D. 尼克尔斯（J. D. Nichols），J. A. 罗伊尔（J. A. Royle），K. H. 波洛克（K. H. Pollock），L. L. 贝利（L. L. Bailey），以及J. E. 海因斯（J. E. Hines），《占有评估与建模》（*Occupancy Estimation and Modeling*），纽约：学术出版社（Academic Press），2006。

63 莫里茨等，“一个世纪以来气候变化的影响”。

64 K. 布劳尔（K. Brower），“受到干扰的约塞米蒂国家公园”，《加利福尼亚杂志》第117期（*California Magazine* 117, 2006），第14–21页，第41–44页。

65 格林内尔，“有关采集的建议”。

66 J. 格林内尔，致安妮·M. 亚历山大的信，未出版，日期是1908年4月16日，班克罗夫特档案，加利福尼亚大学，伯克利分校。

67 雷姆森，“论野外笔记记录”。

68 霍尔，《北美哺乳动物》。

69 可访问于：http://bscit.berkeley.edu/mvz/volumes.html.

70 E. 顾兹（E. Coues），《野外鸟类学》（*Field Ornithology*），马萨诸塞州沙连：博物学家代理出版社（Naturalists'Agency），1874。

71 我们感谢芭芭拉·斯坦因，她提供了格林内尔1908年与安妮·亚历山大通信的细节，还要感谢玛丽·桑德兰（Mary Sunderland），她在MVZ档案中找到了格林内尔1938年有关采集和野外笔记的说明。

72 A. 迪万（A. Divan），《生物科学沟通技巧》（*Communication Skills for the Biosciences: A Graduate Guide*），牛津：牛津大学出版社，2009。

73 约翰·缪尔·劳斯（John Muir Laws），《劳氏内华达山脉野外指南》（*The Laws Field Guide to the Sierra Nevada*），加利福尼亚州伯克利：全盛图书（Heyday Books），2007。http://www.johnmuirlaws.com/equipmentlist.htm（访问于2011年1月）。

74　H. 欣奇曼（H. Hinchman），《手中的生命：创造赋予启发意义的日志》（*Life in Hand: Creating the Illuminated Journal*），盐湖城：吉布斯·史密斯出版社（Gibbs Smith），1990；H. 欣奇曼，《穿过落叶的小路》（*A Trail through Leaves: The Journal as a Path to Place*），纽约：诺顿出版公司（W. W. Norton），1997；C. W. 莱斯利，《大自然绘画》（*Nature Drawing: A Tool for Learning*），艾奥瓦州迪比克：肯德尔亨特出版社（Kendall/Hunt），1995；C. W. 莱斯利，《自然志：自然世界日志及插图指南》（*Nature Journal: A Guided Journal for Illustrating and Recording Your Observations of the Natural World*），佛蒙特州保纳尔：斯托里出版社（Storey Publishing），1998；C. W. 莱斯利，《野外素描艺术》（*The Art of Field Sketching*），新泽西州恩格尔伍德悬崖（Englewood Cliffs）：普伦蒂斯霍尔出版社（Prentice - Hall），1984。

75　B. 海因里希，《我的森林里的树》（*The Trees in My Forest*），纽约：哈珀柯林斯出版社（Harper Collins），1998；B. 海因里希，《冬日世界》（*Winter World*），纽约：艾科出版社（Ecco），2003；J. 金登，《东非哺乳动物：非洲的进化图》，芝加哥：芝加哥大学出版社，1984；J. 金登，《孤岛非洲：非洲稀有动植物的演进》（Island Africa : The Erolution of Africa's Rare Animals and Plants），普林斯顿：普林斯顿大学出版社，1939。

76　C. 迪安（C. Dean），"作为气候学家的梭罗"，《纽约时报》（*New York Times*），2008 年 10 月 28 日。

77　C. G. 威利斯（C. G. Willis），B. 鲁费尔（B. Ruhfel），R. B. 普瑞麦克（R. B. Primack），A. J. 米勒拉欣（A. J. Miller - Rushing），以及 C. C. 戴维斯（C. C. Davis），"梭罗森林中的物种消失的演化模式由气候变化驱动"，《美国科学院学报》（*Proceedings of the National Academy of Sciences* 105, no. 44, 2008），17029–17033。

78　Z. 吉多（Z. Guido），"生物气候学，公民科学，以及戴夫·贝特尔森（Dave Bertelsen）：圣卡塔利娜山脉（Santa Catalina Mountains）手指岩小路（Finger Rock Trail）25 年的植物花期"，《西南气候展望》（*Southwest Climate Outlook*），2008 年 8 月。

79　T. M. 克里明斯（T. M. Crimmins），M. A. 克里明斯（M. A. Crimmins），D. 贝特尔森，以及 J. 巴尔马特（J. Balmat），“海拔渐变过程中开花多样性和气候变量之间的关系”，《国际生物气象学杂志》第 52 期（*International Journal of Biometeorology* 52, 2007），第 353–366 页。

80　S. 德夫林（S. Devlin），《密苏里人》（*The Missoulian*），1993 年 4 月 4 日。

81　我要感谢保罗・阿拉巴克（Paul Alaback），巴里・布朗（Barry Brown），克莱尔・埃默里，威尔・吉宁，拜伦・韦伯，以及布赖恩・威廉斯（Brian Williams），感谢他们颇为有益的讨论和慷慨提供自己的野外笔记本。谨以本章悼念在本项目期间辞世的拜伦・韦伯。他以自己的博物学技巧及其野外笔记启迪了几代博物学家。